铬白口铸铁及其生产技术

郝石坚　著

北　京
冶　金　工　业　出　版　社
2011

内容简介

铬白口铸铁是当代最优秀的抗磨金属材料之一，在国内外许多重要工业场合已代替了传统抗磨材料，成为冶金、采矿、电力、建材等工业领域首选的抗磨材料。本书系统介绍其主要品种高铬铸铁和镍铬铸铁（镍硬）的理论知识和生产实践，共分10章，包括铬白口铸铁组织形成的基础理论、化学成分、力学性能、制造工艺条件以及抗磨料磨损特性及其影响因素，是设计、制造及选用铬白口铸铁件的必备知识。书中以较大篇幅详细介绍铬白口铸铁制造者必需掌握的特定制造工艺过程，特别是铸造工艺和热处理工艺过程。这主要来自作者多年来在生产和科研一线取得的第一手资料，也汇集了国内外的有关报道和技术服务资料。为了帮助读者提高铬白口铸铁件制造工艺水平，还介绍了几种有代表性的铬白口铸铁件具体制造工艺。

本书适合从事抗磨金属材料及铬白口铸铁件研究、生产、开发、应用的工程技术人员及科学研究人员阅读，也适合高等院校相关专业师生参考。

图书在版编目(CIP)数据

铬白口铸铁及其生产技术/郝石坚著．—北京：冶金工业出版社，2011.8

ISBN 978-7-5024-5675-7

Ⅰ.①铬…　Ⅱ.①郝…　Ⅲ.①白口铁—铸铁件—铸造　Ⅳ.①TG252

中国版本图书馆CIP数据核字(2011)第150903号

出 版 人　曹胜利

地　　址　北京北河沿大街嵩祝院北巷39号，邮编100009

电　　话　(010)64027926　电子信箱　yjcbs@cnmip.com.cn

责任编辑　李　梅　美术编辑　彭子赫　版式设计　孙跃红

责任校对　王永欣　责任印制　李玉山

ISBN 978-7-5024-5675-7

北京兴华印刷厂印刷；冶金工业出版社发行；各地新华书店经销

2011年8月第1版，2011年8月第1次印刷

787mm×1092mm　1/16；15.25印张；364千字；228页

49.00元

冶金工业出版社发行部　电话:(010)64044283　传真:(010)64027893

冶金书店　地址:北京东四西大街46号(100010)　电话:(010)65289081(兼传真)

（本书如有印装质量问题，本社发行部负责退换）

前　言

铬白口铸铁是以铬为主加合金元素而形成的合金白口铸铁。这种白口铸铁包括多个品种。按含铬量来划分，有低铬铸铁、中铬铸铁、高铬铸铁之分，它们主要作为抗磨料磨损材料在产生磨料磨损工况下使用。另一种抗磨白口铸铁是镍铬白口铸铁，其中的主加合金元素是镍和铬。铬与碳形成高硬度铬碳化合物作为抗磨骨架。其抗磨机制与铬白口铸铁类似，因此可以把镍铬白口铸铁作为铬白口铸铁中的一个品种。

应用最广泛的铬白口铸铁是高铬铸铁，主要用于制造抗磨铸件。它的应用范围很广泛，在电力工业、采矿、选矿、冶金、建材、煤矿以及农用和粮油加工设备中都能显示其优异的抗磨功能。在发生强烈磨料磨损的工况下，高铬铸铁的抗磨能力可能是耐磨钢的数倍至数十倍，显著改善了机器的工作效能，企业可以获得良好的经济效益。

除了作为抗磨材料以外，高铬白口铸铁还有耐热功能和耐腐蚀功能，也可以作为耐腐蚀材料和耐热材料，本书把高铬铸铁分为：高铬耐磨铸铁、高铬耐蚀铸铁、高铬耐热铸铁。

本书重点讨论高铬耐磨铸铁组织、成分、性能及制造工艺，并对铬白口铸铁的其他品种也加以介绍。

本书第 1 章首先介绍普通非合金白口铸铁成分、显微组织与性能。讨论非合金白口铸铁性能弱点以及改善性能的技术措施。添加合金元素是主要措施之一。本章列举出几种已经进入工业领域的合金白口铸铁并作了简要介绍。第 2 章由铁碳铬三元合金相图开始，讨论最常用的铬白口铸铁显微组织如何形成，化学成分对白口铸铁组织、主要组成相的影响，铬白口铸铁的主要品种。第 3 章介绍低铬铸铁和中铬铸铁（以中铬硅铸铁为代表）的组织和性能特点，并简要说明低铬铸铁的变质处理要点及这两种铸铁生产过程。作为本书的重点内容，第 4 章和第 5 章全方位介绍高铬铸铁中的主要品种：高铬耐磨铸铁。第 4 章介绍高铬铸铁显微组织、各种基体组织（包括马氏体、奥氏体、聚合组织基体）的性能和生成条件、高铬铸铁化学成分选择、合金元素在高铬铸铁中的作用。第 5 章讨论高铬铸铁的磨损与断裂。高铬铸铁的抗磨料磨损能力是表征其优越工作性能的主要条件，也是人们选用这种材料的主要因素。因此本章对影响抗磨料磨损能力的因素作了重点介绍，试图加深读者对高铬铸铁工作性能的认识。本章后一部分从断裂韧性角度讨论高铬铸铁的抗断裂能力。第 6 章和第 7 章介绍高铬铸铁的另外两个品种：高铬耐蚀铸铁和高铬耐热铸铁。两章分别阐述铸铁腐蚀和热损伤的一些基本原理，并且列举许多数据说明这两种白口铸铁的工作性能，供读者参考、应用。第 8 章介绍镍铬白口铸铁，内容包括镍铬白口铸铁基本化学成分、各种成分对形成显微组织的影响，并具体阐述了 KmTBNi4Cr2 和 KmTBNi9Cr5 两种规格铬镍白口铸铁的制造工艺（铸造、热处理）、工作性能以及工业应用。第 9 章介绍铬白口铸铁主要是高铬铸铁的铸造和热处理生产工艺，几乎包括了各个生产环节。作者力求内容切合实际，贴近生产，数据可靠，使工作在第一线的铸造工作者读后有所收获。第 10 章列举了多种类型铬白口铸铁件生产实例。所有实例都经过生产单位反复运用和验证，证明技术成熟、稳定，技术数据合理、可靠，确有推荐和推广价值。

本书的出版得到一些单位的支持和帮助。特别要感谢河南省西峡众德汽车部件有限公司总经理田中青先生、该厂杨双杰先生。在高合金铸铁的理论与实践方面，该公司长期与作者进行专业合作，制成并批量生产了高镍奥氏体球铁、硅钼耐热球铁汽车排气歧管等高合金产品。还要感谢西安胜昔电力科技有限责任公司总经理郝伟先生，该公司专业制造高铬铸铁、镍硬铸铁等耐磨铸件并提供汽轮机叶片抗汽蚀超音速喷涂服务。该公司以及曾和作者多年合作的科研单位、技术情报院所都为本书提供了许多宝贵的文献资料，为本书增添了不少有价值的内容，作者在此表示衷心感谢。

郝石坚

2011 年 7 月于长安大学

作者电子邮箱：haoshijian@ vip. sina. com

目　录

1 白口铸铁及其合金化

白口铸铁是人类最早使用的黑色金属。在古代，这种硬而脆的材料主要用于犁铧之类的耕作器具以及原始兵器。白口铸铁器具的使用在推动人类社会进步方面曾经发挥过重大作用。据史料记载，我国应用白口铸铁历史悠久，这种金属材料已经伴随我们的祖先渡过了几千年的历史。白口铸铁作为人类文明史上的宝贵财富，直到今天仍然是工农业中应用于抗磨料磨损零件的重要金属材料。

普通白口铸铁虽然比较坚硬耐磨，但是作为现代金属材料，仍然表现出有明显不足之处。其主要不足之处在于以下两点：

（1）白口铸铁性质较脆，难以承受较大的冲击负荷；

（2）抗磨料磨损能力虽然远强于灰口铸铁，但仍不能充分满足现代机械设备对易磨损件使用寿命日益增长的要求。

20 世纪以来，国际上和国内铸造界对于改进白口铸铁件性能和质量的问题一直很重视，改进白口铸铁组织、性能、生产工艺等方面的研究取得不少成果。白口铸铁件应用范围不断扩大，零件工作寿命显著提高。

当前国内每年需要白口铸铁耐磨件达数百万吨。即使这些铸件工作寿命稍有提高，也会产生很大经济效益。

合金化是改善白口铸铁性能的重要技术措施之一。当代使用的白口铸铁大多数是合金白口铸铁，铬白口铸铁更是应用最广泛的合金白口铸铁。例如，高铬铸铁、镍铬白口铸铁都是当代广泛应用于抗磨料磨损零件的典型合金白口铸铁。有些白口铸铁件以锰、钨等元素作为主加合金元素，所形成的合金白口铸件也都有各自的应用范围。

本章简要讨论白口铸铁及改善其组织、性能的一些问题。

1.1 非合金白口铸铁

非合金白口铸铁是指由铸铁常存元素组成、不含其他合金元素的白口铸铁。非合金白口铸铁基本显微组织由渗碳体和基体金属构成。

非共晶成分白口铸铁水降温到稍低于液相线温度时，首先析出初生相（先共晶奥氏体或先共晶渗碳体），其余液相则在亚稳定系共晶转变温度发生共晶转变。共晶成分铁水则由液相直接转变为渗碳体共晶。高过冷度和合适的化学成分是形成白口组织的必要条件。渗碳体共晶需要过冷到低于灰口铸铁共晶转变温度才能形成。亚共晶铁水形成渗碳体共晶的冷却曲线如图 1-1 所示。

1.1.1 白口铸铁组织的形成

首先来分析铸铁凝固后产生渗碳体的结晶条件和过程。

碳在铁水中的活度是影响铸铁凝固组织的重要因素。白口铸铁的碳当量较低。在碳活

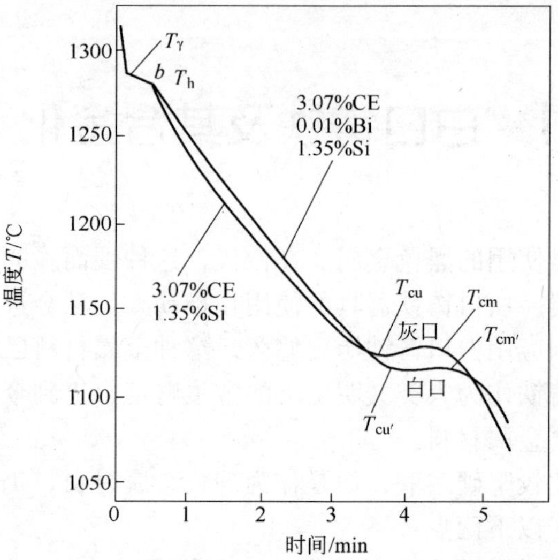

图 1-1 亚共晶铁水形成渗碳体共晶的冷却曲线

度低的铁水中，碳原子活动能力差，在铁水中扩散速率低，移位量（特别是铁原子）很小，铁水结晶过冷度大于灰铸铁。与石墨的形成比较，石墨含碳量接近 100%，形成石墨需要碳原子和铁原子做较大的迁移，特别是铁原子在结晶过程中的扩散速率和自扩散量是碳、铁原子进行点阵重组、形成新相的控制性因素。如果铁水碳活度低，铁原子的扩散运动受阻或进行缓慢以致不能为构成石墨晶体提供足够的空位，则铁、碳原子倾向于发生即位反应（化合）生成含碳量为 6. 67% 渗碳体。

碳在铁水中的活度很大程度上取决于化学成分。铁水中石墨化元素（例如硅）含量低或含有较多碳化物形成元素都会降低铁水的碳活度，为白口铸铁的生成创造条件。

图 1-2 显示一般非合金白口铸铁中碳和硅的大致成分范围。

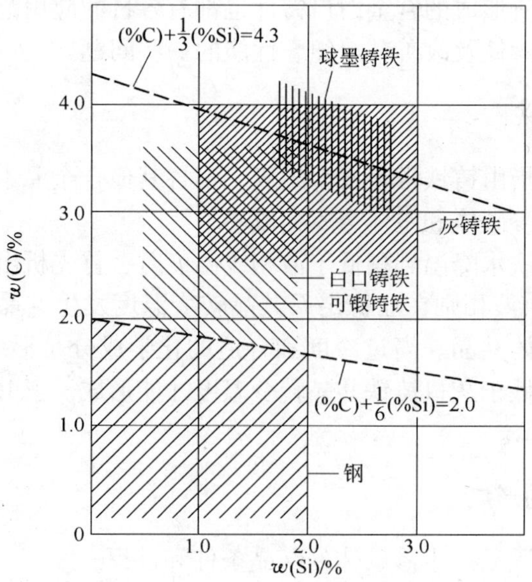

图 1-2 非合金白口铸铁中碳和硅的大致成分范围

从热力学角度来看，形成渗碳体共晶比形成石墨共晶需要较高的相变驱动力，只有当铁水过冷到较低的温度，才能获得形成渗碳体所需的热力学驱动力。从动力学角度看，形成两种共晶时，在不同温度下的晶体生长速度是不同的。生长速度高的晶体是优先生成的相组分，图1-3表明只有当生长速度高于两条曲线交点时，渗碳体才能成为优势生长晶体。这个交点温度略低于渗碳体共晶转变温度。当铁水以较快速度冷却时，就能促使渗碳体在较低温度下形核和生长；实践证实，铁水冷却速度、铁水过冷度和渗碳体共晶生成倾向，几乎是成比例增加的。高冷速、高过冷度是促进铁水产生白口组织的重要条件。

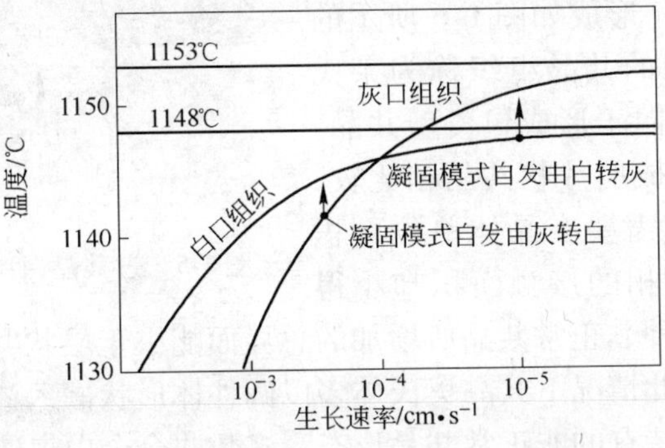

图1-3　两种高碳相在不同温度下的生长速度

在非平衡条件下凝固时，亚共晶成分铁水在共晶转变前都已经存在一些先共晶奥氏体。近代研究发现，甚至共晶成分铁水和稍过共晶成分铁水中也可能存在先共晶奥氏体。先共晶奥氏体表面的晶体缺陷可以容纳一些由周围富碳铁液扩散而来的碳原子，这些晶体缺陷部位也可能成为渗碳体形核位置。先共晶渗碳体和共晶渗碳体可能在这些位置上依附奥氏体晶体生长。也就是说，先共晶渗碳体可能直接在先共晶奥氏体外的熔液中形核和生长。当铁水温度降低到低于渗碳体共晶转变开始温度时，渗碳体形核位置显著增加，渗碳体晶体将成批地在奥氏体表面析出。它将沿［010］晶向优先生长，大量生长使邻近晶体的熔液碳浓度降低，为共晶奥氏体的形成创造了条件。这说明在两相共生长的过程中，渗碳体晶体起领先相的作用，即共晶渗碳体引领共晶奥氏体生长，形成渗碳体共晶[1]。

渗碳体与奥氏体生长方式不同。渗碳体是逐层生长，晶体基本上是二维分枝（图1-4）；奥氏体则沿扩展表面能最小的原子密排面（111）生长，基本上为三维分枝。因此有些渗碳体晶体生长时要穿过奥氏体晶体，这部分渗碳体晶体是不稳定的。

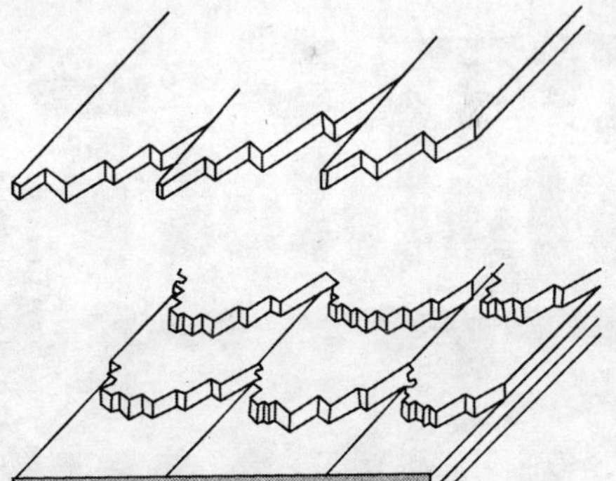

图1-4　渗碳体晶体二维分枝

渗碳体晶体逐层二维分枝生长的结晶速度很快，在过共晶成分铁水里孤立生长时，通常形成粗大的条状晶体，即先共晶渗碳体，如图1-5中白色条状晶体所示。

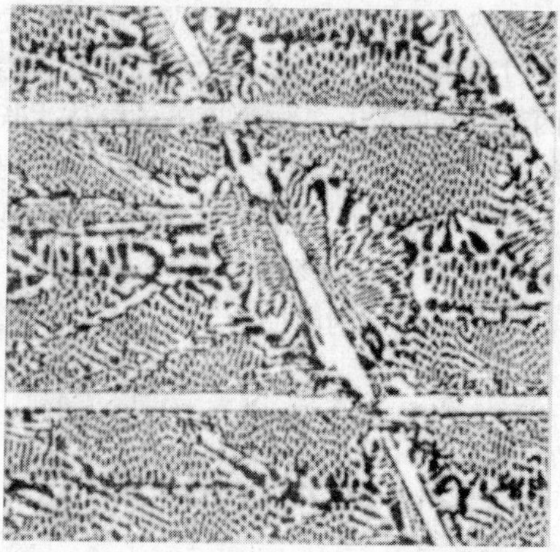

图1-5 过共晶白口铸铁中的先共晶渗碳体

在形成渗碳体共晶温度下，渗碳体的生长速度远高于奥氏体，因而在共晶组织中占有较大体积分数。渗碳体共晶作为生长中的领先相，一方面以［010］晶向为择优方向生长，使渗碳体形成长片状；另一方面，也在横向（c轴方向）生长，形成如图1-6所示的包覆型共晶，这种形态的共晶组织称为莱氏体。渗碳体与奥氏体倾向于形成包覆型共晶。因为形成这种共晶与形成层片状共晶相比较，前一种方式的生长虽然需要在晶体单位面积上提供较多能量，但两相的接触面积却小得多。总的来说，形成这种非正常共晶所增加的总界面能小于层状共晶。因而，渗碳体共晶的形态多数呈包覆状。此情况下共晶奥氏体多以圆柱体形状嵌入渗碳体。共晶体断面呈蜂窝状。这是莱氏体共晶特有的非正常共晶形态。多数非合金白口铸铁和低合金白口铸铁具有这种共晶组织状态。

当低碳当量的亚共晶白口铸铁开始凝固时，如果铁水中已有相当数量的先共晶奥氏体，而且铁水过冷度较大（在更快冷速下进行共晶转变），则倾向于形成含有板条状渗碳体的共晶组织（图1-7）。

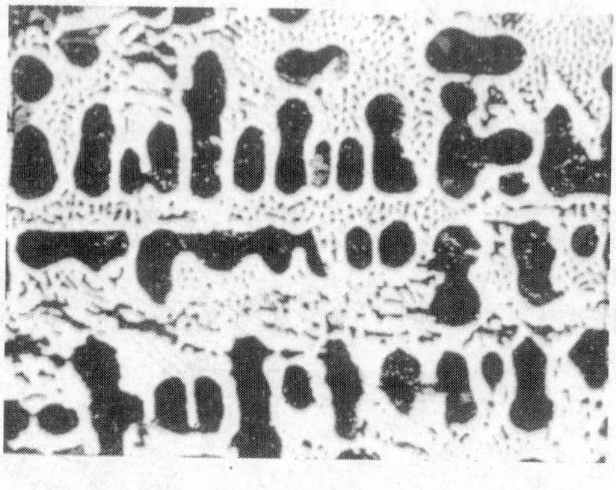

图1-6 包覆型渗碳体共晶

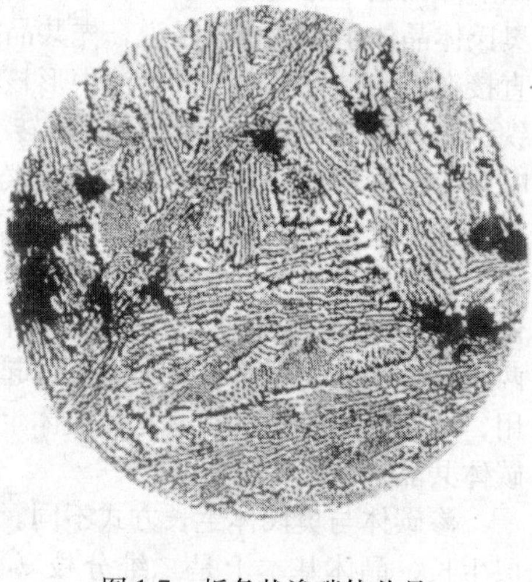

图1-7 板条状渗碳体共晶

1.1.2 渗碳体

渗碳体（Fe_3C）是碳原子和铁原子构成的间隙化合物，在这种化合物中，每个碳原子被6个构成八面体的铁原子所包围，相邻的6个八面体共用一个铁原子（图1-8）。因此，渗碳体中铁、碳原子比为3∶1。非合金白口铸铁中渗碳体组织的理论含碳量为6.67%，硬度 HV 950～1050，性质硬而脆。

渗碳体具有正交晶格。在正交晶格中，a 轴方向和 b 轴方向的生长速度大于 c 轴方向的生长速度。晶体沿［010］晶向以层状生长方式二维生长（图 1-4）。生长中的层片厚度约为几个至几十个原子间距。每个晶片内的碳原子以共价键结合。片体表面存在许多晶体缺陷，其中螺位错可使生长着的晶体出现许多二维分枝。这些分枝大部分也是沿［010］晶向优势生长并形成新的片层，片层使渗碳体增厚，片层之间以金属键结合。这种生长方式使渗碳体晶体成为许多片体互相链接的结构。由于片层内和片层间键结合强度不同，渗碳体晶体产生各向异性。

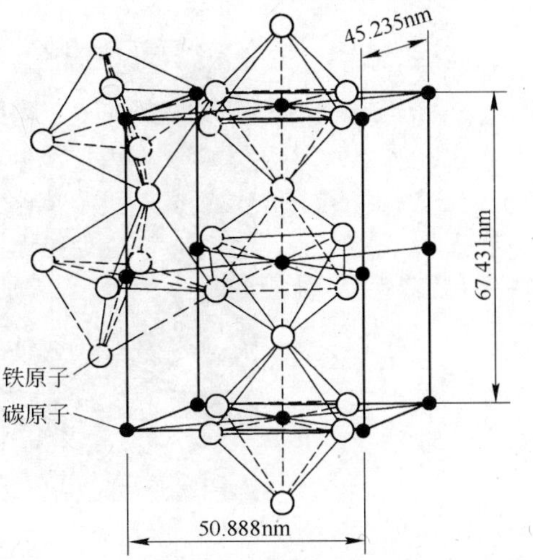

图 1-8 渗碳体晶格结构

渗碳体在铸铁中以多种形式存在，包括先共晶渗碳体、共晶渗碳体、二次渗碳体、三次渗碳体、晶间渗碳体（晶间碳化物）。

先共晶渗碳体是指在共晶反应之前由铁水中析出而独立存在的先共晶相。共晶渗碳体以包覆型共晶相（莱氏体）形态或以板条状共晶相形态存在。

合金元素可能使共晶渗碳体形态发生改变。加入少量合金元素，碳化物可能仍然为渗碳体型，但某些合金元素加入量超过一定限度后，能使晶体结构发生变化。例如，铬白口铸铁中铬的含量超过 11% 时，渗碳体型碳化物将变为 Cr_7C_3 型合金碳化物，碳化物形貌和性质也随之改变。

二次渗碳体是铸件降温过程中奥氏体所含过饱和碳析出而形成的渗碳体。大多数二次渗碳体以棒状或粒状弥散分布于奥氏体晶粒中，有些也分布于奥氏体晶界上。在光学显微镜下可以清楚地看到二次渗碳体的存在。

铸件快速冷却时，共析铁素体和先共析铁素体中的碳均处于过饱和状态。如果铸件在低于共析温度停留，过饱和碳将以粒状碳化物形式沿铁素体或渗碳体界面析出。这种在低于共析温度下析出的渗碳体（或合金碳化物）称为三次渗碳体。三次渗碳体非常细小，使用光学显微镜难以分辨，一般需借助电子显微镜观察。

共晶转变完成后，仍有一部分碳化物形成元素因偏析而富集于残留熔液中。如果熔液的熔点低于渗碳体共晶转变终了温度，并且具有形成碳化物倾向时，在渗碳体共晶转变完成之后，将会在晶粒边界产生晶间碳化物。图 1-9 所显示的磷共晶是晶间碳化物的实例。产生晶间碳化物的冷却曲线如图 1-10 所示。

渗碳体中的铁原子和碳原子均能被一些尺寸和化学性质相近的原子部分取代，即化合物中可溶入一些合金元素。例如，碳化物形成元素铬、钼、钒、锰能够置换部分铁原子而溶入碳化物中，形成合金碳化物，如 $(Fe, Cr)_3C$、$(Fe, Mn)_3C$ 等。但是溶入的某些合金元素超过一定限度后，渗碳体的晶体结构和性能会发生质的变化。渗碳体中的碳原子也能被其他原子所取代，例如硼原子取代部分碳原子而形成 $Fe_3(C, B)$。

有些抗磨白口铸铁中可能有少量石墨与渗碳体同时存在。关于是否允许少量石墨存在

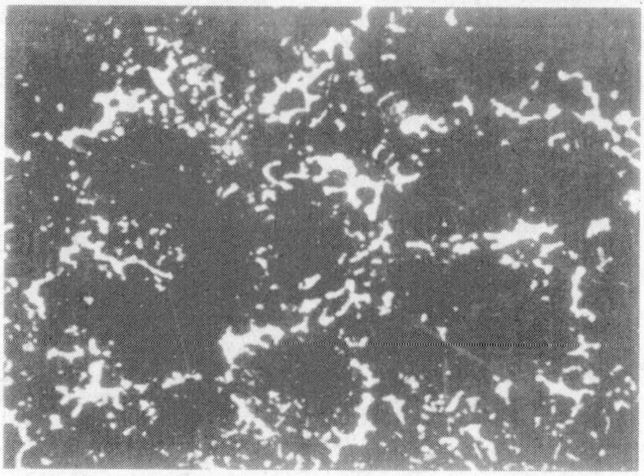

图 1-9 磷共晶

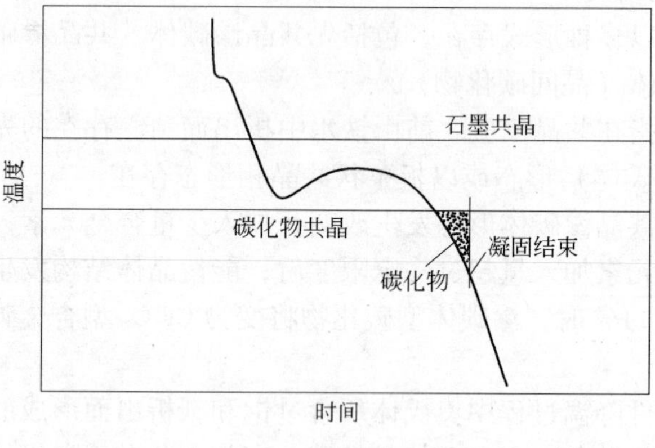

图 1-10 产生晶间碳化物的冷却曲线

的问题还存在不同看法。石墨本身性质很软，不能抵抗磨料的破坏作用。这是不利的一面。但是，一些工业实践结果表明，少量石墨的存在能吸收外来的冲击能量，也能限制微小裂纹在一定范围内扩展，减少或延缓工件断裂或成片剥落。在冲击条件下工作的低铬铸铁零件中存在少量石墨可以延长使用寿命，且对抗磨能力影响并不明显。这在含硅量超过 1.8%，含铬 2% ~3%，并且添加少量镍的铸造磨球使用中已经得到证实。采用这种材料铸造的球磨机磨球，金相组织中存在一些尺寸细小而分布比较均匀的点状石墨，确有改善铸件冲击疲劳韧性的作用，这是有利的一面。

1.1.3 非合金白口铸铁常用的化学成分

非合金白口铸铁性质硬而脆，具有一定的抗磨料磨损能力，可以制造一些承受较小冲击负荷的耐磨零件。这类铸铁的炉料可以在普通冲天炉中熔化，适合在小型铸造厂中生产。这类非合金白口铸铁件生产成本较低。在抗磨金属材料不断更新及生产工艺不断发展的今天，一些小型农具仍然采用非合金白口铸铁。

表 1-1 为适用于制造农村常用犁铧之类小型农具的非合金白口铸铁化学成分。成分特点

是高碳、低硅，磷、硫含量较高。铸件组织基本上是渗碳体 + 珠光体。中碳和高碳铸件内的渗碳体为莱氏体型。渗碳体含量以及铸件硬度随含碳量提高而增加。表 1-1 所列品种中，中碳和高碳白口铸铁件淬火硬化时容易发生碎裂，一般不进行淬火硬化。含碳量低的铸件可以采用淬火方法改善铸件力学性能（最宜采用等温淬火），但是需要注意控制磷含量以及淬火工艺。在工农业生产中使用的中、低碳非合金白口铸铁件硬度一般不超过 HRC45。

表 1-1 非合金白口铸铁化学成分

类 别	化学成分（质量分数）/%					铸态显微组织	铸态硬度 HRC
	C	Si	Mn	P	S		
低 碳	2.5 ~ 2.8	<0.8	<0.8	<0.3	<0.15	渗碳体共晶 + 珠光体	38 ~ 42
中 碳	3.5 ~ 3.8	<0.6	<0.8	<0.3	<0.15	莱氏体 + 珠光体	45 ~ 50
高 碳	4.0 ~ 4.5	<1.0	<1.0	<0.3	<0.15	莱氏体或莱氏体 + 渗碳体	>50

1.2 改进非合金白口铸铁性能的技术措施

改进非合金白口铸铁性能方面的主要目的是：提高铸件耐磨性和韧性的同时解决铸件耐磨性和韧性之间的矛盾。发挥白口铸铁的自身优势，使耐磨零件能够承受更大的冲击负荷，在更广泛领域里应用。

从当前已有的技术成果看，除了控制铸件的基本化学成分外，以下技术措施对改善白口铸铁性能方面能够产生较好效果：

（1）实行炉前变质处理；改变渗碳体形貌和分布状态，减轻碳化物连续分布对铸件的不利影响。

（2）铸件进行热处理；强化白口铸铁的基体金属，改善铸件力学性能。

（3）添加合金元素，制取合金白口铸铁。

1.2.1 白口铸铁变质处理

白口铸铁变质处理的方法是在成分得到控制的铁水中加入一些能影响共晶碳化物形核条件并抑制其择优取向生长模式的元素，使碳化物形态得到改变，分布趋于弥散化，削减碳化物对基体金属连续性的破坏，从而改善白口铸铁的强度和韧性。

炉前变质处理的目的主要是在保持或进一步提高铸铁原有抗磨料磨损能力的基础上，通过改变白口铸铁中碳化物形状、尺寸、分布状态和提高基体金属性能的途径来改善白口铸铁力学性能特别是抗冲击能力。这是一种扩大非合金白口铸铁和低合金白口铸铁应用范围的有效途径。

1.2.2 铸件热处理

除了变质处理外，通过热处理也可以改变白口铸铁力学性能。白口铸铁热处理主要作用是改善基体金属力学性能，对组织中存在的共晶碳化物则基本上不发生影响。碳化物的存在是白口铸铁热处理的制约因素。因为白口铸铁淬火硬化时，由于碳化物和基体金属热胀缩系数不同，碳化物边缘和尖端会产生较大的热应力集中效应，导致铸件加热和冷却时产生裂纹，甚至断裂。因此非合金白口铸铁件进行热处理时，应该严格控制工艺过程。从一些工厂的经验来看，如果淬火以前对白口铸铁件首先实行炉前变质处理，产生热处理缺陷的风险要小一些。

非合金白口铸铁可以进行淬火、调质处理（淬火 + 回火）、退火。以调整基体金属组织，形状复杂的铸态非合金白口铸铁件存在较大铸造应力，有时需要进行消减应力处理。

1.2.3 添加合金元素

添加合金元素是改善白口铸铁件工作性能的一项主要技术措施。现代工业上使用的抗磨白口铸铁件绝大部分是用合金白口铸铁制造的。

合金元素在白口铸铁中的作用是多方面的。加入合金元素可以改变共晶碳化物的结构、形貌和分布状态；提高白口铸铁中碳化物的硬度；强化基体组织；增强基体金属的硬化性能；改善铸造工艺性能。总的来说，合金化是能够显著提高白口铸铁件工作性能、扩大应用范围的有效措施。当今在许多行业（例如火力发电厂、矿山、建材等）中合金白口铸铁已经成为不可或缺的抗磨金属材料。

如果在普通白口铸铁中加入一些诸如铬、钼、钒、钛、铌、钨、锰等碳化物形成元素，这些元素与碳形成金属性化合物。因为碳原子半径尺寸小，它可以固溶于这些金属中。当碳原子和金属原子半径比小于 0.59 时，化合物具有比较简单的晶体结构，如 MoC 为密排六方结构，VC 为面心立方结构，WC 为简单六方结构。当两者半径比大于 0.59，而且碳含量超过溶解度极限时，金属晶格发生变化，形成结构比较复杂的间隙化合物，如 Cr_7C_3、$Cr_{23}C_6$、Mn_3C 等。间隙化合物一般具有很高的硬度和熔点。合金白口铁中常见的合金碳化物及 Fe_3C 的晶格和硬度见表 1-2。白口铸铁中存在这些高硬度碳化物，将会在运行中有效阻挡磨料侵入零件表面，使铸件抗磨能力提高。

表 1-2 合金碳化物晶格、熔点与硬度

合金碳化物	晶 格	熔点/℃	硬 度	
			Knoop	HV
TiC	面心立方	3200	2470	3200
NbC	面心立方	3500	—	2400
VC	面心立方	2830	2660	2800
WC	六 方	2600（分解）	1800	2400
Mo_2C	密排六方	2700	1800	2200
Cr_7C_3	复杂六方	1665	—	2100
$Cr_{23}C_6$	复杂六方	1550（分解）	—	1650
B_4C	—	—	2800	3700

几种过渡族元素同时加入铸铁时，与碳原子结合强度最高的元素首先形成碳化物。例如钼、钨、铬同时加入铸铁，首先是钨与碳形成高熔点的 W_6C 碳化物，其次陆续形成 Mo_2C、Cr_7C_3、$Cr_{23}C_6$ 等。已知在白口铸铁中可以复合加入的元素有铬、钼、锰、钨等。

一些高合金白口铸铁中除了含有主加合金元素形成的合金碳化物以外，可能还存在其他合金元素与碳构成的合金碳化物。例如，高铬铸铁中除了铬的碳化物以外，可能还有钼、钒、铌的碳化物。这些碳化物体积分数虽然不大，但硬度都很高。在改善高铬铸铁耐磨性方面有一定作用。

碳化物中的碳原子也可能被与其尺寸相近的硼、氮、碲等原子部分取代，形成诸如碳、硼或碳、氮与过渡族金属形成的化合物。这些化合物的稳定性一般高于相同过渡族金属的碳化物。总之，大部分能与碳形成间隙化合物的过渡族金属或原子尺寸与碳接近、能在碳化物中取代碳原子的元素都可能成为白口铸铁的合金元素。

溶入的合金元素浓度变化会使碳化物晶体结构、硬度和其他一些性能发生变化。例如，少量铬以置换方式溶于渗碳体形成铁、碳、铬三元素共存渗碳体$(Fe, Cr)_3C$，但当铬与碳的摩尔比增加到一定程度，晶体结构转变为$(Fe, Cr)_7C_3$型。结构的改变使晶体形貌和性能发生显著变化，例如碳化物由$(Fe, Cr)_3C$型结构转变为$(Fe, Cr)_7C_3$型结构，碳化物便由莱氏体形貌转变为集束状形貌，大大减轻了碳化物对韧性较好的基体金属的分割，白口铸铁韧性和硬度都得到显著提高。

加入白口铸铁的碳化物形成元素，在铸件凝固过程中，大部分与碳形成碳化物。也有相当数量存在于基体金属中，这些元素不但影响基体金属的力学性能，也改善白口铸铁的硬化性能，使白口铸铁淬火后获得更高的强度、硬度和硬化性能，使铸件获得更深的硬化层。基体硬度提高不但使自身更能抵挡磨料侵入，而且能保护脆性碳化物避免遭受磨料冲撞而发生剥落。一些非碳化物形成元素进入基体金属，也能提高基体金属力学性能，改善淬透性。有助于改善铸件耐磨性和韧性。

综上所述，合金化对于白口铸铁来说有很重要的意义。白口铸铁这种古老的金属材料能在现代工业中仍然发挥着重要作用，是与实行合金化分不开的。

1.3 几种合金白口铸铁

合金白口铸铁种类很多，这里仅简要介绍几个品种：锰白口铸铁、硼白口铸铁、钨白口铸铁、铬白口铸铁、镍铬白口铸铁。

1.3.1 锰白口铸铁

锰作为主加合金元素加入白口铸铁即形成锰白口铸铁。锰白口铸铁在组织上与性能上有以下一些特点：

(1) 锰与碳在合金中形成碳化物Mn_3C。由于锰固溶于铁，Mn_3C中溶有大量铁原子，化合物分子式写为$(Fe, Mn)_3C$。

(2) 锰不改变非合金白口铸铁中碳化物类型。$(Fe, Mn)_3C$仍为渗碳体型化合物，呈莱氏体形态或离异共晶形态存在于组织中。图1-11显示网状分布的$(Fe, Mn)_3C$碳化物。

(3) 由于锰的溶入，碳化物点阵常数增加，渗碳体硬度相应提高。溶入的锰越多，碳化物硬度也越高。

(4) 加锰提高白口铸铁的淬透性，但是同时降低马氏体开始转变温度M_s。加锰量较多时，可能使大量奥氏体保留到室温。例如，白口铸铁含锰量超过4.5%～5.5%（临界含锰量与铸件含碳量有关）时，超过95%奥氏体组织能够保留到室温，成为铸态奥氏体白口铸铁。

(5) 锰在白口铸铁的碳化物和基体金属中几乎是均匀分布的。

由上述可知，锰白口铸铁组织和性能可以在一定范围内调整。改变铸件化学成分或进

图 1-11 网状分布的$(Fe, Mn)_3C$碳化物

行适当热处理都是调整的手段。

制取铸态奥氏体白口铸铁件时，可在以下范围内选取锰白口铸铁件化学成分：

$w(C) = 1.7\% \sim 2.0\%$，

$w(Mn) = 7.0\% \sim 8.5\%$，

$w(Si) \leqslant 0.8\%$，

$w(S) \leqslant 0.1\%$，

$w(P) \leqslant 0.1\%$。

提高碳、锰含量，碳化物体积分数增加，硬度随之上升。为了提高淬透性，可在下列成分范围内加入铬、钼、铜：$w(Cr) \leqslant 1.0\%$，$w(Mo) \leqslant 0.5\%$，$w(Cu) \leqslant 1.0\%$，$w(RE) = 0.03\% \sim 0.08\%$（变质）。铬和钼也存在于碳化物中，起到强化碳化物的作用。

铸件必需经过变质处理，变质剂可采用稀土硅铁合金或稀土硅铁合金 + 硼铁。经过变质处理的铸件硬度为 HRC55 ~ 60，可在铸态下使用。

铸态奥氏体白口铸铁件多用于承受一定冲击负荷的耐磨件，组织中不能含有较多的碳化物，因此铸件含碳量限制在 2% 以下。含锰量 7.0% ~ 8.5% 足以使铸态基体组织为奥氏体。铸件铸态硬度为 HRC35 左右。在冲击磨损条件下，工作表面发生形变硬化作用，表面层硬度可超过 HRC55，类似高锰钢工作中的组织变化情况。

铸态奥氏体白口铸铁件加热到奥氏体化温度时，经过一定时间保温，基体中的部分碳和锰以二次碳化物形式析出，使基体金属的 M_s 点提高，铸件空冷后将有一部分奥氏体发生马氏体转变。基体成为马氏体 + 奥氏体混合组织。如果马氏体转变量控制在合适范围内，铸件的冲击韧度、抗弯强度都会有所提高。

1.3.2 硼白口铸铁

硼位于元素周期表中第二周期，与碳相邻，化学性质活泼。在白口铸铁中，一部分硼与碳化合形成高硬度化合物 B_4C（HV3700），但大部分硼溶入 Fe_3C 或 $Fe_{23}C_6$ 中，硼部分取代碳原子，形成 $Fe_3(C, B)$ 或 $Fe_{23}(C, B)_6$。含硼碳化物硬度显著提高。

少量硼在合金凝固时溶入奥氏体。数量虽然少，但是能非常显著地提高基体金属的淬透性。如与钼、铜同时存在，效果更为显著。

表 1-3 列出硼白口铸铁化学成分、金相组织和硬度。

硼白口铸铁的硬质相为渗碳体型共晶碳化物，由于硼的溶入，碳化物硬度很高，但材料性质比较脆，使其应用范围受到限制。为了改善其韧性，加入稀土合金和钛铁进行变质处理。厚壁硼白口铸铁还需要加入钼、铜一类提高淬透性元素。当前硼白口铸铁一般多用于承受磨料冲刷的易损件，如砂泵机壳、水力输送物料管道等。

表 1-3[2]所列的硼白口铸铁，分为高碳低硼和低碳高硼两种类型。前者共晶碳化物较多，基体含碳量也较高。铸件淬火后虽能获得较高硬度，但极易发生淬裂等缺陷。因此这类铸件使用前无需高温热处理，250～300℃回火消除应力后即可直接使用。

表 1-3 硼白口铸铁化学成分（%）、金相组织和硬度

铸铁类型	C	Si	Mn	B	Mo	Cu	Ti	RE	金相组织	备注
低硼白口铸铁	2.9～3.2	0.9～1.6	0.5～1.0	0.14～0.25	0.5～0.7	0.8～1.2	≤0.18	0.02～0.08	$Fe_3(C,B)$ + 少量 $Fe_{23}(C,B)_6$ + P + M + A	铸态 HRC 52～58
									$Fe_3(C,B)$ + 少量 $Fe_{23}(C,B)_6$ + 二次碳化物 + M + 残余奥氏体	940℃油淬 250℃回火 HRC 62～65
高硼白口铸铁	2.2～2.4	0.9～1.6	0.5～1.0	0.40～0.55	0.5～0.7	0.8～1.2	≤0.18	0.02～0.08	$Fe_3(C,B)$ + 少量 $Fe_{23}(C,B)_6$ + P + M + A	铸态 HRC 49～54
									$Fe_3(C,B)$ + 少量 $Fe_{23}(C,B)_6$ + M + 残余奥氏体	980℃油淬 250℃回火 HRC 63～65

注：M—马氏体；P—珠光体；A—奥氏体。

低碳高硼类型硼白口铸铁经过良好变质处理后可以进行热处理，提高铸件硬度，改善材料韧性。淬火铸件含碳量应保持在表中所列成分下限，而且奥氏体化时间需要适当加长，使二次碳化物充分析出，以避免基体中出现过多残余奥氏体。

1.3.3 钨白口铸铁

以钨为主加合金元素而产生的白口铸铁称为钨白口铸铁。这种铸铁具有优良的抗腐蚀磨损能力和抗冲蚀磨损能力，适用于制造砂浆泵、杂质泵及水力输送煤粉、煤灰、尾矿、砂石泥浆物料装置中的易磨损件。

钨与碳形成多种高硬度碳化物。根据合金中钨碳比的不同，碳化物的类型、结构、形态都有变化。在常用的含碳量范围（2%～4%）内，钨碳比由高到低，形成的碳化物分别为 M_6C、$M_{23}C_6$、M_3C。由于钨是溶入铁而存在于碳化物中，因此碳化物分子式为 $(Fe,W)_6C$、$(Fe,W)_{23}C_6$、$(Fe,W)_3C$。$(Fe,W)_3C$ 为渗碳体型碳化物，呈连续网状分布，硬度 $HV_{0.1}$ 1000～1200；$(Fe,W)_6C$ 则以孤立状态存在，硬度 $HV_{0.1}$ 1800～2250。这些碳化物在合金中都成为抗磨骨架。

钨白口铸铁中除含有钨以外，通常还含有铬或锰。加入这些元素可以减少比较贵重的钨元素加入量，改善合金硬化性能，提高抗磨料磨损能力。铬还能提高材料的极化电阻，减小极化电流，降低电化学腐蚀速率。

表 1-4 列出钨铬白口铸铁化学成分、硬度和金相组织[2]。

表 1-4 钨铬白口铸铁化学成分（质量分数,%）和金相组织

名称	C	Si	Mn	W	Cr	Cu	金相组织	备注
W5Cr4	2.0 ~ 3.5	0.5 ~ 1.0	0.5 ~ 3.0	4.5 ~ 5.5	3.5 ~ 4.5	—	$(Fe,W)_3C$ + M + A	铸态 HRC 53 ~ 64
							$(Fe,Cr,W)_3C$ + 二次碳化物 + M + 残余奥氏体	900℃空冷 + 250℃空冷 HRC 58
W9Cr6	2.0 ~ 3.5	0.5 ~ 1.0	0.5 ~ 3.0	8.5 ~ 9.5	5.5 ~ 6.5	—	$(Fe,W)_3C$ + $(Fe,W)_6C$ + M + A	铸态 HRC 53 ~ 62
W16Cr2	2.4 ~ 3.0	0.3 ~ 0.5	1.5 ~ 3.0	15.0 ~ 18.0	2.0 ~ 3.0	1.0 ~ 2.0	$(Fe,Cr,W)_6C$ + A	铸态 HRC 55 ~ 60
							$(Fe,Cr,W)_6C$ + $(Fe,Cr,W)_{23}C_6$ + M + 残余奥氏体	920℃空冷 HRC 63 ~ 65

钨在含铬白口铸铁中的凝固分配系数为 0.4 ~ 0.6。接近半数的钨在凝固时溶入奥氏体。钨对奥氏体相变的影响与钼有相似之处，但作用比钼弱得多。

W5Cr4 所含碳化物为渗碳体型，合金性质较脆，一般只适用于冲击负荷很小的零件。含钨达到 9% 的 W9Cr6 中部分碳化物为 $(Fe,W)_6C$，呈块状，与 $(Fe,W)_3C$ 共存，抗冲击能力改善。W16Cr2 中碳化物均为 $(Fe,W)_6C$ 型，其抗冲击能力显著提高，可以应用到杂质泵、叶轮一类的零件。

1.3.4 铬白口铸铁

铬白口铸铁是以铬为主加合金元素而形成的合金白口铸铁的总称。这种合金白口铸铁成分变化范围很宽，其中铬含量在 2% ~ 30% 之间。多年来，国内外的研究工作者对于这种合金铸铁进行过许多研究试验，探讨铬在白口铸铁中的行为以及它在提高白口铸铁工作性能方面的作用。并陆续开发出一些金属组织与性能各有特点的白口铸铁品种，使铬白口铸铁成为当代广泛使用、性能优良、应用效果显著的合金白口铸铁。本书将在以下章节介绍铬白口铸铁。

1.3.5 镍铬合金铸铁

镍铬白口铸铁（镍硬铸铁）是一种以镍、铬为主加合金元素形成的白口抗磨铸铁。在高铬铸铁尚未大量推广的年代，国外许多抗磨件制造商普遍采用这种铸铁铸造重要的耐磨件，并取得很好的应用效果。我国抗磨铸铁标准中也列有与镍硬铸铁相似的牌号：镍、铬含量较高的 KmTBCr9Ni5 和镍、铬含量较低的 KmTBNi4Cr2。KmTBCr9Ni5 镍铬白口铸铁的抗磨组织由合金碳化物 + 马氏体 + 奥氏体 + 二次碳化物组成。镍、铬含量较低的

KmTBNi4Cr2镍铬白口铸铁中部分未发生马氏体转变的奥氏体在高于 M_s 温度产生贝氏体。基体组织含有马氏体＋贝氏体＋奥氏体。本书将这种抗磨铸铁列入铬白口铸铁范畴，称为"镍铬合金铸铁"。

参考文献

[1] 郝石坚．现代铸铁学．2版[M]．北京：冶金工业出版社，2009.
[2] 中国机械工程学会铸造分会．铸造手册（第1卷）．2版[M]．北京：机械工业出版社，2004.

2　铬白口铸铁

2.1　铁碳铬三元合金

铬白口铸铁是由铁、碳、铬三个元素为主体构成的合金铸铁。三个元素以不同的成分组合构成具有各自特点的显微组织，并赋予材料以所需的工作性能。在各种温度下成分组合变化对铬白口铸铁显微组织的影响反映了铬白口铸铁组织形成规律以及铁、碳、铬三个元素在其中的作用。本章通过对铁碳铬三元合金相图的介绍，讨论这方面的问题。

铁碳铬三元合金相图为我们提供了有关铁、碳、铬三元合金的基础信息。但是它在铬白口铸铁生产与实际应用方面还是有一定的局限性，因为三元合金相图是在合金进行充分平衡转变条件下形成的。平衡转变是指：合金在足够缓慢的温度变化速率下发生的组织转变。所谓“足够缓慢的温度变化速率”是指这种变化速率能使转变相自身或转变相之间进行充分的原子迁移和点阵改组，最终导致转变过程和转变结果完全符合按照热力学原理形成的平衡相图。合金通过这种转变而到达室温后所生成的组织可称为室温平衡组织。而铸件在生产条件下凝固时，温度变化速度实际上很难达到进行充分平衡转变的程度。此外，铬白口铸铁中组成相的相对量还受合金中含有其他合金元素的影响，导致相组成的变化或多或少地偏离平衡转变的结果。这种非平衡转变产物称为非平衡组织，工厂生产的铬白口铸铁件，其组织基本上都属于非平衡组织。

2.1.1　铁碳铬三元合金的液相面投影图

我们知道，三元合金相图是由三个标有成分坐标的二元相图构成的棱柱形三维图像表现的。棱柱体的纵轴为温度轴，因此，在棱柱体的某一温度横断面上，显示该温度下铁碳铬三元合金形成的平衡组织。相图最上部是由各相区液相面构成的三元合金液相面，液相面是空间曲面。曲面上的各个成分点都显示该成分的合金由液体状态降低温度而开始转变为固体状态的温度。由于棱柱体内不同成分区的液相面在空间走向不同，相邻液相面之间在空间中形成许多交线。这些交线或呈凸起或呈凹下状态。三个成分坐标轴和这些交线投影到室温断面上，就出现一个界定各个相区范围和组成相成分、具有三角形外廓的平面图像，也就是铁碳铬三元合金平衡相图的液相面投影图。

利用投影图可以分析合金的凝固过程，分析投影图中各个相区合金凝固冷却到室温后出现的室温平衡组织。

投影图可以是等腰三角形、直角三角形或由三角形切取的局部图像。借助这种投影图来分析三元合金平衡凝固冷却到室温后所形成的相应显微组织。

我们可以采用类似在二元平衡相图上衡量相组分相对含量的方法在液相面投影图上确定各个相组分的相对含量。也就是说，寻求三元合金凝固后所形成的组织时，可以参照该合金成分点所在相区以及它在液相面投影图上的位置。

图 2-1 为铁碳铬三元合金相图的液相面投影图[1]。

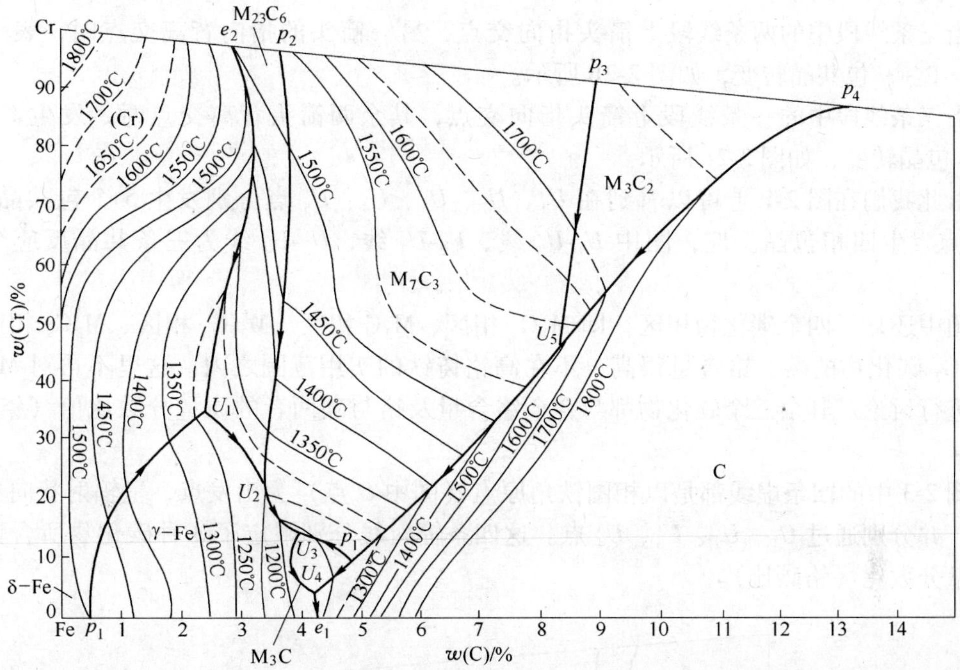

图 2-1　铁碳铬三元合金相图的液相面投影图

图 2-1 中带有箭头的线段都是相邻液相面交线的投影线。这些线段包围着投影图上相应相区，形成相区的分界线。为了能够更直观地检视各个成分的铁碳铬三元合金液-固相变温度，图中还叠置了一些注明温度的细线，即液相面上的等温线，这些等温线非常清晰地显示出合金液-固相变过程中的温度变化，表示位于等温线上各成分合金的液-固相转变温度。合金实际冷速与平衡冷速通常有一定差别。就开始进行转变温度而言，冷却越缓慢（接近平衡冷速），实际液-固相转变温度及相区界线越接近平衡转变温度及相界。

在图 2-1 中，e_1、e_2 是两个三相平衡共晶转变点，p_1、p_2、p_3、p_4 四个点是三相平衡包共晶转变点。另外，处于四相平衡时，还会出现三个液相面的交点，液相面交线的投影也将交于一点。

以液相面各交线的投影线上所标注的箭头方向区别交点处所发生的相变类型。如以 L 代表三元合金液相，以 α、β、γ 分别代表三个反应相（图 2-2），则有：

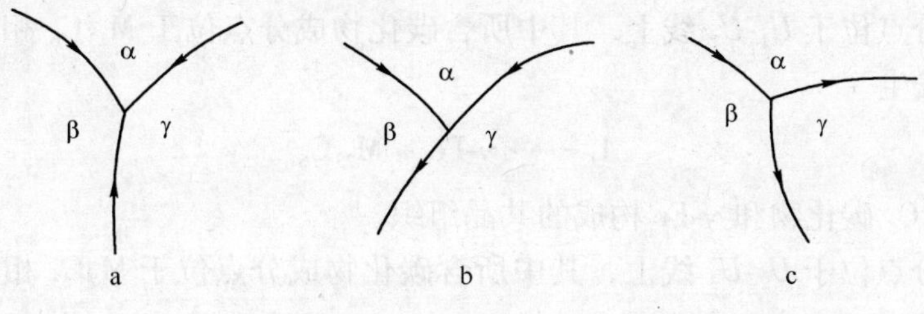

图 2-2　液相面交线投影

a—共晶（L→α + β + γ）；b—包共晶（L + α→β + γ）；c—包晶（L + α + β→γ）

当三条交线的箭头均指向交点并汇聚于该交点时，表示发生 L→α+β+γ 三相共晶转变，如图 2-2a 所示。

当三条线段中的两条线段上箭头指向交点，另一箭头的指向背离交点时，表示发生 L+α→β+γ 包共晶转变，如图 2-2b 所示。

当三条线段中的一条线段上箭头指向交点，其余两箭头背离交点时，发生 L+α+β→γ 包晶转变，如图 2-2c 所示。

由此我们在图 2-1 上可以看到在 U_1、U_2、U_3、U_4、U_5 点分别发生 5 个包共晶反应，在 p_1 点发生四相包晶反应，图中 U_1-U_2 线、U_2-U_3 线、U_3-U_4 线为三条共晶反应线的投影线。

图中还显示四个碳化物相区，即 M_7C_3 相区、M_3C 相区、$M_{23}C_6$ 相区、M_3C_2 相区。其中 M_3C_2 碳化物的碳、铬含量很高，不在高铬铸铁的实用范围之内，这里不再对 M_3C_2 碳化物进行讨论。其余三个碳化物都与合金铬含量及铬与碳两者的质量分数比值（铬碳比）有关。

图 2-3 中的四条虚线都是以相图铁角原点（图中 O 点）为出发点，呈辐射状向右上角延伸，并分别通过 U_1、U_2、U_3、U_4 点。这四条辐射线分别限定了 3 种碳化物所含铬与碳的质量分数比（铬碳比）。

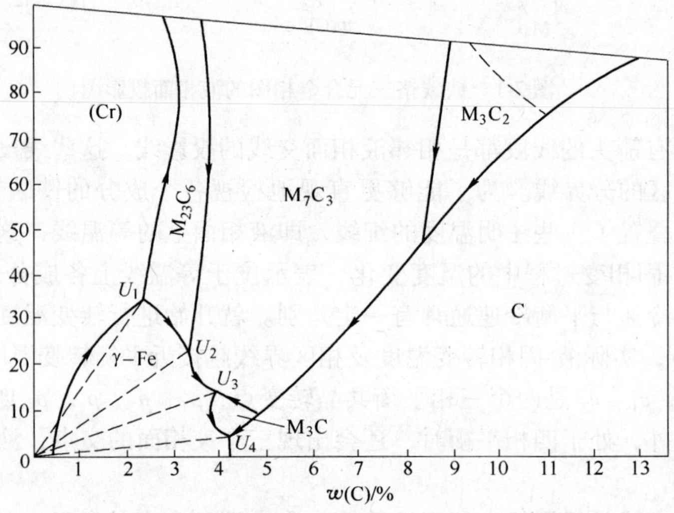

图 2-3　液相面上铬碳比不同的辐射线划分三种碳化物相区

当合金成分点位于 U_1-U_2 线上，其中所含碳化物成分点位于 $M_{23}C_6$ 相区，液相合金将在 U_1-U_2 线上发生

$$L \longrightarrow \gamma\text{-Fe} + M_{23}C_6 \tag{2-1}$$

反应，生成 $M_{23}C_6$ 碳化物和 γ-Fe 构成的共晶组织。

当合金成分点位于 U_2-U_3 线上，其中所含碳化物成分点位于 M_7C_3 相区，液相合金将在 U_2-U_3 线上发生

$$L \longrightarrow \gamma\text{-Fe} + M_7C_3 \tag{2-2}$$

当合金成分点位于 U_3-U_4 线上，其中所含碳化物成分点位于 M_3C 相区，液相合金将在 U_3-U_4 线上发生 L→γ-Fe + M_7C_3 共晶反应，生成 M_3C 碳化物和γ-Fe构成的共晶组织。

由此可见，三种碳化物相比较，$M_{23}C_6$ 碳化物是在铬含量和铬碳比较高的三元合金熔液中形成，其次为 M_7C_3 碳化物，M_3C 碳化物则是在含铬量和铬碳比最低的三元合金熔液中形成。

从反应温度方面看，U_1-U_2 共晶反应温度高于 U_2-U_3 共晶反应温度，U_2-U_3 共晶反应温度高于 U_3-U_4 共晶反应温度。从 U_1 到 U_4 之间的三个共晶反应线段呈现由左上向右下的走向，即反应温度随含铬量降低和含碳量提高而呈现下降的趋势，这与碳在 γ-Fe 相中的溶解度有关。熔液中含碳量增加，γ-Fe 液相线温度降低，一直降低到液相面形成的共晶谷最低点。而含铬量增加，合金的共晶转变温度下降。

根据热力学计算并经实验测定，可以确认：铁碳铬三元合金的 U_1、U_2、U_3、U_4 四个包共晶反应温度分别为 1275℃、1255℃、1160℃、1156℃。

如果共晶反应是在平衡冷速或接近平衡冷速下转变，或者有铁、碳、铬之外的一些元素参与反应，共晶反应产物还可能在进一步冷却过程中发生变化。$M_{23}C_6$ 碳化物在 U_2 点通过下述包共晶反应而产生 $M_{23}C_6$ + M_7C_3 两种碳化物共晶同时存在的组织，即一部分 $M_{23}C_6$碳化物转换成为 M_7C_3 碳化物，同时，$M_{23}C_6$ 碳化物和 γ-Fe 的碳、铬成分也发生一些变化：

$$L + M_{23}C_6 \longrightarrow M_7C_3 + \gamma\text{-Fe} \tag{2-3}$$

依照同样道理，在 U_3 点，M_7C_3 可能通过下述包共晶反应而产生 M_7C_3 + M_3C，呈现两种碳化物共晶同时存在的组织：

$$L + M_7C_3 \longrightarrow M_3C + \gamma\text{-Fe} \tag{2-4}$$

M_7C_3 和 M_3C 是铬白口铸铁中最常见到的两种碳化物。这两种碳化物对铬白口铸铁的抗磨能力和力学性能有显著的影响。

当铁碳铬三元合金含碳量高、含铬量较低情况下，铸件中可能出现基本上没有抗磨料磨损能力、严重降低材料韧性的石墨相（C）。为了避免这种有害相的出现，通常需要控制铬和碳（以及其他提高碳在合金中活度的元素）的含量比例。

2.1.2 铁碳铬三元相图的 w(Cr) = 13%垂直截面

图 2-4 为铁碳铬三元相图的 w(Cr) = 13% 垂直截面[2]。从垂直截面图我们可以了解该铁碳铬三元合金温度变化时相变产生、发展的过程和结果。

由图 2-4 可以看到图中出现 3 个单相区、8 个两相区、8 个三相区。3 个单相区是α 铁素体（高温时称 δ 相）区、γ 相（奥氏体）区和液相区 L。8 个两相区是 L + α、L + γ、L + K_1、α + γ、γ + K_1、γ + K_2、α + K_1、α + K_2。8 个三相区是 L + α + γ、L + γ + K_1、γ + K_2 + K_1、α + K_2 + K_1、α + γ + K_1、α + γ + K_2、γ + K_1 + K_C、α + K_1 + K_C（其中 K_1、K_2、K_C 3 个符号分别代表 3 个铬碳化合物：Cr_7C_3、$Cr_{23}C_6$、Cr_3C）。

下面以 w(C) = 2% ~ 3%（铬白口铸铁常用含碳量）成分范围内的合金冷却凝固时的主要转变为例讨论铁碳铬三元合金降温过程中的几个转变。

合金熔液在液相线温度开始凝固，首先出现 L→γ-Fe 液-固相变，随后在 L→γ-Fe +

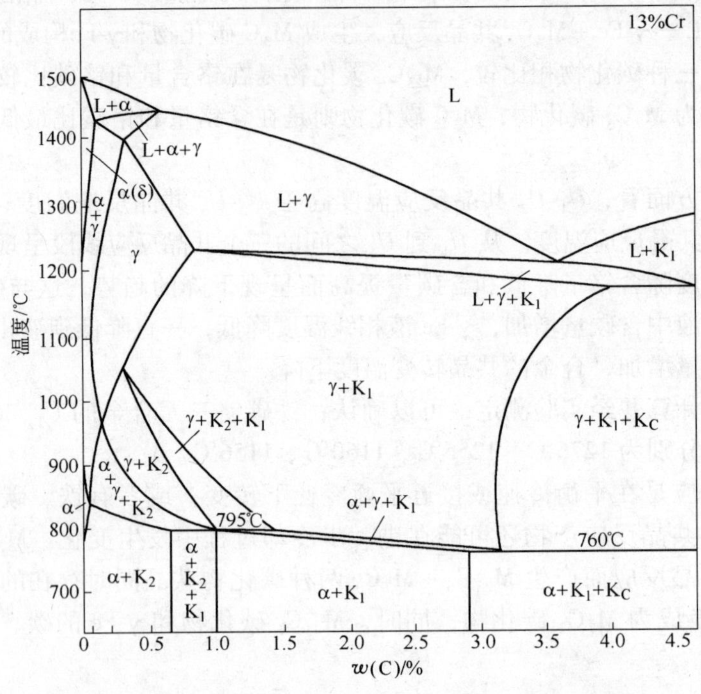

图 2-4　铁碳铬三元相图的 $w(\mathrm{Cr}) = 13\%$ 垂直截面

K_1 三相区发生共晶转变。共晶转变完成后，凝固结束。固态下的合金在继续降温过程中由于铬的脱溶而有 K_2 析出，出现 γ-Fe + K_1 + K_2 三相区。K_2 在 795℃ 发生以下包析反应：

$$\gamma\text{-Fe} + M_{23}C_6(K_2) = \alpha\text{-Fe} + M_7C_3(K_1) \quad (2\text{-}5)$$

K_2 通过这个反应而消失，并出现尚存的 γ-Fe 与富铬铁素体（α 相）、M_7C_3 组成的三相区。进一步降温，奥氏体发生分解（γ-Fe→α-Fe），最终导致室温组织中只存在 α-Fe 和 M_7C_3 碳化物。

如果合金含碳量低，奥氏体发生分解（γ-Fe→α-Fe），产生 α-Fe + $M_{23}C_6$ 组织。室温组织将是 α-Fe + $M_{23}C_6$。

2.1.3　铁碳铬三元相图的几个等温截面

合金相图垂直截面与若干等温截面结合起来，可以更清楚认识合金组织的演变过程。下面通过观察铁碳铬三元合金固态下几个等温截面简图来说明合金的固态组织转变过程。

图 2-5 显示铁碳铬三元合金完成共晶转变后，1150℃、1000℃、850℃ 等温截面简图。这个等温截面简图只显示 $w(\mathrm{C}) = 0 \sim 2.5\%$、$w(\mathrm{Cr}) = 0 \sim 35\%$ 成分范围内的铁碳铬三元合金在相应温度下的相区。

从这组等温截面图中可以看出以下变化：

（1）三元合金低碳部分在高温下存在的 α(δ) 铁素体与液相进行 L + α-Fe ═ γ-Fe 包晶反应。α(δ)铁素体通过这个包晶反应而消失。相图中出现了 γ-Fe 相单相区和 L + γ-Fe 两相区，即完成了 α(δ)铁素体向奥氏体的转变。

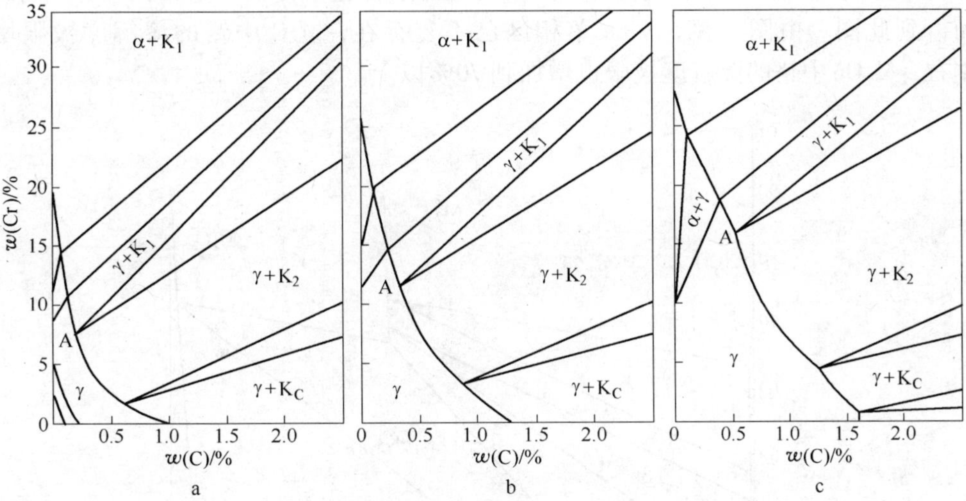

图 2-5 铁碳铬合金等温截面简图

a—1150℃；b—1000℃；c—850℃

（2）与液相面投影图相比，图中的 γ-Fe 单相区已显著缩小。在这个温度范围（凝固结束温度至 1000℃）内，γ-Fe 中过饱和的碳、铬脱溶，而形成碳化物。低碳高铬合金主要是 $Cr_{23}C_6$ 型碳化物（K_1），高碳低铬合金主要是 Cr_3C 型碳化物（K_C），只当合金成分处于合适范围，才有 Cr_7C_3 碳化物（K_2）出现。

（3）含铬 10% 以上的固态组织中都存在着 α-Fe 单相区，但因碳在 α-Fe 中溶解度有限，α-Fe 单相区范围随温度下降逐渐变窄，以至消失。

合金在共晶转变完成后继续降温，在 1000 ~ 700℃ 温度之间还要发生两个包析反应[3]：

795℃ 发生式 2-6 表示的包析反应。这个反应是在 $\gamma + K_1$ 和 $\gamma + K_1 + K_2$ 两个相区分界线附近的成分区域内发生的。在这个相变过程中，反应相发生点阵改组：γ-Fe 向 α-Fe 转变；$M_{23}C_6$ 向 M_7C_3 转变。由 γ-Fe 到 α-Fe 的转变过程中排出的过饱和碳溶入 M_7C_3 中。

温度降低到 760℃，合金发生另一个包析反应：

$$\gamma\text{-Fe} + M_7C_3(K_2) = M_3C(K_C) + \alpha\text{-Fe} \tag{2-6}$$

这个反应也是在与两个相区相邻的成分区域内产生的。在这个相变过程中，同样发生铁和碳化物的点阵改组（γ-Fe →α-Fe，$M_7C_3 \rightarrow M_3C$），并出现 α-Fe + γ-Fe + M_3C 共存的区域。此反应将使与 α 相平衡的渗碳体量增加，比较图 2-6 所示的 700℃ 平衡相图与 1000℃ 平衡相图可明显看出：在这两个包析反应后，K_2 相区和 K_C 相区相应扩大了；残余的 γ-Fe 也在温度下降到 700℃ 以前消失。

平衡转变时发生的这些过程在非平衡转变时可能不再发生。例如，在能够避免珠光体转变的冷速下连续冷却时，平衡冷却时发生的以上两个包析反应不再发生。

图 2-6 显示的铁碳铬三元合金 700℃ 等温截面图是研究人员对 60 组合金（1% ~ 11% C，9% ~ 81% Cr）进行分析研究后提出的。为了消除合金成分不均匀的影响，研究者将合金粉末制成块体，然后烧结或充分熔化，再在真空中进行长时间退火。并用电解法把 α-Fe

从碳化物中分离出来。对萃取碳化物和溶解的基体进行化学分析、金相检查、X 射线衍射分析而得到此图。由图可见，γ-Fe 单相区已不复存在，M_3C 中铬的溶解度极限增加到 25% 左右，M_7C_3 中铬的溶解度极限也增加到 70% 以上。

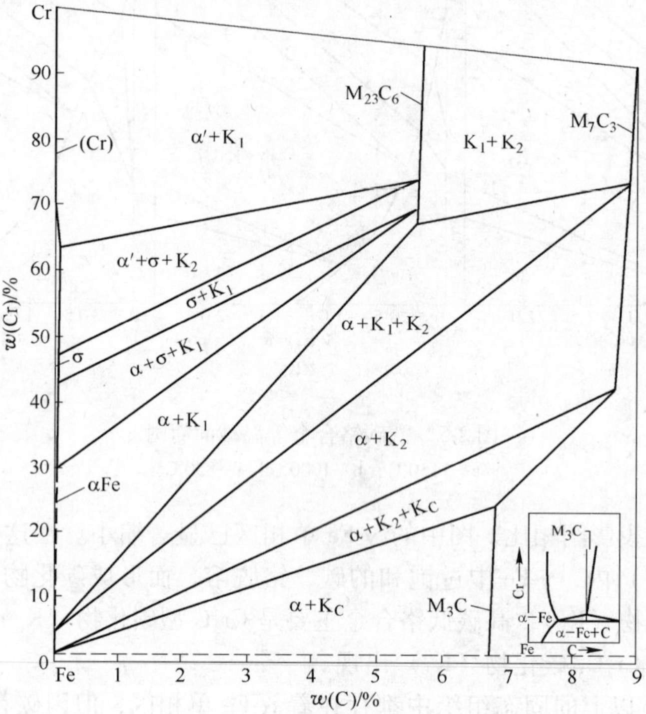

图 2-6 700℃等温截面图

1150~700℃几个相图并参照液相面投影图，有助于了解合金在这个阶段中要发生碳化物的析出反应。有人[11]测定了碳在 3 个含铬 γ-Fe 中的活度，以及作为含铬量函数的碳化物的自由能，以确定碳、铬在 γ-Fe 中的溶解度极限，其结果表明：碳在 γ-Fe 中的极限溶解度随温度的下降而逐渐降低，1050℃时约为 1.65%，1000℃时下降到 1.5%，850℃时下降到 1.25% 左右。而铬的极限溶解度下降并不显著。γ-Fe 单相区随温度下降而逐渐缩小，在低铬范围由于碳的活度变化较大，相区的缩小程度比较明显。其他研究者测定了更低温度的碳的极限溶解度。在 850℃时 γ-Fe 单相区的极限含碳量为 1%，而在 700℃时 γ-Fe 单相区已不复存在。

需要指出的是，前面几个相图中，存在于各相区的碳化物只注明其类型（K_1、K_2、K_C），而未标明其生成过程。我们知道，某一相区内的一种碳化物可能通过两种途径生成。例如（α-Fe + K_C）相区中的渗碳体，一部分可能在凝固时生成，另一部分可能通过前述的包析反应而存在于由 α-Fe 和 K_C 相组成的层状包析组织中。

2.2 铬白口铸铁中铬的主要存在方式与铬碳化合物

铬白口铸铁中的铬原子，一部分在铸铁凝固过程中与碳化合，形成铬碳化合物。含有高硬度铬碳化合物是铬白口铸铁的主要组织特征。凡是铬白口铸铁，组织中都或多或少地存在着这种合金碳化物。铬白口铸铁所具有的抗磨料磨损能力，主要来自其中的合金碳化物。在发生磨料磨损的工况中，铬碳化合物有力地阻挡外部磨料对铸件表面的侵入，抑制磨屑形成，产生抗磨料磨损作用。因此有人把铬白口铸铁共晶组织中的合金碳化物称为抗磨骨架相。

铬在白口铸铁中以两种主要方式存在：

（1）与碳形成铬碳化合物。前已述及，铬白口铸铁中的铬碳化合物主要有三种类型。每种类型具有各自的化学成分、晶体结构、晶体形态、分布状态、力学性能。不同类型的碳化物对于铬白口铸铁的组织状态、抗磨性能和力学性能都有决定性的影响。因此讨论铬白口铸铁各方面问题时，需要了解这些合金碳化物。

（2）固溶于奥氏体及其转变产物中，改变基体力学性能和硬化性能。

铬与铁两种元素都属于过渡族金属元素，两者以置换方式无限固溶。铬碳化合物中的铬原子可以被铁原子部分取代，即少量铁固溶于铁碳化合物中形成铁碳铬三元化合物，因此以上三种碳化物的分子式又可分别写为（Fe，Cr)$_{23}$C$_6$、(Fe，Cr)$_7$C$_3$、(Fe，Cr)$_3$C。

存在于（Fe，Cr)$_7$C$_3$ 与（Fe，Cr)$_{23}$C$_6$ 碳化物中的铬量并不是固定的。碳化物含铬量随铸铁含铬量、铬碳比以及铸件冷速而有所变化。一般来说，高铬铸铁含铬量和铬碳比越高，则进入碳化物的铬元素越多。先共晶碳化物含铬量在35% ~55%之间变化，共晶碳化物含铬量则在40% ~55%。

2.2.1 (Cr，Fe)$_7$C$_3$ 碳化物

(Cr，Fe)$_7$C$_3$ 是铬白口铸铁中硬度最高、分布状态最有利于改善铸件力学性能的抗磨相，主要出现在高铬铸铁组织中。

关于 Cr_7C_3 晶体的形成，有一种说法是：铁碳铬系合金中存在晶体结构相对不稳定碳化物 Fe_7C_3。Fe_7C_3 晶体的原子排列方式（图 2-7a）[3] 与 Cr_7C_3 晶体的原子排列方式（图 2-7b）很接近[4]，铁原子与铬原子的尺寸也很接近，为铬原子在 Fe_7C_3 晶体基础上大量取代铁原子而形成 M_7C_3 型碳化物晶体提供了条件。另一种说法是：碳原子与铬原子在合金凝固过程中直接化合，形成 Cr_7C_3，然后铁原子部分取代铬原子，形成（Fe，Cr)$_7$C$_3$ 碳化物。

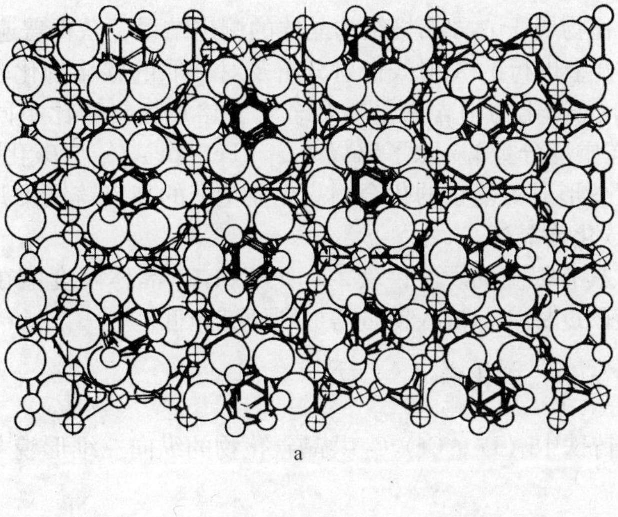

a

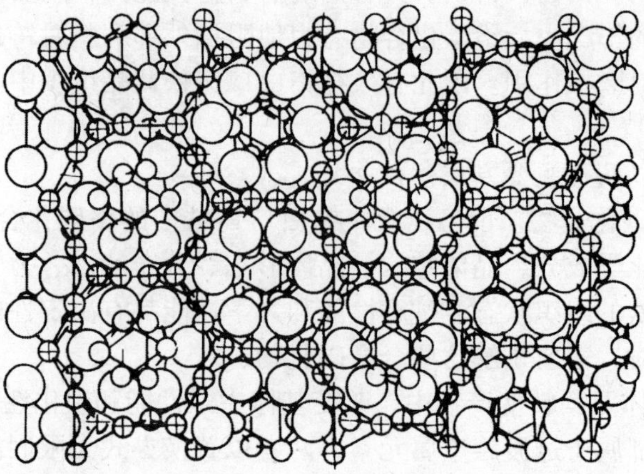

图 2-7 两种晶体的原子排列方式

a—Fe_7C_3 晶体；b—Cr_7C_3 晶体

Cr_7C_3 型碳化物是铬与碳两种原子形成的间隙化合物，其晶体结构比较复杂。不少研究人员对其晶体结构进行过测定，并分别报道测定结果，如表 2-1 所示。

表 2-1 Cr_7C_3 型碳化物晶体结构测定结果

晶 体	晶格类型	点阵常数/nm	晶体密度 /g·cm^{-3}	晶体硬度 HV	测定者
Cr_7C_3	六 方	$a=0.688$	0.92	1200～1800	T. E. Norman[5]
		$c=0.454$			
	斜 方	$a=0.454$			F. Maratray[6]
		$b=0.688$			
		$c=1.194$			
	三 角	$a=1.398$			R. W. Durman[7]
		$b=0.452$			

目前 Cr_7C_3 型碳化物属于六方晶格结构晶体的测定结果，获得普遍认可。

对 Fe-C-Cr 三元合金进行的 X 射线衍射分析及对萃取的碳化物化验结果表明，铬白口铸铁中（Fe，Cr)$_7C_3$ 型碳化物中含铬量随合金总含铬量、铬碳比不同而有变化，发现最低含铬量为25.4%（质量分数）。除了铬以外，（Fe，Cr)$_7C_3$ 型碳化物中还溶有钼、钨、钒等碳化物形成元素，形成更复杂的化合物。工业生产的高铬铸铁中几乎探查不到铬、碳摩尔比为7∶3 的纯碳化铬晶体。

间隙化合物通常具有很高的硬度，表 2-1 所列 Cr_7C_3 晶体硬度值在 HV 1200～1800 范围内。含铬量增加使硬度提高，溶入铁量增加则硬度降低。

2.2.2 共晶（Fe，Cr)$_7C_3$ 碳化物

图 2-8 显示高铬铸铁中（Fe，Cr)$_7C_3$ 共晶碳化物的纵向三维形貌[8]。共晶碳化物呈板

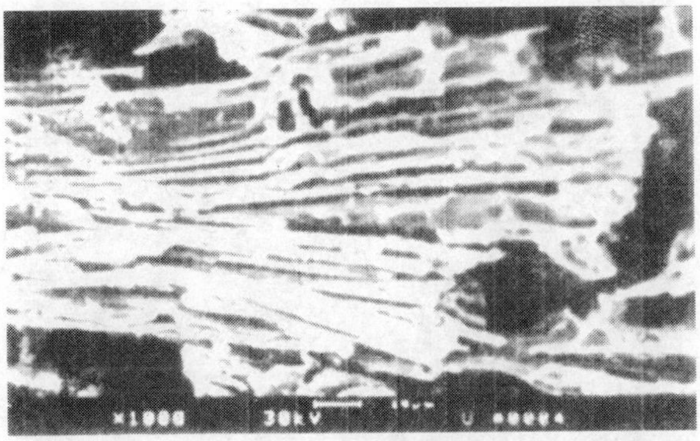

图 2-8 $(Fe, Cr)_7C_3$ 共晶碳化物的纵向三维形貌

条状，多数以集束状态存在，并且存在较多晶体缺陷。这是因为共晶碳化物是在凝固过程中出现的应力场中成簇生长而产生的晶体形态。图 2-9 中出现的白色条状碳化物为共晶组织中单个 $(Fe, Cr)_7C_3$ 板条的纵向磨面影像[8]，我们常在高铬铸铁金相中看到这种碳化物形象。集束状共晶碳化物横断面呈花瓣状（图 2-10），集束状共晶体中的板条状碳化物以枝晶间某一位置为起点向外辐射生长，相邻碳化物被共晶奥氏体隔开。每一束中的碳化物均以大致近似的方向生长，导致碳化物增长和增厚。高铬铸铁共晶碳化物形貌与先共晶奥氏体体积分数和分布状态有关。当先共晶奥氏体在共晶碳化物生成时已经充分发育，留给共晶碳化物的生长空间很少时，共晶碳化物还可能沿晶界形成。

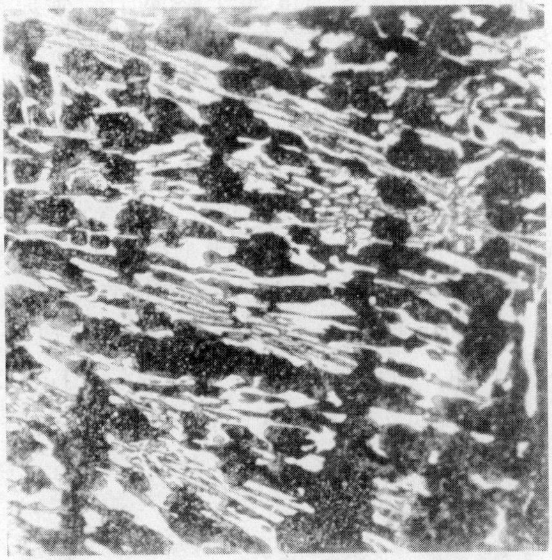

图 2-9 $(Fe, Cr)_7C_3$ 共晶碳化物中的单个板条

成簇的 $(Fe, Cr)_7C_3$ 共晶碳化物多数是孤立存在的，少数通过某一核心相互交联。各簇之间有一定距离，簇内条片状碳化物之间都被基体金属充满。因此，与呈网状连续分布的 $(Fe, Cr)_3C$ 共晶碳化物相比，$(Fe, Cr)_7C_3$ 对韧性较好的基体金属的分割较轻，基

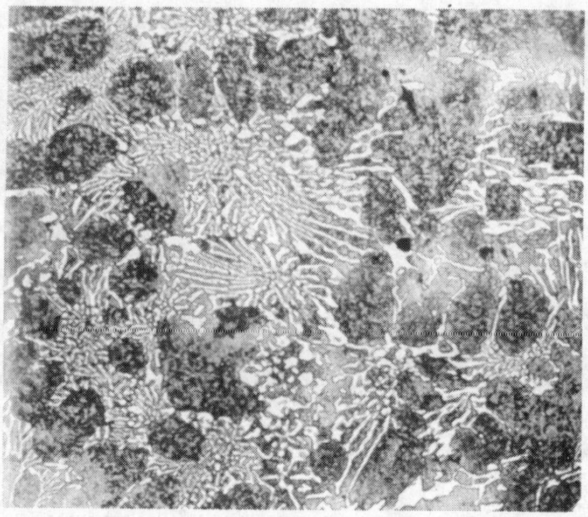

图 2-10 M_7C_3 型共晶碳化物的横断面呈菊花状

体金属连续性破坏较少，有助于抗磨铸铁保持较好的力学性能，特别是冲击韧性。高铬耐磨铸铁中所含共晶碳化物全部为（Fe，Cr）$_7$C$_3$ 碳化物。组织上的一重要特点就是基体金属的连续性高，能够保持较好冲击韧性，适用于承受较高冲击负荷的耐磨件。性能上的这一优点显著扩大了高铬耐磨铸铁的使用范围。

(Fe，Cr)$_7$C$_3$ 为具有六方晶格化合物。它有三个滑移系，容易发生滑移变形。但是铬、铁原子与碳原子结合力很强，能够有力抑制晶体滑移，这是（Fe，Cr)$_7$C$_3$ 硬度很高的基本原因。铁原子与碳原子的结合强度弱于铬原子与碳原子的结合强度。因此，(Fe，Cr)$_7$C$_3$的硬度随化合物中溶入铁原子数量的增加而降低。

(Fe，Cr)$_7$C$_3$ 共晶碳化物的晶体硬度有方向性。试验表明，垂直于晶格 a 轴方向上的硬度为 HV 1444，高于垂直于晶格 c 轴方向上的硬度。差别是显著的，因此如果能从铸造工艺上设法使碳化物晶体的高硬度面存在并平行于摩擦面，将会提高白口铸铁抗磨能力。

(Fe，Cr)$_7$C$_3$ 共晶碳化物还有很好的力学性能。其抗弯强度和抗压强度、抗冲击能力和抗冲击疲劳能力都远高于铬白口铸铁中其他类型碳化物，这些力学性能应该是含有(Fe，Cr)$_7$C$_3$ 碳化物的铬白口铸铁获得优良抗磨能力的重要因素[9]。

(Fe，Cr)$_7$C$_3$ 共晶碳化物的化学成分与铸件的铬碳比有密切关系。铬碳比越高，共晶碳化物含铬量越高，碳化物中的铁原子越少。图 2-11 显示（Fe，Cr)$_7$C$_3$ 共晶碳化物含铬量与铬碳比关系。根据所示曲线以及相应计算，可以得到：

铸件铬碳比	碳化物近似分子式	(Fe,Cr)$_7$C$_3$ 含铬量/%
约 7.2	$(Cr_5Fe_2)C_3$	63.8
约 5.8	$(Cr_4Fe_3)C_3$	50.6
约 4.4	$(Cr_3Fe_4)C_3$	37.6
约 2.8	$(Cr_2Fe_5)C_3$	24.8

根据实验数据，铬白口铸铁中碳、铬含量与碳化物体积分数的关系式[10]如下：

$$碳化物体积分数 = 12.33\times(\%C)+0.55\times(\%Cr)-15.2 \tag{2-7}$$

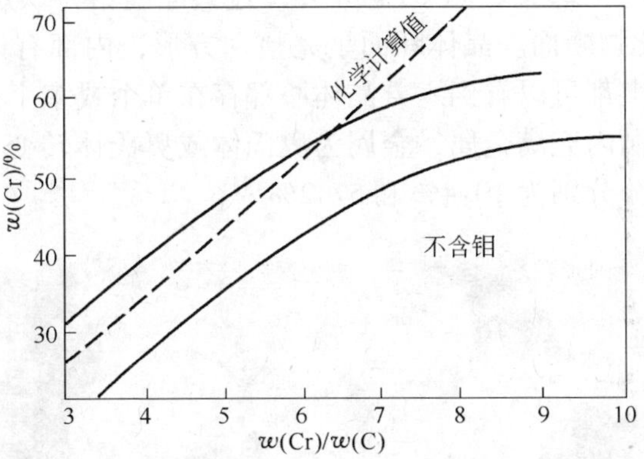

图 2-11 $(Fe, Cr)_7C_3$ 共晶碳化物的铬含量与铬碳比关系

由此式可以看出，提高碳量使碳化物体积分数增加的效果比提高铬量的效果大得多。虽然碳化物体积分数还受其他成分以及凝固因素的影响，利用此式计算的结果还有些误差，但是对于判断铬白口铸铁组织已经足够准确了。

有了碳化物含铬量数据，结合由铬、碳含量计算出来的碳化物体积分数，就可大致推算出基体含铬量。

过共晶高铬铸铁件凝固过程中，先共晶碳化物不受其他固相干扰而结晶。先共晶 $(Fe, Cr)_7C_3$ 碳化物的形貌与 $(Fe, Cr)_7C_3$ 共晶碳化物不同，先共晶 $(Fe, Cr)_7C_3$ 不是集束形貌而是六边棱柱形的粗大晶体。

如果铸件冷却速度较高，$(Fe, Cr)_7C_3$ 先共晶碳化物呈现比较不完整规则的六方形状。而熔液足够缓慢地冷却时，则能形成完整规则的六方棱柱形晶体或六方棱锥状晶体。这是因为先共晶碳化物晶体是沿螺位错提供的生长台阶在光滑的固-液界面上生长。c 轴晶向生长较快，c 轴晶向生长大致与散热较快的方向相同。如果原子有机会规则地填加到碳化物晶格，棱柱（锥）晶体就比较平直，很少显现侧向分枝迹象，在扫描电镜下就能够观察比较规则的晶体。图 2-12 显示过共晶高铬铸铁深腐蚀试样中看到的 $(Fe, Cr)_7C_3$ 型先共晶碳化物三维形貌。

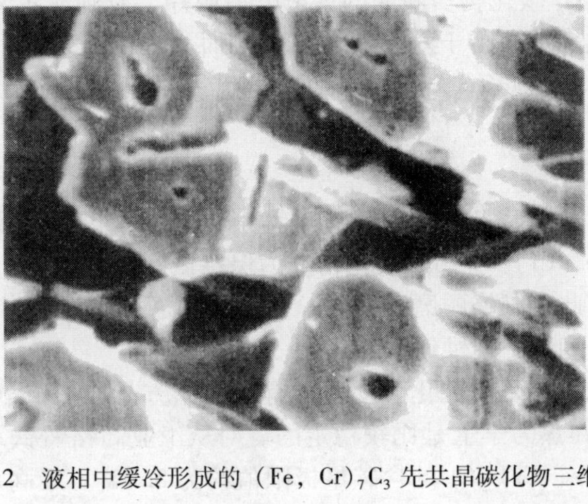

图 2-12 液相中缓冷形成的 $(Fe, Cr)_7C_3$ 先共晶碳化物三维形貌

图 2-13[8] 显示 $w(Cr)=28\%$、$w(C)=4.35\%$ 过共晶高铬铸铁定向凝固（$v=0.02mm/min$）形成的先共晶碳化物断面。晶体断面呈完整六方形，内部有许多充满基体金属的孔洞。在电镜和光镜照片上都可以看到六方晶体心部存在单个或多个孔洞。经检测，孔洞大都贯穿于整个晶体。孔洞内充满金属，金属为奥氏体或奥氏体转变产物。X 射线微区分析确定碳化物的碳、铬成分分别为 10.4% 和 57.2%[9]。

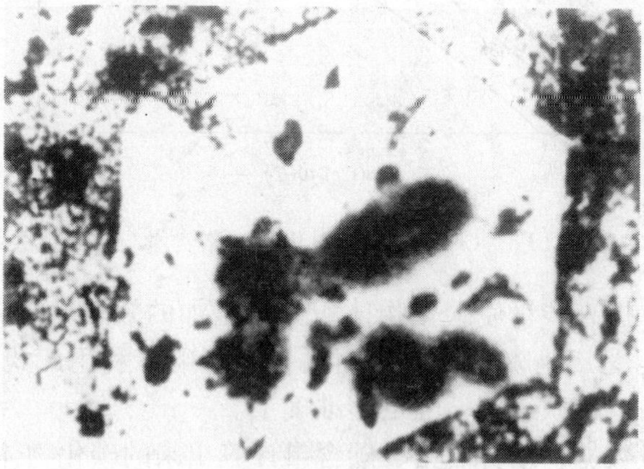

图 2-13 定向凝固形成的（Fe，Cr）$_7C_3$
先共晶碳化物显示心部孔洞（250×）

（Fe，Cr）$_7C_3$ 先共晶碳化物含有基体金属的原因还不十分清楚。有人认为这是晶体特异生长的结果；另一种说法是：先共晶碳化物凝固收缩后被金属熔液填入而形成。

（Fe，Cr）$_7C_3$ 型先共晶碳化物与（Fe，Cr）$_7C_3$ 型共晶碳化物含铬量不同，差别程度与铬碳比有关。铬碳比小于 5.5，先共晶碳化物含铬量大于共晶碳化物。铬碳比为 3.5 时，共晶碳化物含铬量约为 30%；铬碳比大于 8 时，约为 60%。

（Fe，Cr）$_7C_3$ 先共晶碳化物的显微硬度高于共晶碳化物。它的硬度也有方向性，棱柱体侧面硬度为 HV 1700～1900，横断面硬度一般只有 HV 1400 左右。硬度差别与晶体内存在着层错缺陷及层错扩展方向不同有关。在经过热处理的 15% Cr-3.1% C 高铬铸铁试样中，可以从（Fe，Cr）$_7C_3$ 碳化物横断面的透射电镜照片上看到显示复合层错的平行线条。显示的层错扩展方向大多数平行于六方棱柱晶体侧面（晶格 a 面），且呈不均匀分布。而 c 面的点阵常数又小于晶格 a 面，导致（Fe，Cr）$_7C_3$ 晶体不同取向上的硬度有所不同。

2.2.3 （Fe，Cr）$_{23}C_6$ 碳化物

（Fe，Cr）$_{23}C_6$ 是在高铬、低碳的铬白口铸铁中出现的碳化物。这种碳化物硬度为 HV 1000～1100。低于（Fe，Cr）$_7C_3$ 共晶碳化物，为保持良好抗磨能力，高铬耐磨铸铁一般不采用很低的含碳量，因此在高铬耐磨铸铁中，很少见到这种碳化物。（Fe，Cr）$_{23}C_6$ 碳化物多存在于高铬耐热铸铁和高铬耐蚀铸铁组织中。

（Fe，Cr）$_{23}C_6$ 碳化物也是间隙化合物，具有面心立方晶格。$Cr_{23}C_6$ 晶体点阵常数 $a=1.064nm$，这种化合物在热力学上是比较稳定的。对从工业高铬铸铁萃取的（Fe，Cr）$_{23}C_6$ 试样化验分析表明，（Fe，Cr）$_{23}C_6$ 的含碳量极限值约为 5.5%。最高含铬量约为 59%；而

$Cr_{23}C_6$ 晶体的含铬量为94.3%，这说明（Fe，Cr）$_{23}C_6$ 中可能溶入的铁量是很高的。工业上应用的高铬铸铁件中，（Fe，Cr）$_{23}C_6$ 碳化物含铬量一般在23%～35%之间，含碳量不超过2.5%。

一些元素可以溶入（Fe，Cr）$_{23}C_6$ 碳化物。这些元素可以是过渡族元素，如Cr、Mn、Fe或Ni，也可以是非过渡族元素。例如硼元素可以部分取代化合物中的碳。

图2-14显示含有（Fe，Cr）$_{23}C_6$ 碳化物的高铬铸铁组织，其中呈条状存在的碳化物为（Fe，Cr）$_{23}C_6$ 碳化物。在工业应用的高铬铸铁中，常能看到（Fe，Cr）$_{23}C_6$ 碳化物与（Fe，Cr）$_7C_3$ 碳化物共同存在或（Fe，Cr）$_{23}C_6$ 以二次碳化物形式存在，除非高铬铸铁中含铬量和铬碳比很高，否则这种碳化物很少单独出现。铸件缓慢凝固或经受高温热处理时，（Fe，Cr）$_{23}C_6$ 二次碳化物中一部分铬原子可从晶体中析出并导致晶格改组，（Fe，Cr）$_{23}C_6$ 碳化物转变为（Fe，Cr）$_7C_3$ 碳化物。但是先共晶（Fe，Cr）$_{23}C_6$ 碳化物和共晶（Fe，Cr）$_{23}C_6$ 碳化物是难以在短时间转变完成的包共晶反应过程中发生转变。

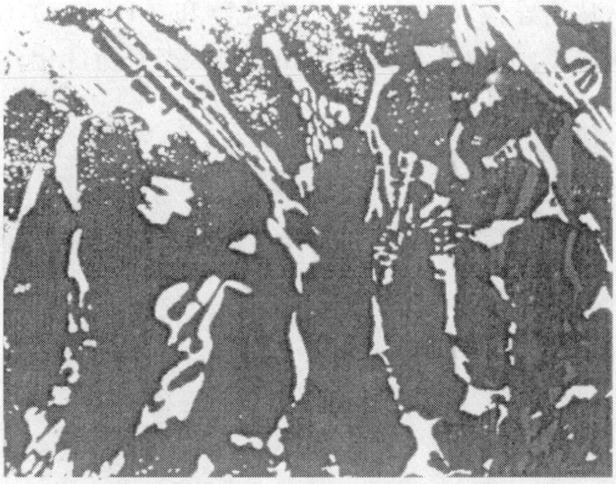

图2-14 含有（Fe，Cr）$_{23}C_6$ 碳化物的高铬铸铁组织

2.2.4 （Fe，Cr）$_3$C 碳化物

（Fe，Cr）$_3$C 是渗碳体型碳化物。Cr_3C 具有正交晶格，硬度 HV 840～1100（硬度随碳化物铬含量而有变化）。前已述及，渗碳体型碳化物硬度相对较低，在铬白口铸铁中多呈连续分布，导致铸件耐磨性、抗断裂能力和韧性降低。因此耐磨铬白口铸铁需限制（Fe，Cr）$_3$C碳化物的体积分数，可能有少量（Fe，Cr）$_7C_3$ 碳化物被（Fe，Cr）$_3$C 碳化物取代。从铬白口铸铁中萃取的（Fe，Cr）$_3$C 型碳化物形貌如图2-15所示。高铬铸铁中存在的少量（Fe，Cr）$_3$C 型碳化物一般是与（Fe，Cr）$_7C_3$ 型三维碳化物混存在一起，需要采用染色金相法才能加以鉴别。

从铁碳铬合金工作性能角度看，高铬铸铁中不应该存在（Fe，Cr）$_3$C 型碳化物，但是一些高铬铸铁件中确实或多或少存在这种碳化物。发生这种情况，主要原因是有些高铬铸铁件含铬量和铬碳比相对偏低，处于形成 M_7C_3 型碳化物成分范围的下限，并且铁水在凝固过程中通过 $L + M_7C_3 \rightarrow M_3C + \gamma\text{-Fe}$ 包共晶反应使（Fe，Cr）$_7C_3$ 型碳化物部分转变为

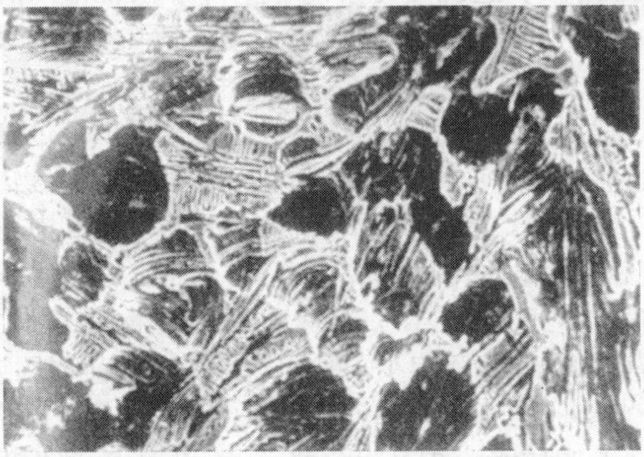

图 2-15 $(Fe, Cr)_3C$ 碳化物三维形貌（SEM）

$(Fe, Cr)_3C$型碳化物，从而导致 $(Fe, Cr)_3C$ 碳化物和 $(Fe, Cr)_7C_3$ 型碳化物共同存在。在这种情况下，$(Fe, Cr)_7C_3$ 共晶碳化物形貌和分布状态有所变化，如图 2-16 所示。

图 2-16 共晶碳化物形貌变化（SEM）

前已述及，合金凝固速度对所生成的碳化物类型有影响。通过以下试验对此进行了验证。试验方法是：在带有水冷铜底板铸型中浇入 $w(Cr)=10\%$ 的亚共晶、共晶、过共晶成分铁水。试样由下而上的冷速随距底板距离的增加而逐渐降低。与底板距离不同处的断面金属组织反映在不同冷速下形成的凝固组织。最后采用染色金相法鉴别凝固组织中碳化物类型。鉴别结果显示了试样铁水冷却凝固速率对所生成碳化物类型有明显影响，试验结果列于表 2-2。

表 2-2 数据表明，铬白口铸铁试样含铬 10%，略低于全部生成 $(Fe, Cr)_7C_3$ 型 (K_1) 共晶碳化物的含铬量。$(Fe, Cr)_3C$ 型 $(K_C$ 型) 和 $(Fe, Cr)_7C_3$ 型共晶碳化物可能同时存在。冷却最快的部分，$(Fe, Cr)_3C$ 型碳化物来不及通过包共晶反应部分转化为$(Fe, Cr)_7C_3$ 型碳化物。随着冷速逐渐降低，$(Fe, Cr)_3C$ 型碳化物转化为 $(Fe, Cr)_7C_3$ 共晶碳化物的数量逐渐增多。在过共晶合金中，初生碳化物全部为 $(Fe, Cr)_7C_3$ 型。这可能是因为凝固较慢时，熔液过冷度减小，铬原子有机会较充分地扩散，铬在碳化物中的溶解量增加，

达到了形成（Fe，Cr）$_7$C$_3$ 型共晶碳化物所需的铬浓度水平，形成含铬量较高的（Fe，Cr）$_7$C$_3$型碳化物。

表 2-2　不同冷速下产生的碳化物

碳化物类型	距激冷面距离 /cm	亚共晶合金 $w(C)=3.48\%$ $w(Cr)=9.63\%$	共晶合金 $w(C)=4.06\%$ $w(Cr)=10.40\%$	过共晶合金 $w(C)=4.29\%$ $w(Cr)=10.24\%$
共晶碳化物	1	K_C	K_C	K_C
	3	K_C+K_1	K_C+K_1	K_C
	5	K_C+K_1	K_C+K_1	K_C+K_1
先共晶碳化物	1	—	—	K_C
	3			K_C+K_1
	5			K_1

这是个有实践意义的试验结果。我们在生产实践中可以看到同一个铸件上厚度相差较大，断面内存在不同碳化物分布状态，从相应断面割取的试样也表现出力学性能的差异。

高铬低碳的高铬铸铁中，也存在（Fe，Cr）$_7$C$_3$ 碳化物和（Fe，Cr）$_{23}$C$_6$ 碳化物同时存在以及因冷速变化而发生转变的情况。由铁碳铬三元合金相图可以看出，生成三种碳化物的化学成分范围都不很宽，高铬铸铁组织中单独存在一种类型碳化物的机会并不很高。

参考文献

[1] Rivlin V G. International Metals Reviews[J]. 1984，29(4)：299～327.

[2] 胡赓祥，等. 金属学[M]. 上海：上海科学技术出版社，1980.

[3] Herbstein F H，Snyman J A. Inorg. Chem[J]. 1964(3)：804.

[4] Rouault A，Fruchart R. Ann. Chim. [J]. 1970(5)：461.

[5] Norman T E，et al. Trans. AFS[J]. 1959(67)：242.

[6] Maratray F，et al. Trans. AFS[J]. 1971(79)：121.

[7] Durman R W. Foundry Trade Journal[J]. 1973：645.

[8] 郝石坚. 高铬耐磨铸铁[M]. 北京：煤炭工业出版社，1993.

[9] 郝石坚. 现代铸铁学. 2 版[M]. 北京：冶金工业出版社，2009.

[10] Maratray F. Transformation Mechanisms of the Austienitic Matrix of Chromium and Chromium-Molybdenum White Irons[C]. ASM Materials Eng.，Congress（Oct，1970).

[11] Benz R，Elliott J F，Chipman J. Metall. Trans. [J]. 1974(5)：2235～2240.

3　低铬铸铁和中铬铸铁

3.1　低铬铸铁

低铬白口铸铁是铬白口铸铁中含铬量最低的品种。一般认为含铬2%～4%的白口铸铁具有实用价值，属于低铬白口铸铁范畴。

我国抗磨白口铸铁标准（GB/T 8263—1999）中列有KmTBCr2牌号，所列化学成分为：$w(C)=2.1\%\sim3.6\%$，$w(Si)\leqslant1.2\%$，$w(Mn)\leqslant2.0\%$，$w(Cr)=1.5\%\sim3.0\%$，$w(Mo)\leqslant1.0\%$，$w(Cu)\leqslant1.2\%$，$w(Ni)\leqslant1.0\%$，$w(S)\leqslant0.10\%$，$w(P)\leqslant0.15\%$。

由于低铬白口铸铁含有连续分布的M_3C型共晶碳化物，使铸件脆性高，一般都采用亚共晶成分。图3-1显示$w(C)=3.02\%$、$w(Cr)=3.15\%$低铬白口铸铁金相组织，显示在先共晶奥氏体转变产物组织中含有连续分布的M_3C型共晶碳化物。这是亚共晶低铬铸铁显微组织。

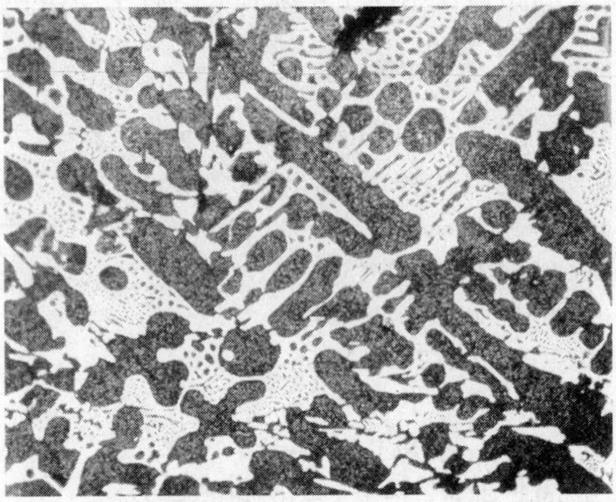

图3-1　$w(C)=3.02\%$、$w(Cr)=3.15\%$低铬铸铁金相组织

加入低铬白口铸铁水的铬一部分进入碳化物，其余的溶入奥氏体。这样的铬量还不足以改变渗碳体的晶体结构，形成的碳化物为$(Fe,Cr)_3C$型。碳化物形貌及分布状态与非合金白口铸铁没有很大区别。在未经热处理情况下，低铬铸铁基体组织一般为珠光体，与非合金白口铸铁相比，硬度有所提高，硬化性能、冲击韧性、冲击疲劳抗力以及抗冲击磨损能力稍有改善。它的主要不足之处是没有改变共晶渗碳体的连续分布或半连续分布状态，韧性相对良好的基体金属仍处于被分割状态，因此低铬铸铁的韧性和淬火裂纹敏感性都未能得到满意的改善。加入钼、铜主要是为了提高材料的淬透性，使低铬白口铸铁件能在空冷条件下得到硬化。固溶于奥氏体中的合金元素产生固溶强化作用，能够改善低铬白口铸铁的力学性能。

3.1.1 低铬铸铁变质处理

低铬铸铁韧性和抗磨能力的矛盾是比较突出的。解决这个矛盾的一个有效途径是实行变质处理。变质处理可使碳化物趋于弥散化、孤立化，减少它们对基体连续性的破坏作用。含有钼铜等元素的低铬铸铁经过变质处理，可以进行空冷硬化，使铸件耐磨性能得到一定程度的改善。

图 3-2 显示 $w(\mathrm{C}) = 2.75\%$、$w(\mathrm{Cr}) = 2.68\%$、$w(\mathrm{Si}) = 0.80\%$ 低铬白口铸铁变质处理前后的组织。

从金属学角度讲，低铬铸铁变质处理要求碳化物和奥氏体两相在形核和生长方面需要满足一些条件。首先是先共晶奥氏体在共晶转变发生之前已经充分发育，参与共晶反应的相在结晶的空间上和时间上都是分开的，晶体完全在共生区以外按离异共晶方式生长。其次是碳化物择优取向生长得到抑制，并以相对较低的生长速度形成共晶碳化物。

为了满足以上条件，获得良好的变质处理效果，铁水成分应该是能够导致离异共晶生长，并在炉前加入适量的变质剂。

（1）合适的铁水化学成分。低铬铸铁的变质处理效果与其含碳量有关。碳量是决定低铬铸铁中碳化物量和铸件硬度的基本因素。含碳量高的低铬铸铁含有较多碳化物，难以通过变质处理改变其分布状态。实验证实，$w(\mathrm{C}) \geqslant 3.0\%$ 时，铸态低铬铸铁中的共晶碳化物大部分呈现莱氏体形态，一小部分存在于晶界。炉前变质处理后共晶碳化物的分布状态改变很少，而且含碳量越高，力学性能的变化越小。含碳量低于 2.6% ~2.8% 时，共晶碳化物开始倾向于以离异共晶方式生长，晶界上的共晶碳化物趋于分散分布。

承受冲击或需进行热处理的零件建议选用较低含碳量。曾经用于球磨机研磨体的低铬铸铁，变质处理前，铁水主要成分保持在以下范围能取得很好变质效果：$w(\mathrm{C}) = 2.2\% \sim 2.8\%$，$w(\mathrm{Si}) = 1.0\% \sim 1.5\%$，$w(\mathrm{Cr}) = 2\% \sim 4\%$，$w(\mathrm{Mn}) = 0.8\% \sim 1.5\%$。

在上述成分范围内选用较高铸件含硅量，也有助于改变碳化物形态，促使碳化物分散化，提高变质效果。

（2）炉前应加入合适的变质剂。变质剂的选用是决定变质处理效果的重要因素。适用于亚共晶白口铸铁的变质剂应能满足以下要求：

1）提高初生相结晶过冷度和共晶反应过冷度，使初生相和共晶相有较高的形核率；

2）变质剂在铁水中能形成异质晶核，晶核与在其上生长的物相点阵结构匹配良好，两者的失配度小于 12%；

3）改变碳化物的生长模式；

4）不产生可能削弱材料性能的新相。

3.1.2 稀土元素变质剂

已知稀土元素或稀土与钒、硼、铝、铋、碱金属构成复合变质剂在炉前加入铁水，具有改变白口铸铁中碳化物形核、生长机制的作用。原因如下：

（1）稀土元素和碱土族金属都有降低铁碳合金亚稳系统共晶转变温度的作用[24]，使奥氏体生长温度范围扩大，生成量增多，促进分散分布的奥氏体枝晶群在铁水中生成。在较高过冷度下奥氏体形核率高，生长速度快，晶体分枝较少。

（2）稀土元素、碱土金属元素的硫化物的自由能很低，且具有 NaCl 型点阵结构，其原子间距与奥氏体原子间距接近（BaS 与 γ-Fe 的原子间距分别为 0.269nm 和 0.2579nm），两者的失配度很小[1]，稀土元素优先与铁水中的硫和氧化合形成硫化物和硫氧化物，可以成为初生奥氏体的异质形核基质。

（3）变质剂提高奥氏体生长速度。这是因为稀土元素在两个共晶组成相中的溶解度都很小，稀土元素在两共晶相中的溶解度不同，导致两相凝固前沿溶质富集程度、成分过冷量以及晶体生长速度出现差别，导致共晶奥氏体生长速度超过了共晶渗碳体的生长速度，为两个共晶相以离异共晶方式生长创造有利条件。这就使奥氏体（包括先共晶奥氏体与共晶奥氏体）以离异共晶生长方式单独快速增长，突破共晶碳化物可能对奥氏体的包围，使碳化物网络的连续性遭到破坏，增强了奥氏体的连续性。

（4）多余的稀土元素将富集在初生奥氏体凝固前沿，形成成分过冷区，这将促使奥氏体枝晶加快分枝、生长。这些情况都有助于使共晶渗碳体变得细小、分散、孤立，符合变质处理的要求。

稀土元素在改变碳化物形貌方面也有显著效果。这些元素选择吸附在碳化物晶体表面，阻挡了碳化物赖以生长的生长台阶。因此，碳化物只能在具有一定过冷度和由于奥氏体生长而使碳浓度增加的液相中低速生长，并且抑制了碳化物以固有的生长方向成长为条片状，而是促进以小平面相（粗糙凝固界面）作为生长前沿，在碳化物条片侧面迅速增厚，产生相对短粗的碳化物。这些生长机制，对改变碳化物形貌并导致获得韧性增强的白口铸铁方面也有比较好的效果。

低铬白口铸铁通常采用稀土合金作为主要孕育剂。在铁水中加入 0.8% ~1.0% 国产 1 号稀土硅铁合金能够有效地改善材料的抗冲击韧性和抗磨损能力。同时加入钼、铜、镍等提高淬透性合金元素可以增强处理效果，例如 $w(\mathrm{Cr})=2.0\%\sim3.0\%$、$w(\mathrm{Mo})=0.5\%\sim1.0\%$、$w(\mathrm{Cu})=0.8\%\sim1.2\%$ 的白口铸铁经过 980℃ 奥氏体化后空冷，再进行 250℃ ×2h 回火，铸件基体组织为索氏体 + 马氏体组织，铸件硬度可达到 HRC 50 ~55，a_K 值达到 $4.0\sim5.0\mathrm{J/cm^2}$。

稀土、钒、氮、铝、硼以及碱土族金属对白口铸铁中的碳化物都有变质作用。采用这些元素进行变质处理，碳化物的生长核心大大增加，生长模式也有所改变。碳化物显著弥散化，很大一部分莱氏体得以消除。更重要的是，网状分布的碳化物变得比较孤立，使基体组织的连续程度提高。

采用钡、锶等碱土金属与稀土硅铁合金实行复合孕育效果更好。有实例表明，处理后的 a_K 值由处理前的 $4.3\mathrm{J/cm^2}$ 提高到 $7.25\mathrm{J/cm^2}$，相对弯曲韧性值（$\sigma_b\times f$）由 495N/mm 提高到 968N/mm，分别提高了 68% 和 96%。

图 3-2 显示低铬铸铁采用稀土硅铁合金孕育处理前后的金相照片。处理前存在的莱氏体经过孕育，大部分已经消除。连续分布的碳化物也趋于孤立化，力学性能显著改善。

3.1.3 低铬铸铁热处理

低铬铸铁件进行热处理能够有效改善其性能，是制造低铬铸铁件常用的工艺手段。低铬铸铁件常用的热处理工艺有以下几种：

（1）消减内应力处理。低铬铸铁进行消减内应力目的是稳定铸件尺寸，防止铸造应力

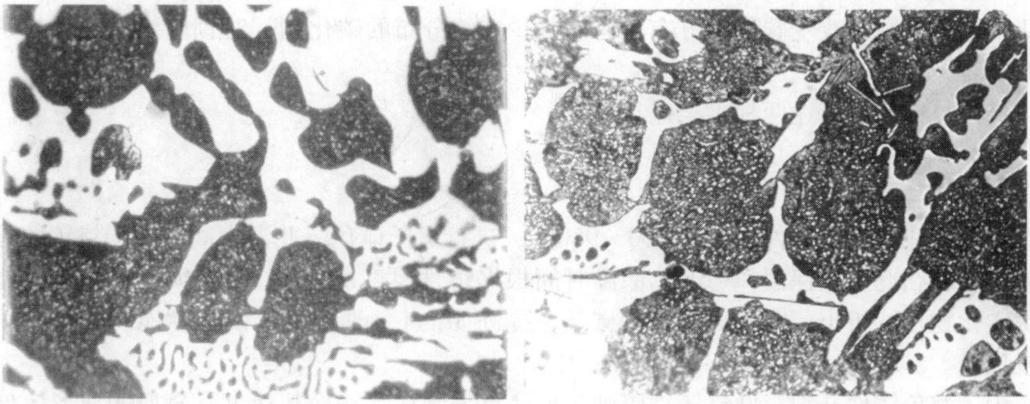

a b

图 3-2 $w(Cr)=2.68\%$ 低铬白口铸铁变质处理后的组织

a—处理前；b—处理后

和淬火应力可能对铸件造成损伤。处理的对象主要是大型的和承受较大负荷的铸件，如冷硬轧辊和冷硬铸铁车轮等。球磨机研磨体有时也采用消减内应力工艺。

消减铸件凝固、冷却过程产生的铸造应力则需在 570～590℃ 回火。由于低铬铸铁的弹-塑性转变温度提高，其加热温度应略高于灰铸铁消减铸造应力规范 10～20℃。冷却及保温规范可按照灰铸铁消减铸造应力规范进行。消减淬火应力的回火温度为 200～280℃，保温 2～5h 后出炉空冷。

非合金白口铸铁在 600℃ 以下加热并进行不太长时间的保温，耐磨性不会显著降低。

大型铸件最好采用振动时效处理。这种处理方法消减白口铸铁内应力的效果往往比热处理更好。

（2）退火。退火主要用于降低铸件硬度，便于进行切削加工。退火不能明显改变碳化物结构和硬度，因而碳化物体积分数较高的低铬铸铁件退火降低硬度的效果并不理想。一般退火只用于碳化物体积分数低于 25% 以下的铸件。

低铬铸铁件可采用以下退火规范：铸件按阶梯升温方式加热至 940～960℃，根据铸件厚度在奥氏体化温度保温 1～5h 后，缓慢冷却（炉冷）到 750～780℃，再次保温 4～6h，继续在炉内缓慢降温至 500℃ 以下出炉空冷。

低铬铸铁件按以上规范进行软化退火后，铸件硬度一般能降低到 HRC33～35。采用硬质合金刀具可以进行切削加工。

退火后基体组织为珠光体 + 铁素体。组织趋于均匀，有利于随后淬火时奥氏体化顺利进行，提高淬火质量。

（3）淬火、回火（调质处理）。淬火、回火是提高低铬铸铁硬度和强度、改善抗磨性能的工艺手段。但是低铬铸铁淬火存在着实际困难和风险，首先是低铬铸铁中大量碳化物边缘或端部在温度急骤变化时产生的应力集中效应以及渗碳体型碳化物本身存在许多晶体缺陷，在应力作用下这些缺陷容易成为裂纹源，造成铸件开裂。其次，碳化物与奥氏体在相变或温度变化时比容变化有显著差异，也会使铸件发生宏观或微观裂纹。

需要淬火的低铬铸铁件必须严格控制含碳量和碳化物体积分数。铸件含碳量不宜超过

2.5%，一般采用$w(C)=2.2\%\sim2.5\%$。另外，凡是淬火的铸件必须经过变质处理。减少碳化物体积分数、改变碳化物分布状态、减少连续分布的碳化物，对预防淬火裂纹都是很有效的。

低铬铸铁件以下述两种工艺进行硬化：

（1）风冷硬化；

（2）等温淬火。

风冷硬化应先将铸件加热到960～980℃，进行奥氏体化。此温度高于中碳铬钢的淬火加热温度。在此温度保温2～5h（保温时间根据铸件厚度确定），促进碳和铬从奥氏体以二次碳化物形式析出，降低奥氏体含碳量，提高M_s点，改善材料硬化性能。然后出炉空冷或风冷。

为了避免铸件开裂，低铬铸铁淬硬时要注意控制加热和冷却速度。较厚的成形铸件平均加热速度100～150℃/h。添加了提高淬透性的元素（钼、铜、镍等）的低铬白口铸铁，一般应采用空冷或风冷，即可获得HRC 52～55的硬度。例如，$w(C)=2.6\%$、$w(Cr)=4.0\%$、$w(Mo)=1.2\%$、$w(Cu)=1\%$的60mm厚的低铬白口铸件经980℃奥氏体化以后强制空冷可获得HRC 53～55硬度。

淬硬后的低铬铸铁件必需尽快回火，消减淬火产生的相变应力。回火温度250℃，回火时间1～4h。保温结束后即时出炉空冷。

等温淬火适用于低铬铸铁件硬化。这种工艺不但可以提高低铬铸铁强韧性，还能有效防止铸件淬火开裂。用于小而薄的铸件效果特别好，例如，农具一类低铬铸铁件经过等温淬火使用寿命显著提高。

低铬铸铁件等温淬火工艺过程如下：铸件首先以阶梯升温方式加热到900～920℃，根据铸件厚度在此温度保温60～120min。保温后铸件淬入(250～300)℃±15℃的盐浴。在盐浴中等温保持90～150min。保温结束出炉空冷至室温。

等温淬火后低铬铸铁显微组织为：渗碳体型共晶碳化物+贝氏体+少量屈氏体。铸件硬度可以达到HRC 55～58。铸件等温淬火后不需要回火。

曾对等温处理的低铬铸铁犁铧在土壤中的抗磨能力和抗断裂能力进行现场运行试验，证明这两项指标都比未处理的犁铧有明显提高。另一项试验结果表明，经过等温淬火的低磷高韧性低铬铸铁犁铧，寿命比65Mn钢犁铧提高10%～50%。虽然犁铧价格因增加热处理工序而略有提高，但低铬铸铁件的性价比远高于65Mn钢件。

3.2 中铬铸铁

我国抗磨铸铁国家标准（GB/T 8263—1999）列有牌号为KmTBCr8的铬白口铸铁（见附录1），规定该铸铁的化学成分如下：

$w(C)=2.1\%\sim3.2\%$，

$w(Si)=1.5\%\sim2.2\%$，

$w(Mn)\leqslant2.0\%$，

$w(Cr)=7.0\%\sim11.0\%$，

$w(Mo)\leqslant1.5\%$，

$w(Ni)\leqslant1.0\%$，

$w(Cu)\leqslant 1.2\%$,

$w(S)\leqslant 0.06\%$,

$w(P)\leqslant 0.1\%$。

这种铸铁是近些年开发出来的一个属于铬白口铸铁范畴的品种。其含铬量一般选用7%～10%，低于高铬铸铁中形成M_7C_3型碳化物的必要含铬量和铬碳比，但是高于形成渗碳体型碳化物的低铬铸铁含铬量。共晶碳化物中既有M_7C_3型碳化物，也有M_3C型碳化物，因此称之为中铬抗磨铸铁，简称中铬铸铁。在这种铸铁中，把硅含量提高到1.5%以上，可以显著改善其抗磨能力。因此，在一些文献上称之为中铬硅铸铁。当前工业上应用的中铬铸铁大多数为中铬硅铸铁。

3.2.1 中铬铸铁显微组织

图3-3显示$w(Cr)=7.86\%$、$w(C)=2.83\%$、$w(Si)=2.03\%$中铬硅铸铁的铸态金相组织。

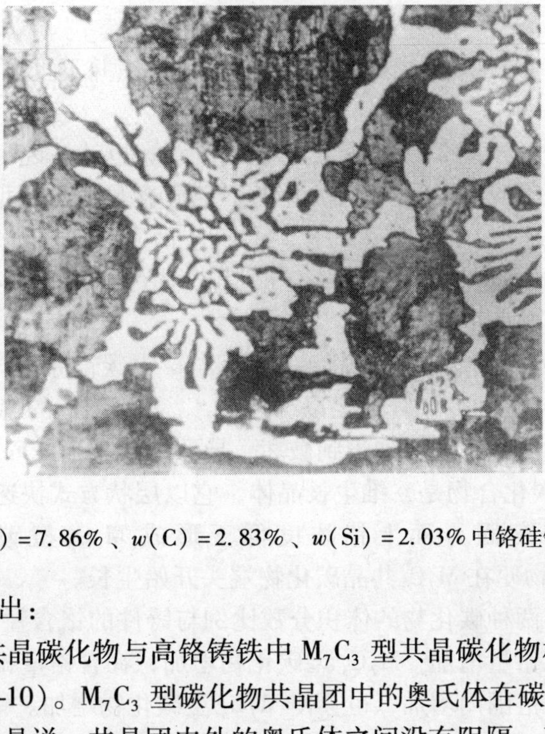

图3-3 $w(Cr)=7.86\%$、$w(C)=2.83\%$、$w(Si)=2.03\%$中铬硅铸铁金相组织

由图3-3中可以看出：

(1) 中铬铸铁的共晶碳化物与高铬铸铁中M_7C_3型共晶碳化物相比，在形态和分布方面有些不同（对照图2-10）。M_7C_3型碳化物共晶团中的奥氏体在碳化物生长方向上大部分与基体金属相连，也就是说，共晶团内外的奥氏体之间没有阻隔。而中铬铸铁的共晶碳化物片体之间在共晶团边界处一部分呈封闭状态，使一部分共晶奥氏体与基体金属分隔开。在扫描电镜下，能够更清楚地看到这种情况（图3-4）。

采用沸腾的碱性苦味酸钠水溶液浸蚀铬白口铸铁试样，观察碳化物被浸蚀程度，大体上可以分辨出铬碳化合物类型（参阅附录6“铬白口铸铁中合金碳化物的金相鉴别”）。试验发现，中铬铸铁组织中既有M_7C_3型碳化物，也有M_3C型碳化物，即使在一个碳化物晶体中也可能存在两种不同类型的碳化物。观察$w(Cr)=7.86\%$、$w(C)=2.83\%$、$w(Si)=2.03\%$中铬硅铸铁试样显微组织，发现沿共晶团周边连接共晶碳化物片体的那部分碳化物

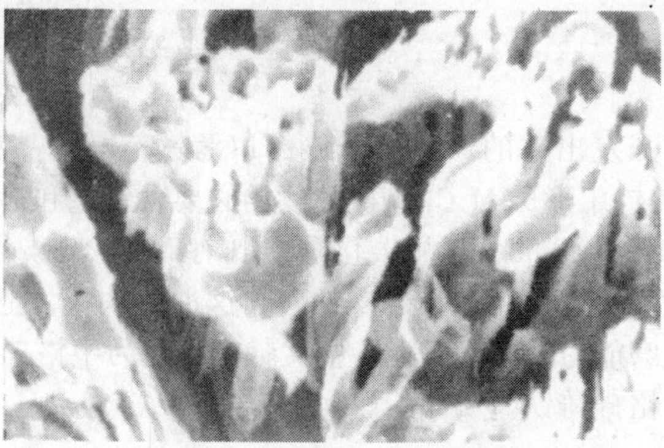

图 3-4 中铬铸铁中的共晶碳化物（SEM）

在沸腾的碱性苦味酸钠水溶液中受到明显浸蚀，可以说明这一部分碳化物结构属于渗碳体型结构。而辐射状分布的片状共晶碳化物则不受浸蚀，应该属于 M_7C_3 型碳化物或非渗碳体型合金碳化物。

在一些高合金铸件中，两种或多种碳化物共存的组织并不少见，但是形成这种组织的原因并不完全相似。

中铬铸铁化学成分处于图 2-1 中 U_3 点附近的位置。也就是说，处于 M_7C_3 型碳化物相区和 M_3C 型碳化物相区分界线（投影线）附近。铬碳含量的少量增减就会影响相的变化。M_7C_3 向 M_3C 的转变通过式 2-5 所表达的包共晶反应而实现。这个反应随铬白口铸铁件的铬碳比降低而更多地向右进行，直到未转变的碳化物达到 M_7C_3 共存的最低含铬量和铬碳比，出现 M_7C_3 和 M_3C 共存的平衡状态。

M_7C_3 向 M_3C 转变必然伴随晶格结构改组。Cr_7C_3 中碳铬原子排列方式如图 2-7 所示。铬原子（或铬-铁原子）之间的结合力足以维持 M_7C_3 晶格结构的稳定性。一旦铬原子数量相对不足时，晶格结构的稳定性必然遭到破坏，导致形成 $(Cr, Fe)_3C$ 型铬碳化合物。

$(Cr, Fe)_3C$ 型铬碳化合物是二维生长晶体，它以层状方式快速延伸生长。当 M_7C_3 共晶生长到一定程度，液-固界面上铬浓度低于形成 M_7C_3 型碳化物所需含铬量时，$(Cr,Fe)_3C$ 型铬碳化合物便在 M_7C_3 共晶碳化物端头开始生长。

进一步研究发现，两种碳化物的体积分数比例与铸件的铬含量、铬碳比、硅含量、凝固速度等因素有关。含铬量增加，M_7C_3 型碳化物增加；在含铬量相同时，铬碳比（Cr/C）提高，或含硅量在一定范围内增加，也会使 M_7C_3 型碳化物增加。铸件以较快速率凝固时，也有类似的效果。因此，在成分相同或近似的情况下，薄壁铸件比厚壁中 M_7C_3 的相对含量会有所提高。

硅对亚共晶成分或共晶成分铬白口铸铁中碳化物类型和分布状态的影响值得注意。当中铬铸铁含硅量提高到 1.8% 左右时，在含碳量相同情况下，铸件组织中 M_7C_3 型碳化物体积分数开始比常规含硅量 $w(Cr) = 7\% \sim 11\%$、$w(Si) = 0.6\% \sim 0.8\%$ 时有显著增加。这是因为在白口铸铁凝固过程中，硅比铬更容易稳定地溶入奥氏体。奥氏体含硅量增加，相当于硅在碳化物晶格中更多地占据铬原子原来的位置。这部分被排除于奥氏体的铬原子将会转移到共晶碳化物中，使碳化物中铬含量和铬碳比相应提高。但是硅的溶入，又使奥氏体中碳量降低。这部分碳参与二次碳化物的生成，也将部分进入共晶碳化物，使共晶碳化物量增加。但是由于进入共晶碳化物的铬量远超过碳量，提高硅含量的最终结果是含铬量较高的 M_7C_3 型碳化物生成量增加，M_7C_3 型碳化物和 M_3C 型碳化物的总体积分数随之增加。

（2）中铬铸铁铸态基体组织含有大量奥氏体组织。图 3-3 所示的基体中奥氏体体积分数约在 90% 以上。即使经过热处理，铸件中残留奥氏体量也会是很高的。

中铬铸铁含铬量和铬碳比低于高铬铸铁。例如图 3-3 所示的中铬铸铁铬碳比只有 2.78。铬白口铸铁的铬碳比较低时，倾向于生成 M_3C 型碳化物。M_3C 型碳化物与 M_7C_3 型碳化物质量体积相差不多，而 M_3C 型碳化物的含碳量少于 M_7C_3 型碳化物。实验数据表明，形成 M_3C 型碳化物体积分数虽较大，但是所消耗的碳量却相对较少。将有较多碳进入基体金属，导致奥氏体含碳量增加，M_s 点下降，材料淬透性变差，大量残余奥氏体出现在中铬铸铁组织中。

为使 M_7C_3 型碳化物含量保持在适当范围，应适当提高铬碳比。为保持中铬硅白口铸铁具有适宜的韧性，能够承受冲击负荷的铸件，含碳量宜选在偏下限（2.6% ~2.7%），铬碳比不低于 3 ~4。

3.2.2 中铬铸铁件生产技术

中铬铸铁作为一种抗磨金属材料，应该具有良好的抗磨料磨损性能。在力学性能方面，主要是要有足够的硬度和必要的抗冲击能力。为此，除了要求 M_7C_3 碳化物在共晶碳化物中占有尽可能大的比例外，还希望获得马氏体基体。共晶碳化物的类型主要由铸件化学成分决定。因此，正确配制铸件化学成分是中铬铸铁生产技术上的重要内容。而铸件最终能否获得预期性能，很大程度上还要取决于基体金属的性质。

获取马氏体基体的关键问题是提高中铬铸铁件的淬透性。为此，一方面需要在铸铁中添加能够提高淬透性的元素；另一方面通过热处理促使基体金属中的碳脱溶，降低奥氏体含碳量，提高 M_s 点。

提高淬透性元素有钼、镍、铜、锰，这些元素都已经列入中铬铸铁成分标准中。

钼是比较贵重的元素，但制取合格中铬铸铁钼是不可或缺的合金元素。钼显著改变避免珠光体转变的临界冷速，并与固溶相中的碳结合形成碳化物，降低奥氏体中的碳含量。因此提高材料淬透性的效果非常显著。中铬铸铁成分标准规定钼的加入量为 0.5% ~1.5%，但是具体加入量需视铸件厚度、铬碳比而定。根据我们所做的试验，按表 3-1 提供的数据添加钼（同时加入 0.8% ~1.1% 镍或铜），铸件经过热处理（包括促使二次碳化物析出的脱稳处理）后，可以获得马氏体基体。

表 3-1 中铬铸铁加钼量

铸件铬碳比	铸件厚度/mm	加钼量（质量分数）/%
2.8	20 ~40	0.9 ~1.2
	50 ~80	1.2 ~1.4
3.2	20 ~40	0.8 ~1.0
	50 ~80	1.1 ~1.3

续表 3-1

铸件铬碳比	铸件厚度/mm	加钼量（质量分数）/%
3.8	20~40	0.7~1.0
	50~80	0.9~1.1
4.4	20~40	0.5~0.8
	50~80	0.6~0.9

镍和铜都是配合钼的作用而加入的。标准中所列的镍、铜加入量均为单独加入其中一种元素时的加入量。

镍、铜、锰等合金元素不但能提高材料的淬透性，而且有很好的固溶强化作用。实验证实，含有适量钼、镍元素的中铬硅白口铸铁经过等温淬火后，产生马氏体-贝氏体复相基体组织，材料耐磨性与强韧性达到合理匹配，耐磨性和冲击疲劳强度接近高铬铸铁。用于承受冲击负荷的耐磨件，零件寿命能够显著提高。

中铬硅白口铸铁铸态（包括消减内应力后）基体组织应该是以细珠光体为主，并存在一些残余奥氏体。宏观硬度 HRC 45~50，作为抗磨料磨损材料，硬度偏低，需要进行淬火硬化处理。

中铬硅白口铸铁的硬化可以采用两种热处理工艺。

第一种是空气淬火+回火，适用于铬碳比较高的简单铸件。铸件加热温度为 920~950℃，保温后在空气中冷却。然后在 200~300℃ 回火。处理后基体组织为马氏体+残余奥氏体。铸件硬度 HRC 56~60，冲击韧度 $a_K=6\sim9J/cm^2$。

第二种为等温淬火+回火。含有钼和镍的中铬硅白口铸铁件适用此种工艺。工件需要加热到 940~980℃，根据铸件厚度保温 2~5h，进行充分奥氏体化，然后有控制地在空气中冷却到 260~320℃ 后移入盐浴，在盐浴中等温保持 2~5h，出炉空冷，最后在 200~300℃ 回火。铸件等温淬火后的基体组织含有贝氏体、奥氏体、马氏体、二次碳化物。铸件硬度可达到或超过 HRC 55~58，$a_K\geqslant9J/cm^2$，具有很好的综合力学性能。等温淬火的低碳中铬硅铸铁硬度稍低于经过空气淬火+回火铸件，但是具有优良的抗冲击疲劳强度，适于制造承受冲击载荷的抗磨铸件，例如球磨机磨球、衬板、破碎机锤头等。

需要进行切削加工的中铬硅白口铸铁件可以采用软化退火工艺。退火后铸件硬度能够降低到 HRC 40 以下（参阅附录 1 中的附表 1-2）。退火的加热温度 920℃，保温后在炉内缓慢冷却。

虽然化学成分和抗磨组织形成的途径不完全相同，但中铬硅白口铸铁的力学性能、显微组织和抗磨能力接近国际上常用的 KmTBCr9Ni5 镍铬白口铸铁。这种铸铁件不含贵重的镍，材料费用低于 KmTBCr9Ni5 镍铬白口铸铁，但是热处理费用较高。至于选用哪种材料合适，应根据企业的具体情况而定。

3.2.3 中铬铸铁力学性能和冲击磨损抗力

中铬硅铸铁力学性能接近 KmTBCr9Ni5 镍铬白口铸铁。表 3-2 所列数据是《铸造手册（第 2 版）》上根据有关文献公布的试验数据。

表 3-2 中铬硅铸铁力学性能[2]

状 态	显微组织	HRC	a_K/J·cm^{-2}	σ_b/MPa	f/mm
铸态消减内应力	细珠光体 + M_7C_3 + 少量 M_3C	≥49	≥3.5①	≥800	≥3.5
等温淬火，回火	马氏体 + 贝氏体 + 奥氏体 + M_7C_3 + 少量 M_3C + 二次碳化物	≥58	≥9②	—	—

①冲击试样 10mm×10mm×55mm，无缺口；

②冲击试样 20mm×20mm×110mm，无缺口。

为了考察中铬硅铸铁的抗磨损和抗冲击疲劳能力，我们曾经在两台生产运行条件基本相同的 ϕ2.2m 水泥球磨机粗磨仓中分别装入等温淬火并回火中铬硅铸铁磨球（硬度 HRC 57）和 Cr15 马氏体高铬铸铁磨球（HRC 58.5）进行试验。磨球运行 10 个月后开仓检验，发现马氏体磨球的破碎率大于中铬硅铸铁磨球破碎率，前者的失圆磨球也比较多。但是，马氏体磨球的抗磨料磨损能力优于中铬硅铸铁磨球，两种磨球的磨损率之比约为 93.5∶100。

3.2.4 中铬铸铁应用

中铬硅白口铸铁制造成本低于高铬铸铁，力学性能和抗磨能力接近 KmTBCr9Ni5 镍铬白口铸铁，比较适用于承受冲刷磨损或中、低应力磨损的零件。经过消减内应力处理的铸件，冲击疲劳抗力显著提高，用以制造球磨机磨球一类产品，可获得很好效果。

参 考 文 献

[1] Wallace J F. AFS Trans[J]. 1975(83): 363 ~376.

[2] 中国机械工程学会铸造分会. 铸造手册：第 1 卷. 2 版[M]. 北京：机械工业出版社，2004.

4 高铬耐磨铸铁

高铬铸铁是铬白口铸铁中最有代表性的品种。1917 年这种铸铁作为一种铁基耐磨合金（25% ~30% Cr，1.5% ~3.0% C，0.0 ~3.0% Si，铁基）获得了美国专利（U. S. Patant Nov. 6，1917）。但是由于对这种合金铸铁性能和制造工艺了解有限，而且它的合金元素含量高，不能在当时广泛应用的冲天炉中熔炼，它的开发和应用受到一定限制，在工业上推广应用进展比较缓慢。直到 20 世纪 60 年代，感应熔化炉进入铸造领域，并且逐渐普及，为高铬铸铁件制造和广泛应用创造了条件。1960 年 Abec 公司对高铬铸铁进行了详尽的研究、试验，研究了铬、碳、镍、钼、锰和硅以及杂质元素硫、磷在合金中的作用，探索和基本确认了使它具有最佳抗磨能力的成分组合及其工艺条件。此后，Climax Molybdenum 公司又研究了高铬铸铁中钼和铜的作用，确定了几个合金元素单独加入或相互协同能显著地提高高铬铸铁淬透性和硬化性，使较厚铸件在空气中淬火获得优良的硬化效果，为高铬铸铁广泛应用创造了条件。

美国采矿局对提高高铬铸铁抗磨能力和抗冲击能力也进行了探索研究，并对铸件化学成分和热处理工艺进行了优化试验，在改善材料韧性和耐磨性方面取得一些成果。这些技术上的进步，推动了作为抗磨材料的高铬铸铁走上快速前进和广泛应用的轨道。当前，世所公认高铬铸铁的抗磨料磨损能力和冲击韧性优于其他合金白口铸铁，是铬白口铸铁中的主流品种，也已成为当代最优秀的抗磨料磨损金属材料。在美国、英国、德国、日本等许多工业化国家的采矿、水泥、电力、工程机械、耐火材料等行业应用十分广泛。

美国材料试验学会在研究试验和工业应用基础上，制定了《抗磨铸铁标准》（ASTM A 532）。该文件基本体现了高铬铸铁研究成果，促进了高铬铸铁和镍铬合金铸铁技术内容的标准化。英国、德国、日本等也都陆续制定了各自国家的相关标准。

我国于 20 世纪 70 年代开始利用感应熔炉熔化钢铁炉料，为广泛生产高合金铸铁创造了条件。铸造界开始研究开发铬白口铸铁及其生产技术，特别注意在工业领域推广应用高铬铸铁铸造抗磨铸件。

由于高铬铸铁性能突出，在工农业应用中显示很高的性价比，很快获得推广应用。产量迅速增长，目前高铬铸铁件年产量已经达到数百万吨，并且有明显加快增长的趋势。

推广应用高铬铸铁件的同时，国家制定并颁布了抗磨白口铸铁标准（GB/T 8263）。

4.1 高铬耐磨铸铁组织

高铬耐磨铸铁和其他铬白口铸铁一样，显微组织主要包含合金碳化物和基体金属。

在高铬耐磨铸铁中的铬碳化物几乎全部是（Fe，Cr）$_7$C$_3$。这种碳化物晶体结构紧密，室温硬度和高温硬度在三种铬碳化合物中都是最高的。含铬量和铬碳比较高的高铬耐磨铸铁中也存在少量（Fe，Cr）$_{23}$C$_6$ 型碳化物。由于这种碳化物硬度低于（Fe，Cr）$_7$C$_3$，在高铬铸铁组织中希望尽量减少这种碳化物。

基体金属由奥氏体转变产物以及未转变的过冷奥氏体组成，其间分布着一些二次碳化物和颗粒状的 Mo_2C 碳化物。

高铬铸铁的化学成分有过共晶、共晶、亚共晶之分。共晶度由碳和铬的质量分数确定，其位于图 2-1 中的 U_1-U_2-U_3 线段上的化学成分都是平衡共晶成分。具有这些成分的液相在共晶温度直接进行共晶反应形成共晶高铬铸铁组织。先共晶相为合金碳化物的高铬铸铁属于过共晶高铬铸铁，先共晶相为奥氏体的高铬铸铁为亚共晶高铬铸铁。作为抗磨材料，三类高铬铸铁的工作性能随共晶度的变化而有差异。

U_1-U_2-U_3 线段上的碳、铬含量大致呈式 4-1 所示的反比关系：

$$w(\mathrm{C}) = 4.40\% - 0.054 \times w(\mathrm{Cr}) \tag{4-1}$$

式中 $w(\mathrm{C})$——共晶高铬铸铁含碳量；

$w(\mathrm{Cr})$——共晶高铬铸铁含铬量。

为了使用方便，根据上式计算出 $w(\mathrm{C}) = 3.0\% \sim 4.2\%$ 范围内共晶成分铬白口铸铁的碳、铬含量，列入表 4-1 中。其中 $w(\mathrm{C}) = 3.8\%$、$w(\mathrm{Cr}) = 8\%$ 及 $w(\mathrm{C}) = 4.2\%$、$w(\mathrm{Cr}) = 2\%$ 的合金分别为中铬共晶铸铁及低铬共晶铸铁的碳、铬含量。

表 4-1 γ-Fe + M_7C_3 共晶的碳、铬含量

合金含碳量/%	共晶含铬量/%	合金含碳量/%	共晶含铬量/%	合金含碳量/%	共晶含铬量/%	合金含碳量/%	共晶含铬量/%
4.2	2	3.6	15	3.2	20	3.0	25
3.8	8	3.5	17	3.1	24	—	—

可以利用式 4-1 或表 4-1 所列数据判断高铬铸铁是否为共晶、亚共晶或过共晶组织。如果某一高铬铸铁符合表 4-1 中某一含铬量，而含碳量低于相应的表列数值，则为亚共晶高铬铸铁；含碳量等于或高于相应的表列数值，则为共晶高铬铸铁或过共晶高铬铸铁。需要指出：构成共晶高铬铸铁的共晶成分还受其他元素含量（例如硅、锰、钼、铜）以及铸铁凝固过程的影响，但是按照上述关系式判断高铬铸铁的组织属性（共晶、亚共晶、过共晶）已经具有满意的实用价值。

图 4-2 ~ 图 4-5 分别显示过共晶、亚共晶以及共晶高铬铸铁的光学金相组织。所显示的高铬铸铁的成分点都标注在图 4-1（铁碳铬三元合金液相面投影图局部）上。

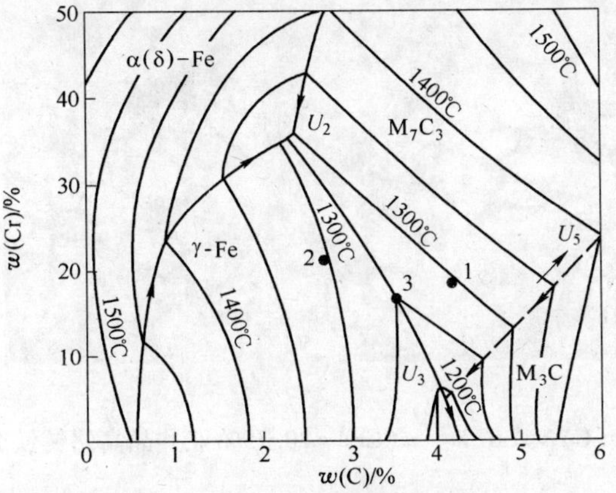

图 4-1 各个高铬铸铁的成分点

1—$w(\mathrm{C}) = 4.13\%$，$w(\mathrm{Cr}) = 18.22\%$；2—$w(\mathrm{C}) = 2.67\%$，$w(\mathrm{Cr}) = 20.75\%$；3—$w(\mathrm{C}) = 3.68\%$，$w(\mathrm{Cr}) = 14.5\%$

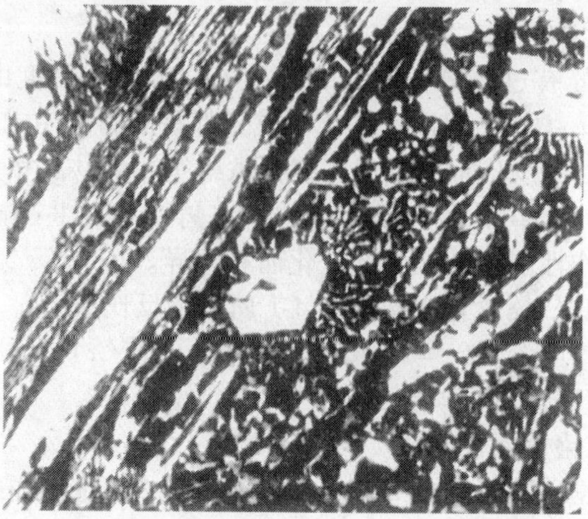

图 4-2 $w(C)=4.13\%$、$w(Cr)=18.22\%$ 过共晶高铬铸铁金相组织

图 4-2 显示 $w(C)=4.13\%$、$w(Cr)=18.22\%$ 高铬铸铁铸态金相组织[1]。合金成分点位于 M_7C_3 相区（图 4-1 中 1 点），铸件凝固时首先析出 M_7C_3 型先共晶碳化物。先共晶碳化物呈六方棱柱体形状（图 2-12）。图中白色粗条状晶体显示先共晶碳化物的纵断面；白色近似六方形块状物显示 M_7C_3 先共晶碳化物的横断面。先共晶碳化物之间分布着共晶碳化物与奥氏体转变产物组成的共晶组织。这是过共晶高铬铸铁组织。

图 4-3 显示 $w(C)=2.67\%$、$w(Cr)=20.75\%$ 高铬铸铁铸态金相组织。合金成分点位于 γ-Fe 相区（图 4-1 中 2 点），合金凝固时首先析出先共晶奥氏体，在图中显示为白色岛状组织。岛状组织之间分布着共晶组织，这是亚共晶高铬铸铁组织。

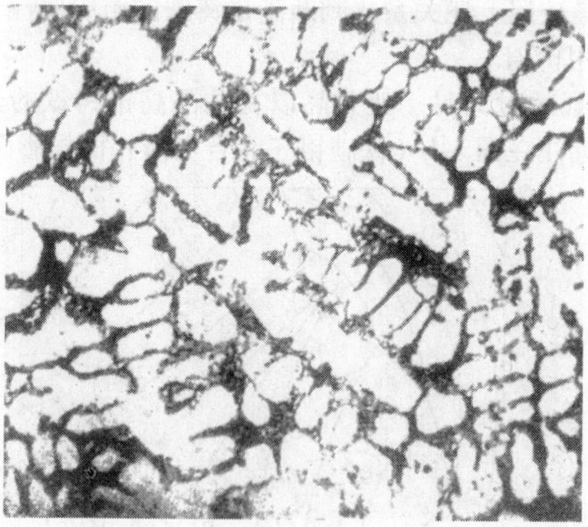

图 4-3 $w(C)=2.67\%$、$w(Cr)=20.75\%$ 亚共晶高铬铸铁金相组织

图 4-4 是 $w(C)=3.68\%$、$w(Cr)=14.5\%$ 高铬铸铁铸态金相组织。合金成分点接近 U_2-U_3 共晶线（图 4-1 中 3 点），M_7C_3 型共晶碳化物与共晶奥氏体交错排列，显示近共晶

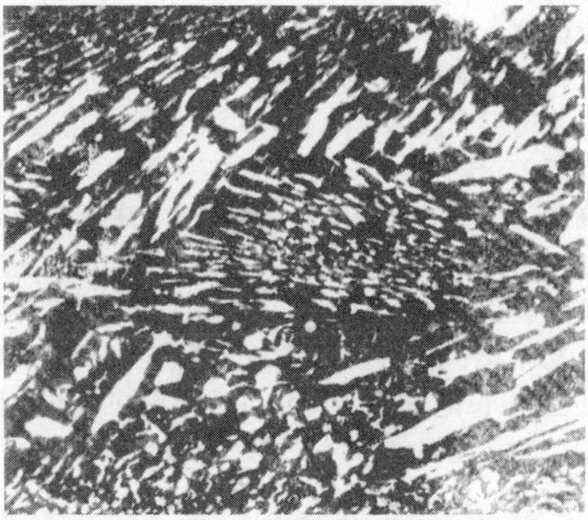

图 4-4 $w(C)=3.68\%$、$w(Cr)=14.5\%$ 近共晶高铬铸铁金相组织

高铬铸铁金相组织。

图 4-5 显示 $w(C)=2.4\%$、$w(Cr)=30\%$、高铬白口铸铁经脱稳处理（铸态组织经过再加热析出二次碳化物）后的金相组织。显示以二次碳化物形式析出的 $(Cr, Fe)_{23}C_6$ 呈条状或颗粒状。这是典型的低碳高铬白口铸铁组织。

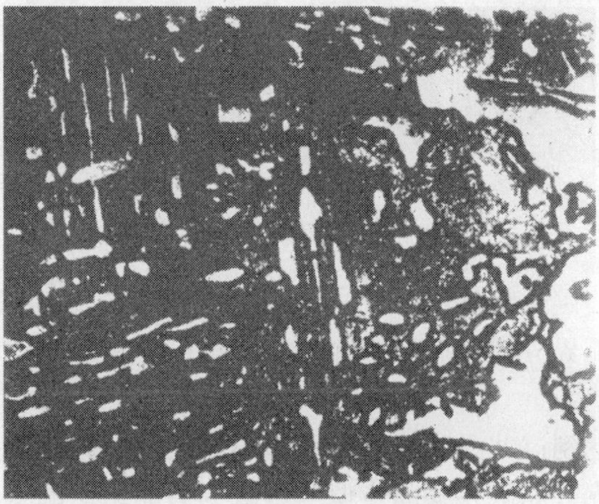

图 4-5 $w(C)=2.4\%$、$w(Cr)=30\%$ 高铬铸铁中的 $(Cr, Fe)_{23}C_6$ 二次碳化物

4.2 高铬铸铁共晶组织

高铬铸铁共晶组织的形成基本上遵循一般合金共晶组织形成的规律，即共晶组织形态与各共晶相在液相中单独生长时的凝固界面（固-液界面）性质有关。凝固界面通常有微观粗糙界面或微观光滑界面。一般规律是：两共晶相都具有微观粗糙凝固界面时形成比较规律的层状共晶体；一相具有微观粗糙凝固界面，另一相具有微观光滑凝固界面的两相形成复杂形态（树枝状、针片状或骨骼状）共晶体；两相都具有微观光滑凝固界面时，则形

成形态很不规则的共晶组织。高铬铸铁中奥氏体的凝固界面是微观粗糙界面，而溶有铁的铬碳化合物的凝固界面是微观光滑界面。因此，奥氏体与这种铬碳化合物形成的共晶组织一般呈现复杂形态❶。两个相都呈现不规则形态。

亚共晶合金熔液中首先析出奥氏体，然后在共晶成分的熔液中产生奥氏体和 M_7C_3 碳化物共晶组织，奥氏体和 M_7C_3 碳化物组成的共晶不依靠先共晶奥氏体枝晶形核并以胞状凝固界面生长。过共晶高铬铸铁中的共晶组织是在六方棱柱形初生碳化物周围，以胞状凝固界面向四周辐射状生长。

亚共晶高铬铸铁的共晶碳化物分布形态取决于初生奥氏体的数量。如果合金中的碳、铬含量离共晶成分很远，初生奥氏体凝固后残留液相体积很少，碳化物体积分数不超过20%时，M_7C_3 有沿晶粒边界生长的倾向。共晶组织出现在晶粒之间的窄长区域中。共晶碳化物存在于共晶组织中，呈不连续分布，并不造成对晶粒界面的分割，如图 4-6 所示。

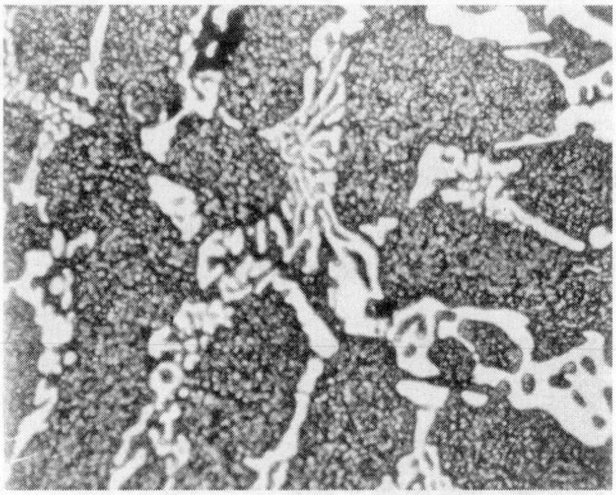

图 4-6　共晶碳化物存在于晶界

当碳、铬含量增加，碳化物体积分数达到 20% ~30% 时，高铬铸铁仍是亚共晶组织。碳化物共晶不再单纯沿晶界分布，而开始在先共晶奥氏体枝晶间生长，形成分布比较均匀的亚共晶组织。

高铬铸铁化学成分达到过共晶成分时，开始出现先共晶碳化物，共晶组织分布于其周围。看来共晶熔液中的先共晶碳化物晶体似乎可成为共晶组织的生长核心。

4.3　高铬铸铁的共晶团

共晶团是共晶组织的基本单位。高铬铸铁中每一簇 M_7C_3 碳化物与奥氏体构成的机械

---

❶　微观粗糙凝固界面与微观光滑凝固界面都是对某一相在液相中生长时所形成的固-液相边界结构与存在状态的描述。根据界面是否存在过渡层而分为粗糙凝固界面和光滑凝固界面。粗糙凝固界面在结晶学上也被称为非小晶面凝固界面。凝固界面的固相生长前沿存在厚度为若干原子层的过渡区；区域内原子占据大多数晶格节点，晶体生长所需原子能从不同方向添加到凝固界面上。因此界面生长所需的过冷度较小。光滑凝固界面前沿不存在过渡区域，又称含小晶面的凝固界面。晶体生长需要较大过冷度。这种凝固界面结构影响固相的生长方式、显微组织、内部缺陷数量、分布状态以及生长前沿液相的温度和成分。

混合物就是一个共晶团。图2-10显示的Cr15高铬铸铁铸态组织中，具有集束状形貌的共晶团横断面呈花朵状组织。所有高铬铸铁中都存在许多这样的共晶团。

在高铬铸铁组织中可以看到一些片状碳化物围绕一些近似六面棱柱体的碳化物群呈辐射状存在。碳化物纵向生长方向大体上与散热方向相符，因此这种共晶组织中的碳化物大体上可分为存在于共晶团中心部分、近似棱柱形碳化物和分布于其周围的叶片状碳化物。叶片状碳化物与奥氏体构成的共晶并不是典型的层状组织，而是介于棒状共晶与层状共晶之间的组织形态。叶片状碳化物是在比较缓慢的冷却过程中生长的。如果合金凝固时间很短，碳化物快速生长，组织中就不存在这种形态的碳化物。

从二维金相组织中看到的M_7C_3型共晶碳化物晶体大多数是呈分离状态存在的，常被称之为不连续的碳化物，或称孤立存在的碳化物，以区别于呈网状连续分布的渗碳体型碳化物。但在深腐蚀试样中可以看到M_7C_3型碳化物晶体并不都是孤立存在，有一些M_7C_3型共晶碳化物晶体是在一个核心位置相互交连，因此称之为"不连续的"碳化物并不完全准确。只是M_7C_3型碳化物对基体组织的分割程度远轻于M_3C型碳化物。

当高铬铸铁成分在共晶点附近时，先共晶相数量很少，共晶碳化物体积分数可达到31%~33%，共晶组织的生长基本上不再受到初生相的干扰，高铬铸铁组织中分布着M_7C_3型碳化物与共晶奥氏体构成的共晶团，呈现图2-10所示的金相组织。

共晶团大小以及共晶相间距对高铬铸铁抗磨能力和抗冲击能力都有重要影响。高铬铸铁件的制造者和铸件使用者都需要了解影响共晶团尺寸、间距的一些主要因素。

影响高铬铸铁共晶组织的主要因素有：

（1）铁水过热温度和共晶凝固温度范围；

（2）铁水凝固速度；

（3）铁水化学成分。

下面对这些因素分别加以简要介绍。

4.3.1 铁水过热温度和共晶反应温度范围对共晶组织的影响

共晶反应温度范围是指共晶相开始形成的温度直到共晶转变完成的温度间隔。在此温度范围内，高铬铸铁要出现共晶转变领先相的形核、生长以及两相协同生长的过程。共晶反应温度范围和铁水过热温度是影响共晶团尺寸、分布、共晶碳化物尺寸和间距的重要因素。

构成共晶组织的组分在较长的温度范围内进行反应，晶体生长比较充分，晶体尺寸较大。对共晶团来说，直径较大，共晶碳化物也比较厚。

共晶组织生长的温度范围，主要取决于铁水凝固速度、铁水过热温度、共晶相的化学成分。

共晶团直径（E_W）与共晶反应温度范围（ΔT_E）的关系如图4-7所示（共晶团凝固速率为180℃/min），两者的关

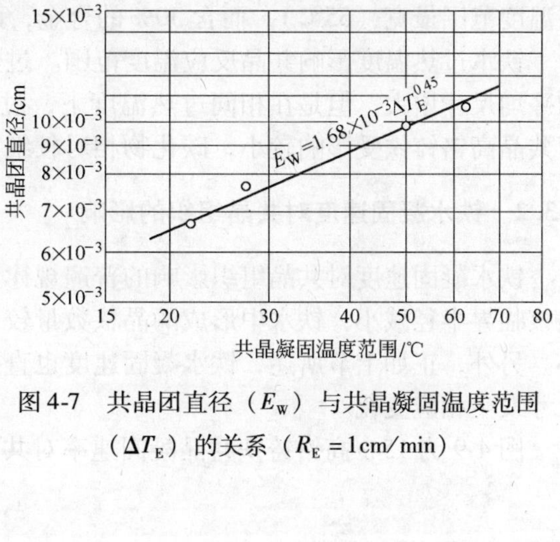

图4-7 共晶团直径（E_W）与共晶凝固温度范围（ΔT_E）的关系（$R_E=1$cm/min）

系是[2]：

$$E_W = 1.68 \times 10^{-3} \Delta T_E^{0.45} \tag{4-2}$$

图4-8显示共晶反应温度范围与共晶组织内相间距的关系[3]。当凝固速率为180℃/min时，共晶团边缘区碳化物间距(F_S^B) = $1.0 \times 10^{-5} \Delta T_E^{1.16}$。由此式可以看出，共晶反应范围减小可以有效地减小共晶碳化物片体之间的间距，使共晶碳化物细化。共晶团中心的碳化物平均间距（F_S^C）远小于边缘区。

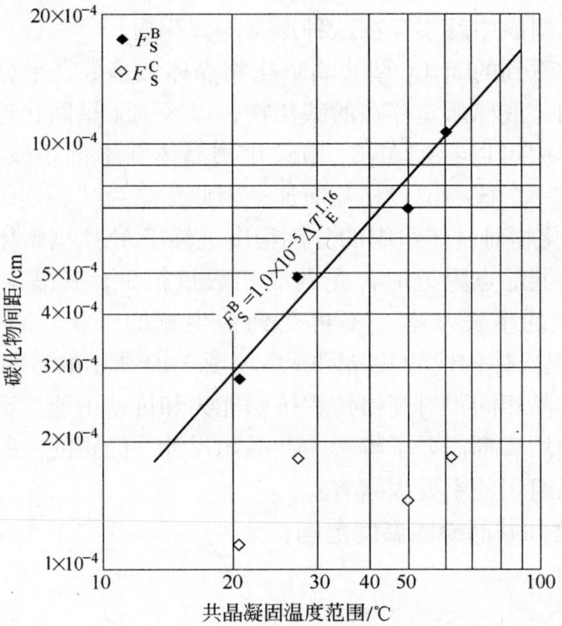

图4-8 共晶反应温度范围与共晶组织内相间距的关系

有研究指出，对 w(C) =6% ~50%高铬铸铁进行的共晶反应温度范围试验证实共晶反应温度范围与铸件的含铬量有关。含6% ~11% Cr的高铬铸铁共晶团由渗碳体型碳化物（K_C）与共晶奥氏体组成。共晶反应温度较低，共晶反应温度范围为20 ~25℃。随着含铬量增加，共晶反应温度上升，而且共晶反应温度范围变宽。含15% Cr的高铬铸铁共晶反应温度范围最宽（65℃）。而含30%的合金，此范围又减少到21℃[2]。

铁水过热温度影响共晶反应温度范围。过热程度高时，共晶反应温度范围加宽，碳化物平均尺寸增大。但是在相同过热温度下，过共晶高铬铸铁受影响较大，碳化物最粗厚；而共晶高铬铸铁受影响较小，碳化物相对较细。

4.3.2 铁水凝固速度对共晶组织的影响

铁水凝固速度对共晶组织影响的普遍规律是：提高凝固速度将增大结晶过冷量，有效晶核临界半径减小，铁水中形成的晶核数量较多，导致晶粒细化，并影响各组成相尺寸减小。另外，正如上节所述，铁水凝固速度也直接影响共晶转变温度范围，从而也使共晶团尺寸发生相应变化。

图4-9为15%高铬铸铁共晶凝固速率对共晶团直径的影响。显示凝固速度越高，共晶

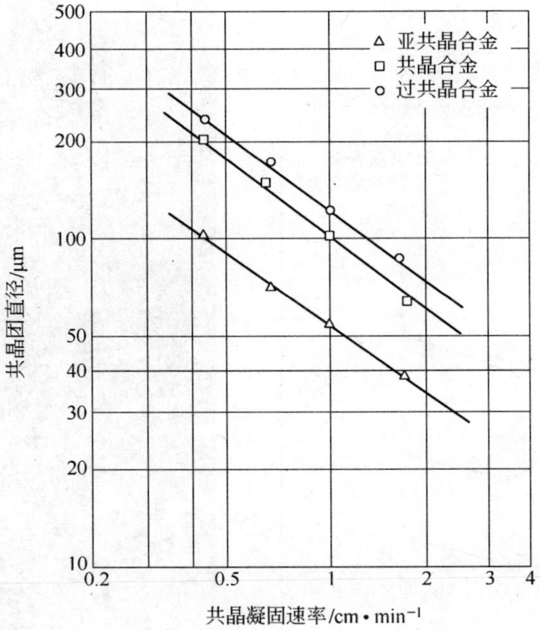

图 4-9 15% Cr 高铬铸铁共晶凝固速率对共晶团直径的影响

团直径越小。

另有研究指出，共晶凝固速率对高铬铸铁共晶团平均直径的影响可由以下实验数据构成的关系式表达[3]：

$$E_W = AR_E^{-0.72} \tag{4-3}$$

式中，E_W 为高铬铸铁共晶团平均直径，μm；R_E 为共晶凝固速率，cm/min；A 为由高铬铸铁成分决定的正值常数，其值见表 4-2。

表 4-2 式 4-3 中的 *A* 值

含铬量/%	*A* 值		
	亚共晶合金	共晶合金	过共晶合金
15	316	646	741
20	262	571	721
30	183	344	524
40	193	377	561

由表 4-2 可见，含铬量相同的高铬铸铁中，过共晶合金的 *A* 值最大。这表明：过共晶高铬铸铁共晶反应速率的变化对共晶团尺寸影响最大。

共晶转变速率为 1cm/min 时，高铬铸铁含铬量对共晶团直径的影响示于图 4-10。含铬量增加，共晶团直径变小，直到含铬 30% 时，共晶团直径达到最小值。当共晶转变速率降低时，30% Cr 和 15% Cr 合金共晶团直径差增加。

图 4-11 显示高铬铸铁粉末喷焊于钢铁表面后形成的组织。由于高铬铸铁喷焊层凝固速率很高，在这种组织中能见到加快铸件冷却速度对高铬铸铁共晶团细化的效果非常显

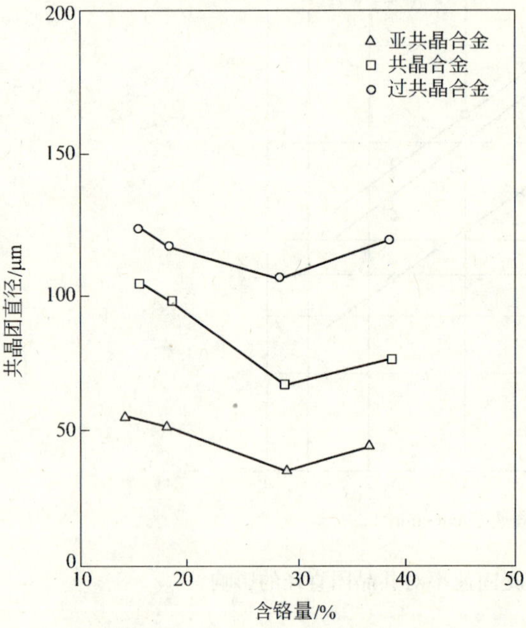

图 4-10 R_E =1cm/min 时含铬量对共晶团直径的影响

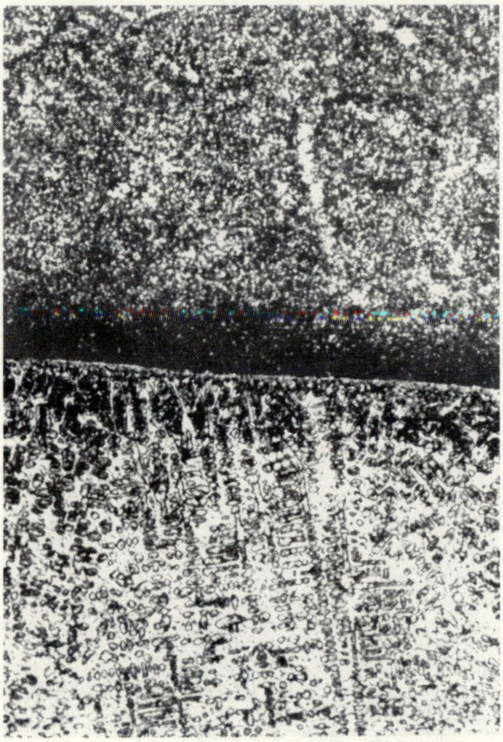

图 4-11 等离子喷焊形成的高铬铸铁焊层（照片上部为焊层）

著。提高冷速不但使共晶碳化物细化，而且使共晶碳化物尺寸变得均匀并且产生方向性共晶碳化物。

图 4-12a、b 分别为砂型铸造和金属型铸造 ϕ80mm 铬白口铸铁磨球的近表层组织金相照片。可以看出，冷却较快的高铬铸铁组织中碳化物显然细小而且分布较为均匀。

a b

图 4-12 冷却速率对共晶碳化物尺寸的影响

a—砂型铸造；b—金属型铸造

凝固速率对过共晶高铬铸铁的先共晶碳化物尺寸和分布也有明显影响。例如，w(Cr)=20%过共晶高铬铸铁在距铸型激冷面10mm处，可以看到高凝固速度下形成的先共晶碳化物呈较细条状，主要生长方向与散热方向大体平行，或者说先共晶碳化物大体上与型壁表面垂直。而距铸型激冷面50mm处，先共晶碳化物呈不规则分布，形体也较粗大。

w(Cr)=15%、w(C)=2.5%、w(Mo)=3%高铬铸铁水由1400℃开始以不同速度冷却，液相线温度及共晶转变开始温度测定结果如表4-3所示。降低冷速将减少相变过冷度，从而提高液相线温度（℃）和共晶转变开始温度（℃），实际上增大了共晶反应温度范围[4]。

表4-3 铸件冷速对液相线温度及共晶转变开始温度的影响

冷却速度/℃·min^{-1}	液相线温度/℃	共晶转变开始温度/℃
50	1293	1210
25	1296	1219
10	1303	1231
5	1308	1236
2	1316	1241

共晶碳化物间距与共晶凝固速度有相似的关系。15% Cr合金中两者的关系如图4-13所示。铬含量相同时，转变速率低则共晶碳化物间距大。在不同速率下，都是含Cr 30%的合金中碳化物间距最小。

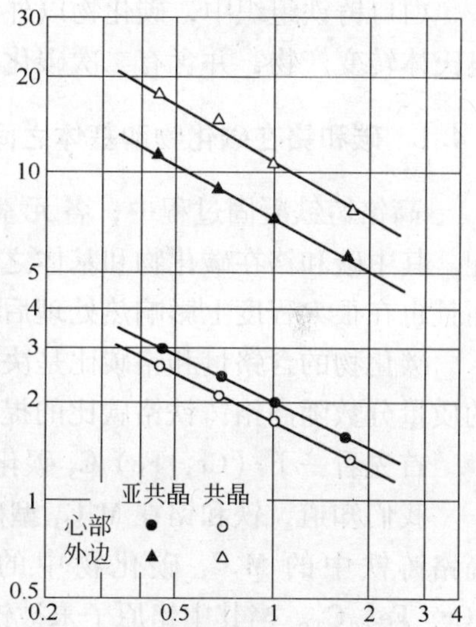

图4-13 15% Cr合金中共晶碳化物间距与共晶凝固速度的关系

4.3.3 化学成分对共晶组织的影响

前面已经介绍，在含铬量相同情况下，过共晶合金的共晶团直径最大，其次为共晶合金、亚共晶合金。其原因是：亚共晶合金的初生固溶相结晶时，由于铬的分配系数小于1，达到共晶反应温度的熔液中铬浓度增加，共晶凝固速率随之提高，共晶团直径变小。而过共晶合金的共晶胞由较粗大的初生碳化物周边开始生长，其尺寸大于共晶合金。

从图4-14可以看出含有合金元素的w(Cr)=15%高铬铸铁的共晶团普遍大于含有合金元素的w(Cr)=30%高铬铸铁。w(Cr)=15%高铬铸铁碳化物间距相应大于w(Cr)=30%高铬铸铁。不添加其他合金元素时，w(Cr)=15%合金与w(Cr)=30%合金的共晶团尺寸相差近一倍。

合金元素中钼和钒对共晶团尺寸的影响较为显著。尤其是钼对30% Cr合金的影响最为显著。钼提高材料淬透性的作用和Mo_2C的存在都有助于提高高铬铸铁的抗磨能力，但是它促使碳化物间距增加的作用在某些工况下并不利于材料抗磨能力的提高[5]。

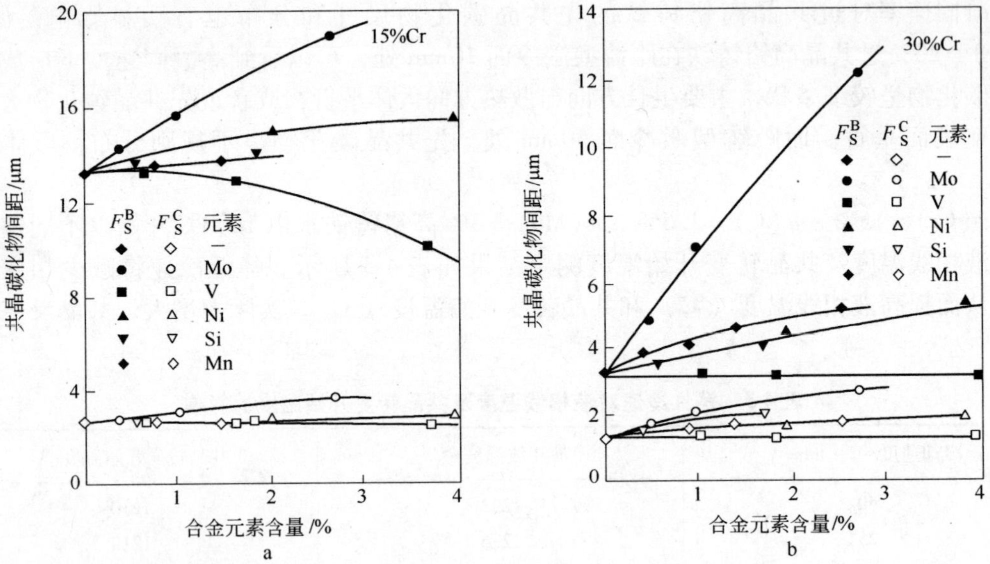

图 4-14 合金元素对 $w(\mathrm{Cr})=15\%$ (a) 和 $w(\mathrm{Cr})=30\%$ (b) 合金的碳化物间距的影响

4.4 高铬铸铁的基体金属

白口铸铁组织中，碳化物以外的金属部分总体上称为基体。基体组织主要是奥氏体或奥氏体转变产物，并含有二次碳化物。基体性质显著影响白口铸铁的工作性能。

4.4.1 碳和铬在碳化物和基体之间的分配

高铬铸铁凝固过程中，各元素都要在中碳化物和基体这两个主要组成相之间进行分配。其中碳和铬在碳化物和基体之间的分配不但对于所生成的铸态组织状态有显著影响，而且也在很大程度上影响热处理后的成品组织和铸件性能。

碳化物的含铬量和铬碳比是决定其硬度和组织类型的基本因素。铬在 M_7C_3 碳化物中的质量分数随高铬铸铁铬碳比的提高而增加。

首先看一下 $(Cr, Fe)_7C_3$ 碳化物中的铁、碳、铬含量。

我们知道，铁和铬在 M_7C_3 型碳化物中是互溶的，即两种原子同时存在于碳化物中。高铬铸铁中的 M_7C_3 碳化物中的金属元素主要是铬与铁，其化合物分子式应该是 $(Cr, Fe)_7C_3$。当其中铬原子未被铁原子取代，碳化物分子式应为 Cr_7C_3。因此可以把代表不同碳、铬含量的 M_7C_3 碳化物分子式写为诸如 $(Fe_2, Cr_5)C_3$、$(Fe_3, Cr_4)C_3$ 等。

理论分析和实际测定确定：高铬铸铁中基体和碳化物的含铬量和含碳量取决于铸件的铬、碳质量分数比（铬碳比）。高铬铸铁铬碳比与该铸铁碳化物的分子式对应如下：

Cr/C	M_7C_3 碳化物分子式
3	$(Fe_2Cr_5)C_3$
4.5	$(Fe_3Cr_4)C_3$
6.1	$(Fe_4Cr_3)C_3$
8	$(Fe_5Cr_2)C_3$
9	Cr_7C_3

由以上分子式可计算出具有不同铬碳比高铬铸铁中碳化物的理论铬、碳含量。这种理论计算结果与实际测定结果近似，误差率约为2%。

M_7C_3 碳化物分子式	碳化物含碳量/%	碳化物含铬量/%	碳化物中铬碳比
$(Fe_2Cr_5)C_3$	8.58	24.8	2.89
$(Fe_3Cr_4)C_3$	8.68	37.6	4.33
$(Fe_4Cr_3)C_3$	8.75	50.6	5.78
$(Fe_5Cr_2)C_3$	8.84	63.8	7.22
Cr_7C_3	9	91	10

从这些数据可以看出，M_7C_3 碳化物中的含碳量随铁原子数量的增加只有少量增加。这是因为碳化物中铬和铁的相对原子质量相差不很大。而碳化物含铬量和碳化物中铬碳比随铁原子取代铬原子数量的增加而有显著增加。另外还可以看到，高铬铸铁的铬碳比和其中碳化物的铬碳比两者有十分相似的递增趋势。

以上数据未计入铸件中所含钼及其他合金元素的影响。我们曾经计算过，这些元素对上述数据有一定影响，但影响并不十分显著。因此当其他元素加入量较大时，还是需要另行计算的。

已知碳化物中铬、碳含量，基体金属中的铬、碳含量后，可通过理论计算或实际测定来判断高铬铸铁基体含铬量。式4-4是一个经验计算式：

$$w(Cr_m) = 1.95 \times (Cr/C) - 2.47 \tag{4-4}$$

式中 $w(Cr_m)$——高铬铸铁基体含铬量；

Cr/C——高铬铸铁的铬、碳质量分数比。

这是一个根据样品实际化验数据，经过数据回归分析得到的经验式。利用此式能够比较准确地获得已经确定了铬碳比的高铬铸铁基体含铬量。此式也表明：高铬铸铁的铬碳比与基体含铬量之间存在着线性关系。基体含铬量随铬碳比提高而按比例线性增长。铬和碳在凝固时的基本行为是互相化合或溶入奥氏体。铬碳比的高低说明两者化合以后还有多少未化合的铬元素将在 $L+\gamma+M_7C_3$ 三相区内溶入奥氏体（可参阅 Fe-C-Cr 三元系垂直截面图）。铬碳比高表明将有较多铬元素存在于基体金属中。

测定基体中的含碳量比较麻烦，因为目前的检测设备还不能精确查明基体金属中的碳量。比较可行的方法是将高铬铸铁中的碳化物萃取出来，测定其体积分数和含碳量。然后以高铬铸铁的总含碳量减去碳化物总含碳量，最后计算出基体含碳量。确定已知铬碳比的高铬铸铁基体含碳量的两个步骤是：

（1）由高铬铸铁铬碳比确定基体含铬量。前面已经做过介绍。

（2）根据图4-15由基体含铬量查得基体含碳量。

图4-15纵轴为基体金属含铬量坐标，横轴为基体金属含碳量坐标。如已知基体含铬量，由纵轴上相应于基体含铬量点处作水平线。此水平线与图中曲线相交，交点的横坐标值即为所求的与基体含铬量相对应的基体含碳量。

图4-15显示，基体金属含铬量为5%~15%的高铬铸铁基体金属含碳量为1.2%~

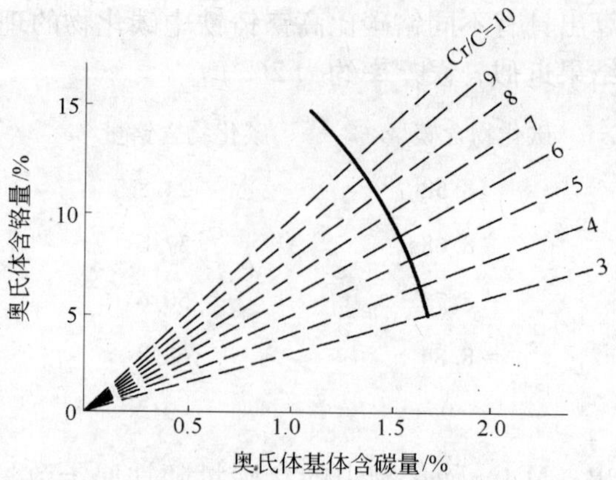

图 4-15 基体含碳量和基体含铬量关系

1.7%，都在过共析成分范围。

4.4.2 铸态基体金属中的元素偏析

上述基体金属中的元素含量都是指平均含量。其实元素在高铬铸铁中远不是均匀分布的，存在着晶内偏析和晶间偏析。偏析现象可导致铸件组织和性能变得不均匀，甚至影响铸件工作性能。

高铬铸铁经过非平衡凝固后，奥氏体中的碳、铬和其他元素没有充足时间进行充分扩散，导致其中各元素分布不很均匀，基体成为浓度不均匀的固溶相。对亚共晶及近（亚）共晶高铬铸铁基体组织的研究[6]发现铸态高铬铸铁中奥氏体枝晶内的偏析现象比较严重。采用电子探针对 $w(C)=2\%$、$w(Cr)=17.6\%$、$w(Mo)=3\%$、$w(Mn)=3.73\%$ 高铬铸铁铸态试样（25mm 厚）进行探查，显示碳、铬、硅三种元素在碳化物之间的奥氏体内的分布如图 4-16 所示。枝晶心部碳、铬的分布线呈下凹形状，这显然是凝固过程中奥氏体晶内偏析所造成的。

碳均匀分布区宽度占碳化物之间奥氏体区宽度 75% 左右。在靠近碳化物 5μm 的范围内碳量急剧降低 20%。铬在奥氏体中的分布状态与碳相似，只是靠近碳化物的铬的浓度梯

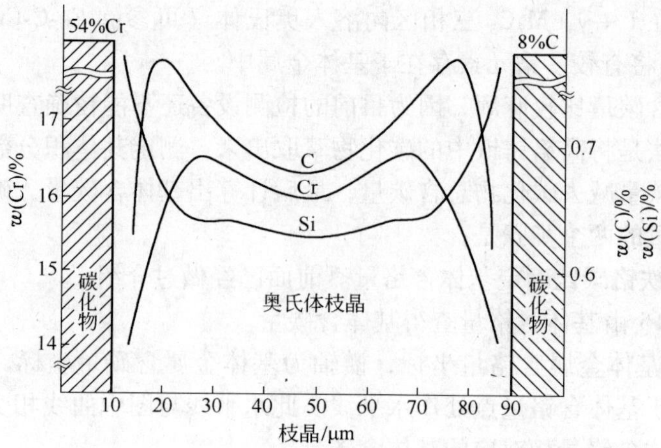

图 4-16 碳、铬、硅在奥氏体内的分布

度趋缓。

造成近碳化物区碳、铬浓度降低的原因是共晶碳化物形成时，奥氏体中碳、铬原子的扩散激活能较高，扩散驱动力（化学位梯度μ）不足以使原子充分迁移，以致在其边缘形成低碳区，提高了该区的 M_s 温度。在进一步冷却过程中碳化物周边出现厚度有限、组织细密的奥氏体转变产物层（图 4-17）。经过微区衍射及电子探针测定奥氏体内没有高度弥散分布的细微碳化物析出。碳化物周围的奥氏体转变产物为马氏体，并有一些贝氏体伴随生成。

图 4-17 碳化物周边出现厚度有限、组织细密的奥氏体转变产物层

在更厚的铸件中或在保温铸型中缓慢冷却的铸件中，奥氏体还可能析出弥散的分布的二次碳化物，这是过饱和碳及铬从富碳富铬奥氏体中析出的结果。析出二次碳化物，使基体碳、铬含量有所降低，同时也影响铸态基体中元素分布的均匀性。

除此之外，铸态奥氏体中也存在一些未溶的化合物和细微杂质颗粒。

碳对奥氏体中溶质的均匀性有明显影响。即使经过充分的固溶处理，高碳奥氏体中的溶质也难以完全均匀化。这类固溶体经过淬火容易产生一些局部的非平衡相，降低基体中马氏体的性能。

4.5 高铬铸铁中的马氏体

作为抗磨料磨损材料的白口铸铁，不但其中应该含有高硬度合金碳化物，也需要有强韧耐磨的基体组织。在众多类型的基体中，以马氏体组织为主体的基体具有优良的抗磨能力和强韧性，是最佳的基体金属。以 M_7C_3 + 马氏体基体组成的马氏体高铬铸铁被认为是当代最优秀的抗磨材料，在工农业许多领域里应用十分广泛。

图 4-18 显示 $w(C)=3.96\%$、$w(Cr)=14.80\%$、$w(Mo)=1.45\%$ 马氏体高铬铸铁金相组织，这是经过淬火硬化的组织。基体中含有片状马氏体，这种马氏体是高碳富铬奥氏体以无扩散相变方式，通过切变机制形成的碳在 α-Fe 中的过饱和固溶体。这种组织中储有较大的弹性应变能，包含许多点阵缺陷，处于不稳定状态。

高铬铸铁铸态基体通常不是均匀单一组织。它在凝固降温过程中，如果冷却速度低于奥氏体分解的临界冷速时，奥氏体将要发生共析分解。但是由于奥氏体中元素分布不均

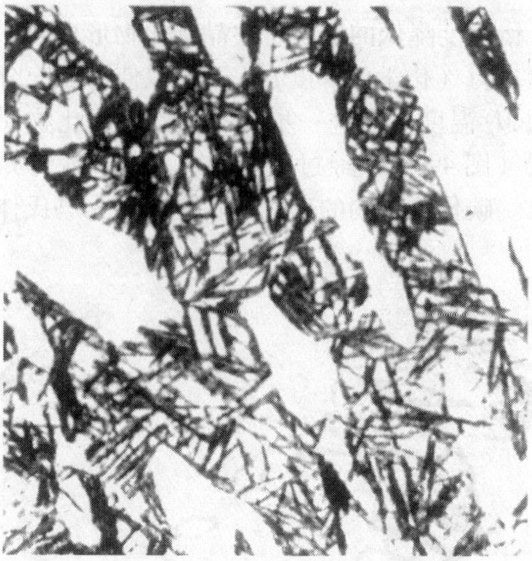

图 4-18 马氏体高铬铸铁组织

匀，有些区域可能出现过冷，并在低温下产生马氏体组织或进一步过冷到室温，奥氏体保留在室温铸态组织中。因此，大多数高铬铸铁铸态基体组织中含有珠光体、奥氏体、马氏体以及其他分散分布的化合物、夹杂物，形成多相组织。

要把这种铸态多相基体组织转化为马氏体组织需要进行热处理。热处理的第一步是使高铬铸铁件的基体奥氏体化。完全奥氏体化需要把铸件加热到接近固相线的温度（低于固相线不超过 50℃），并适当保温。但在实际生产中，通常无需加热到这样高的温度，一般加热到高于 A_{c_3} 的温度，经过一定时间的保温，也能使基体中的各种元素溶入奥氏体，完成奥氏体化。

第二步是把经过奥氏体化的高铬铸铁件以超过奥氏体分解的临界冷却速度进行快速冷却，抑制铸件在冷却过程中出现的奥氏体扩散性分解，并在马氏体转变开始温度发生无扩散相变。

4.5.1 冷却过程中避免珠光体转变

调整高铬铸铁件冷却速度，避免发生珠光体相变并不是困难的事。问题在于高铬铸铁含有大量合金碳化物，这些碳化物与奥氏体的胀缩系数差别很大，在温度急骤变化时，两相体积变化率相差很多，会导致碳化物与固溶体界面产生应力。应力集中在含有大量共晶碳化物的基体金属里，如果铸件冷速较高，很容易开裂。因此避免发生珠光体相变的最好措施是降低高铬铸铁在降温过程中发生分解的临界冷速，力求铸件能以相对缓和的速度降温就能避免发生珠光体相变。

溶入富铬奥氏体的铬原子在相变过程中进行扩散迁移而重新分布。非平衡冷却所提供的能量条件使 γ 相内铬的扩散激活能提高，原子迁移比较缓慢，相当于对碳原子的扩散运动产生阻碍作用，降低碳原子的扩散速度，最终导致富铬奥氏体转变的临界冷却速率降低。

与一般奥氏体相比，富铬奥氏体的珠光体转变C曲线移向较高温度，贝氏体转变温度降低，奥氏体稳定区温度范围增大。珠光体和贝氏体转变孕育期延长。最终显示溶入奥氏体中的铬降低奥氏体临界冷却速度，提高高铬铸铁基体金属淬透性。

式4-5显示碳、铬、钼对 $w(C)=1.95\%\sim4.31\%$、$w(Cr)=10.8\%\sim25.8\%$、$w(Mo)=0.02\%\sim3.80\%$ 高铬铸铁中奥氏体等温分解时间的影响。这是研究了42组高铬铸铁所得到的结果[1]。

$$\lg t = 2.90 - 0.51w(C) + 0.05w(Cr) + 0.37w(Mo) \quad (4\text{-}5)$$

式中，$\lg t$ 为奥氏体等温分解时间（单位为s，以对数表示）；t 相应于高铬铸铁等温转变图上珠光体等温转变曲线拐点所示的时间。

可以看出，基体所含的碳减少高铬铸铁分解所需时间，相当于提高了避免珠光体转变的临界冷速。但是，碳与合金元素形成碳化物（包括 M_7C_3、Mo_2C）后，降低了奥氏体中所含的碳量，又能降低临界冷速。提高铬碳比产生改善高铬铸铁淬透性作用，基本原因就在于此。

钼在提高高铬铸铁淬透性方面也有很明显的作用。从以下实例可以看出加钼的影响。

设连续空冷条件下高铬铸铁基体避免珠光体出现的试棒最大直径以 D_{max}（mm）表示，由试验得知：

$$\lg D_{max} = 0.32 + 0.158(Cr/C) + 0.385w(Mo) \quad (4\text{-}6)$$

此式表示，铬碳比和钼含量对高铬铸铁淬透性有相似影响。但加钼的影响可能更大于提高铬碳比。

另一项对两组高铬铸铁淬透性进行的对比试验也可以看出加钼和提高铬碳比的综合作用。第一组合金铬碳比为3.6，铸成 ϕ5mm 圆棒，在空气中冷却时只部分硬化，加入2.6%钼后，临界淬透直径增加到125mm；第二组合金铬碳比为10，铸成 ϕ40mm 圆棒，空冷后整体都已经硬化。加入0.6%钼后，临界淬透直径增加到125mm。

铬、钼、锰、铜、镍等合金元素都有提高高铬铸铁淬透性的作用。在加入量相同情况下，碳化物形成元素的作用更强一些。这种现象应与碳化物形成元素减少基体金属含碳量有关。锰、钼、钒等碳化物形成元素，在凝固时优先与碳化合，使铁水中所含的碳与铬、锰、钼化合形成碳化物，溶入奥氏体中的碳相对减少。

4.5.2 提高马氏体转变开始温度（M_s）

马氏体转变通常是在一个不断降低的温度范围内逐步完成的。一旦降温停止，马氏体转变也就停止了。马氏体转变的温度范围是由马氏体转变开始温度（M_s）到马氏体转变终了温度（M_z）。制取马氏体高铬铸铁时，马氏体转变开始温度必需高于室温，以便马氏体转变在 M_s 至室温之间进行。淬火生成的马氏体量随 M_s 点提高而增加。M_s 越高，残余奥氏体量越少，铸件能够获得较好的耐磨性和强韧性；较低温度生成的马氏体本身硬度较高，可以提高铸件硬度，但是性质较脆，铸件淬火时容易变形或碎裂。若 M_s 点太低，马氏体转变量减少，残留到室温的奥氏体（残余奥氏体）必然增多，生成的马氏体量相对减少。M_s 低于室温时，高铬铸铁室温基体中将没有马氏体存在。由此可见，从提高马氏体硬度和耐磨性能来说，总是希望马氏体转变开始温度尽可能高。

与马氏体转变开始温度有关的因素有：基体化学成分、奥氏体化温度、脱稳处理过程。

（1）基体化学成分。基体中碳和各种合金元素（钴和铝除外）都有降低马氏体转变开始温度的作用，其中以碳的作用最显著。铸态高铬铸铁中奥氏体碳浓度很高时，高铬铸铁基体的 M_s 点将要显著下降。

图 4-19 显示含碳量对碳钢 M_s 和 M_z 的影响。M_s 和 M_z 都随含碳量增加而下降。含碳量对高铬铸铁 M_s 的影响与此类似。

铬降低马氏体转变开始温度的作用接近镍，不如碳和锰。溶入奥氏体中的其他合金元素也都有降低 M_s 的作用。但是它们的作用没有碳的作用强烈。

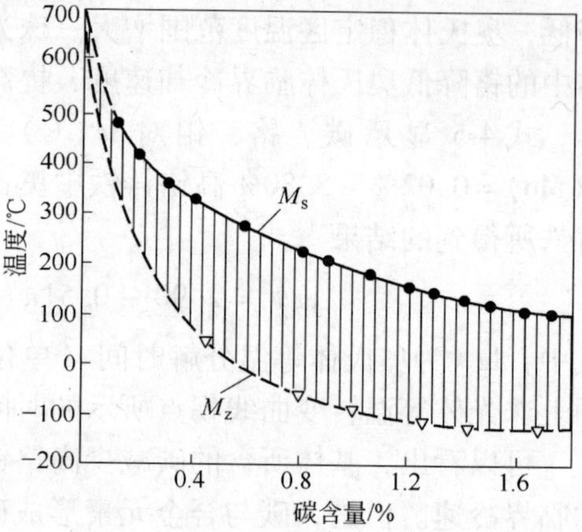

图 4-19 碳含量对 M_s 和 M_z 的影响

式 4-7 表示 $w(Cr)=15\%$、$w(C)=3\%$ 高铬铸铁的碳、铬、钼、铜、锰等元素含量对 M_s 点的影响。此式显示，碳比其他几种合金元素的作用要强烈得多，强烈程度比其他几种元素影响的总和还要大。

$$M_s = 550 - 350 \times w(C) - 40 \times w(Mn) - 20 \times w(Cr) - 10 \times w(Mo) - 10 \times w(Cu) \tag{4-7}$$

（2）奥氏体化温度。影响高铬铸铁马氏体开始转变温度的另一个因素是奥氏体化温度。高碳高铬铸态奥氏体加热到超过碳、铬在奥氏体中溶解度极限温度时，碳、铬原子的扩散激活能显著下降。在该温度保温过程中，基体中的碳、铬原子析出倾向逐渐增强。处于过饱和状态的碳原子和铬原子互相结合形成铬碳化合物，以二次碳化物形式由奥氏体中析出。

奥氏体化温度控制着奥氏体中碳的溶解量和二次碳化物析出的动力学过程。奥氏体化温度越高，奥氏体溶入的碳量越多，M_s 点降低程度越大。过高的加热温度甚至使刚刚析出的碳化物再次溶解。加热温度过低及保温时间不足也难使二次碳化物充分析出。

（3）高铬铸铁的脱稳处理。前已指出，高铬铸铁中铸态基体组织（富铬奥氏体）含碳量偏高，大部分在 1.2%～1.7% 范围内。另有检测结果表明：$w(C)=3.0\%$、$w(Cr)=15.0\%$ 室温铸态奥氏体基体含碳量为 1.6%，含铬量为 10%。

对富铬奥氏体中碳的活度以及作为铬含量函数的碳化物自由能进行测定，发现随着温度下降，铬的极限溶解度下降并不显著，而碳的极限溶解度变化比较明显。1150℃时为 1.65%，1000℃时为 1.5%，850℃时下降到 1.25%。高铬铸铁基体含碳量 1.2%～1.7% 已经超过奥氏体中碳的极限溶解度，说明高铬铸铁基体中的碳含量已处于过饱和状态。

基体中的高含碳量显著降低了高铬铸铁中马氏体转变开始温度，抑制马氏体生成，是导致铸态组织中存在大量奥氏体的直接原因，因此制取马氏体高铬铸铁需要采取技术措施适当消减基体含碳量。

前面已经谈到，铸件加热到合适的奥氏体化温度，奥氏体中会有二次碳化物析出。二次碳化物无论是 M_7C_3 型碳化物或者 $M_{23}C_6$ 型碳化物，其所含的碳量和铬量都远远大于二次碳化物析出前奥氏体的含碳量和含铬量。例如铬碳比为 5.8 ~7.2 时，M_7C_3 型二次碳化物中含铬量为 50% ~64%，含碳量为 35% ~45%。

析出的二次碳化物与奥氏体分离后，奥氏体所含的碳量和铬量必然下降。二次碳化物析出量越多，奥氏体含碳量和含铬量越低，马氏体转变开始温度将随之提高，促使更多马氏体生成。

奥氏体中碳和铬以及其他合金元素降低马氏体转变开始温度的现象本质上是这些元素提高了奥氏体在马氏体相变温度范围内的稳定性。马氏体转变开始温度随这种稳定性的降低而提高。促使二次碳化物析出就是降低奥氏体稳定性的技术手段，本书中将这种技术手段称为"脱稳处理"。

图 4-20 显示 $w(C)=2.34\%$、$w(Cr)=12.82\%$、$w(Mo)=2.94\%$ 高铬铸铁加热到 800℃以上不同温度保温后空冷，随奥氏体化温度上升，M_s 及 M_z 温度连续下降。

图 4-21[7] 显示 $w(C)=2.45\%$、$w(Cr)=20.2\%$、$w(Mo)=1.52\%$ 高铬铸铁未经脱稳处理（图 4-21a）及脱稳处理（试样加热到 1000℃后保温 20min）后（图 4-21b）奥氏体等温转变曲线的变化。可以看出，脱稳处理后奥氏体转变临界冷却速率显著降低，M_s 点提高到 253℃，高铬铸铁淬透性将有显著改善。

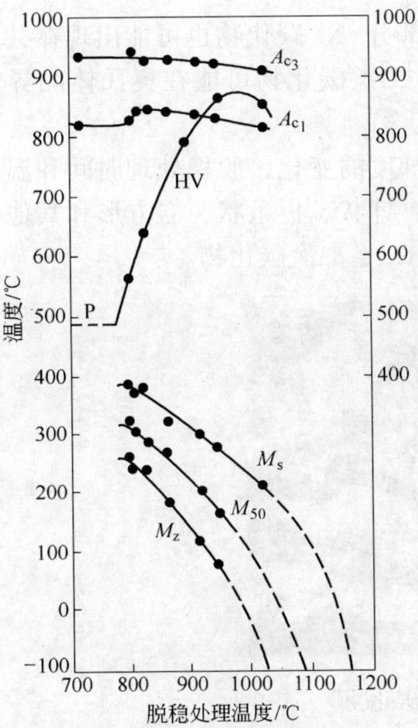

图 4-20 高铬铸铁奥氏体化温度上升，M_s 及 M_z 温度连续下降

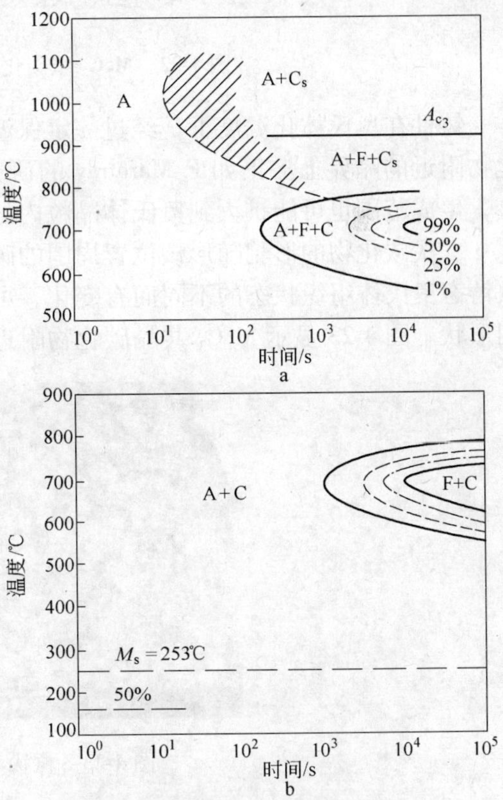

图 4-21 高铬铸铁脱稳处理前（a）、后（b）奥氏体等温转变曲线

4.5.3 二次碳化物析出

二次碳化物的析出是基体金属中碳、铬原子进行迁移和点阵改组的过程。完成这个过程，一是需要借助奥氏体化温度提供的能量；二是需要奥氏体内存在可供碳、铬原子迁移的通道。

在奥氏体中形成二次碳化物时，碳、铬原子需在固相中迁移。即使是在高温下，原子在固相中移动的阻力也是比较大的，因此需要奥氏体中存在阻力较小的析出位置和迁移通道。在高温下，基体中各组成相都要发生膨胀。奥氏体与碳化物的膨胀量不同，导致奥氏体内存在滑移面（图 4-22），此种滑移面是原子析出和迁移的理想通道。

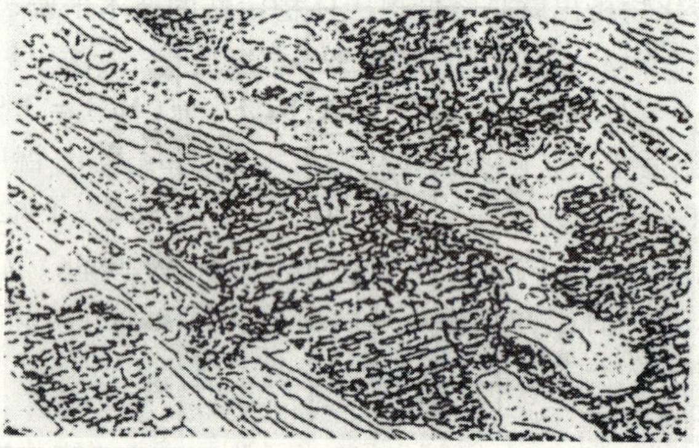

图 4-22 M_7C_3 型碳化物在奥氏体中的滑移面析出

铸件在奥氏体化温度下，经过一定保温过程后，部分二次碳化物也可能出现在共晶碳化物附近的晶界上。正如 F. Maratray 的研究指出[8]，二次碳化物可能在奥氏体晶界上形核，生成范围也可能扩大到奥氏体晶粒内的择优晶面。

二次碳化物的形貌随形核位置周围的碳、铬浓度梯度的变化、脱稳处理时间和温度以及铸态奥氏体组织状态的不同而有变化，可能呈粒状、针状、板条状、立方形和其他不规则形状。图 4-23 显示 M_7C_3 共晶碳化物附近的粒状 M_7C_3 型二次碳化物。

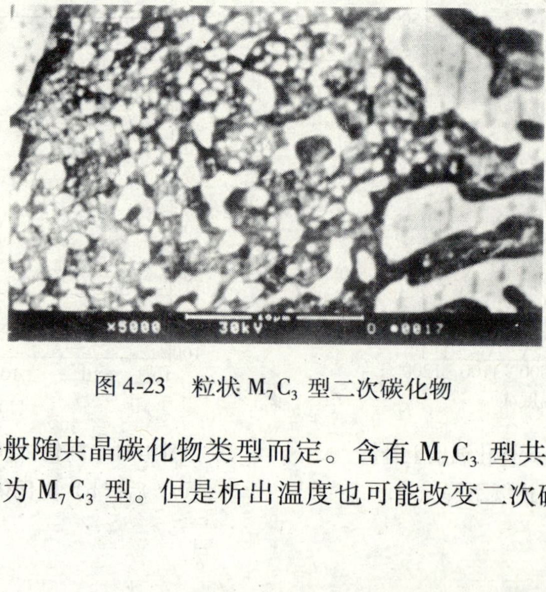

图 4-23 粒状 M_7C_3 型二次碳化物

二次碳化物类型一般随共晶碳化物类型而定。含有 M_7C_3 型共晶碳化物的高铬铸铁，析出的二次碳化物通常为 M_7C_3 型。但是析出温度也可能改变二次碳化物类型。此种高铬铸铁在高于A_{c_3}的温度析出时，二次碳化物为M_7C_3型。而在A_{c_3}和A_{c_1}之间的温度长时间保温后，析出的二次碳化物多为$M_{23}C_6$型。这种现象可能与析出时基体类型有关。

试验表明：$w(C)=2.75\%$、$w(Cr)=20\%$高铬铸铁经过1000℃保温后，奥氏体的碳、铬含量分别由0.95%和11%下降到0.5%和8%。在同样温度下脱稳处理后，铬碳比为6和8.5的试样，基体铬含量分别降低3.5和4.0个百分点；铬碳比为3的试样下降2个左右百分点。随着保温时间的延长，基体铬浓度持续降低。脱稳处理后，基体组织含铬量一般在6%以上。中等壁厚的铸件，空冷或风冷容易得马氏体组织。

4.5.4 脱稳处理工艺

脱稳处理是高铬铸铁制取马氏体基体的重要环节，直接影响马氏体高铬铸铁的性能。下面对脱稳处理的几个主要过程进行简要讨论。

（1）加热温度。促使二次碳化物析出的能量应体现在奥氏体化的温度上。因此了解二次碳化物开始析出温度和析出终了温度对于掌控脱稳过程很有意义。

二次碳化物析出的最低温度还不清楚，但是在350℃长时间回火的高铬铸铁试样中就已发现极细微的铬碳化合物。实验证实，高碳奥氏体加热到A_{c_3}以上50～100℃时，其中碳、铬原子的扩散激活能显著下降，已能明显看出二次碳化物的形成。

铸件加热到850～1000℃范围，经过一定时间的保温，二次碳化物析出总量不断增加，并且发生粗化。一般高铬铸铁在980～1000℃左右保温4～6h后，奥氏体内元素达到相对平衡状态，基体中铬、碳含量的变化开始明显减缓。继续提高温度，变化趋于停顿。超过1050℃以后，铬、碳含量不降反升。造成这种现象的原因，据分析是由于超过某一临界温度（在1000～1050℃之间）后，已经析出的二次碳化物又复溶入奥氏体，奥氏体溶解的碳量随加热温度提高而增多，元素的分布比铸态时均匀了。当析出量与溶入量相同时，铬、碳的变化将要停止。

（2）保温时间。铸件进行脱稳处理所需的保温时间显著影响脱稳处理效果。保温时间太短，二次碳化物析出不完全。时间过长，已经溶入奥氏体的二次碳化物可能在高温下重新溶入奥氏体，使奥氏体含碳量再次增加。

碳、铬含量随保温时间延长而逐渐下降。铬含量高于10%，铬碳比大于6的高铬铸铁，经过脱稳处理后，基体碳含量可以降到很低的程度。如果铬碳比更高，碳含量还可以降低到更低的水平。

对$w(C)=2.26\%$、$w(Cr)=18.97\%$合金的试验结果表明，在1000℃保温100min后，避免奥氏体分解的临界冷却速度为0.04℃/s，而保温100h后，临界冷却速度则可提高到0.18℃/s。

$w(C)=3.38\%$试样（铬碳比分别为6和4.4）在保温300min以内二次碳化物量增加，保温超过300min后二次碳化物量有所减少。这说明铬碳比较低的合金，即使以较低的温度处理，长时间保温也可能使部分二次碳化物重新溶入奥氏体。

图4-24显示铬碳比不同的3个$w(Cr)=15\%$高铬铸铁试样在不同温度下处理时，保温时间对基体中二次碳化物析出量的影响[5]。三组曲线没有本质上的差别，开始析出二次碳化物的孕育期大体都在20min左右。含碳1.87%的试样（铬碳比为8）在850℃、900℃保温1000min及1000℃保温700min的过程中，二次碳化物量持续增加。$w(C)=2.47\%$和促

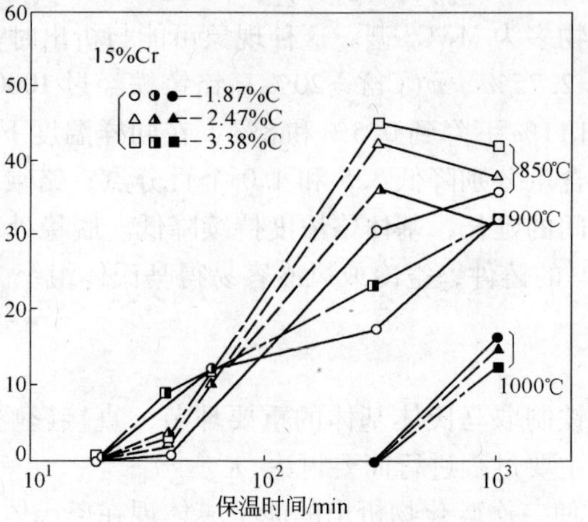

图 4-24 脱稳处理保温时间对基体中二次碳化物析出量的影响

使二次碳化物析出的能量应体现在奥氏体化的温度上，因此了解二次碳化物开始析出温度和析出终了温度对于掌控脱稳后奥氏体中碳铬浓度很有意义。

正确的处理时间和温度需视高铬铸铁化学成分、铸件厚度、处理前的奥氏体状况而定。过低或过高的温度及过长或过短的保温时间都不会使二次碳化物达到合适的析出量及获得良好的脱稳处理效果。作者认为，铬碳比 4～8 的高铬铸铁，二次碳化物析出和溶入的转变温度一般是在 1000～1250℃之间。

脱稳处理前基体的组织状态影响脱稳处理所需时间。脱稳前基体为珠光体的铸件，在奥氏体化温度下可以迅速达到平衡含碳量。例如，具有珠光体基体的厚壁铸件，在 980℃下只需 1h 即可使奥氏体成分均匀化，而存留有大量残余奥氏体的铸件，则需在同样温度下 2h 才能达到相同的均匀程度。如果晶体内有严重偏析，则需更长的均匀化时间。因此，为使奥氏体中的二次碳化物较快析出，在脱稳处理之前进行预珠光体化处理是有益的。

预珠光体化处理方法是先把铸件加热到高于 A_{c_1} 的温度（约 750℃以上），保温一定时间后，铸件炉冷至 550℃，再空冷至室温。经过这样的处理，基体中珠光体体积分数一般能超过 80%。

（3）直接脱稳。厚壁铸件或在保温铸型中缓慢冷却的铸件，在铸型内冷却过程中也会有二次碳化物析出。因此，把浇注后在铸型中冷却到 850～1000℃的铸件落砂后，及时放入保温炉中进行保温也能获得脱稳处理的效果，这种方法称为“直接脱稳处理”。直接脱稳处理所需的处理周期短，消耗的能量较少，能降低生产成本。有些工厂已经采用了这种工艺。

图 4-25 显示直接脱稳与再加热脱稳处理的二次碳化物析出曲线。可以看出，直接脱稳处理比再加热脱稳处理所需的温度低，但析出二次碳化物所需时间较长。这是因为铸造组织中碳及合金元素偏析比较严重，需要较长时间使碳、铬浓度均匀化。

高铬铸铁中的钼有提高奥氏体中碳过饱和程度的作用，因此有助于提高二次碳化物析出速度，缩短析出过程所需时间。由图 4-25 可见试样含钼 3% 时，加热脱稳处理以前铸态组织中已经有少量二次碳化物存在于奥氏体中。

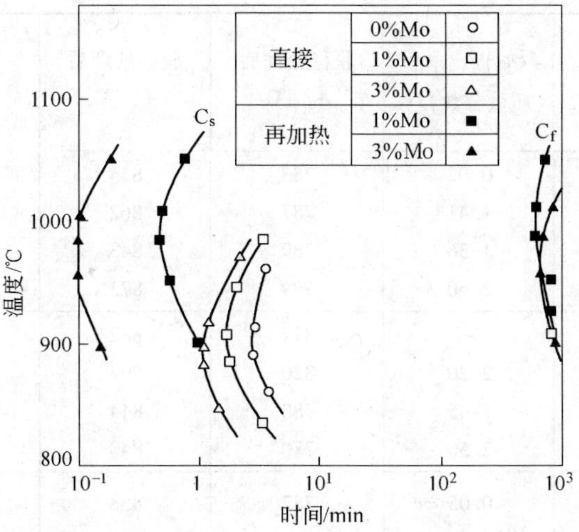

图 4-25 直接脱稳与再加热脱稳处理的二次碳化物析出曲线比较

4.5.5 马氏体硬度

马氏体硬度是衡量马氏体高铬铸铁质量的重要指标之一。马氏体组织硬度在不同成分和不同生产工艺制取的高铬铸铁里是有差异的。大多数马氏体硬度都保持在 $HV_{0.2}$ 750 ~ $HV_{0.2}$ 900 之间。为了保持马氏体高铬铸铁的耐磨性，我们希望高铬铸铁中马氏体能保持较高的硬度。

马氏体硬度受许多因素的影响而有变化。最主要的影响因素是马氏体含碳量和马氏体相变温度。

马氏体硬度与其含碳量密切相关。含碳较高的马氏体硬度较高。这是因为马氏体正方度（c/a）随进入点阵的碳原子数量增多而增大，马氏体硬度随之提高。例如 $w(Cr)$ = 20% 高铬铸铁的奥氏体基体含碳量在 0.6% 左右时，淬火生成的马氏体硬度可能接近 $HV_{0.2}$ 900。

奥氏体含碳量增加会降低 M_s 点。马氏体相变在较低温度下进行，产生的马氏体硬度较高。此外，在 M_s 点以下，马氏体相变完成之前，不论是降低铸件冷却速度或是冷却中断，都会使相变发生迟滞现象（奥氏体稳定化），继而引起马氏体转变温度下降，将导致马氏体硬度提高和转变量减少。

马氏体硬度与铸件奥氏体化的温度有关。在较高的温度下进行奥氏体化，奥氏体溶解的碳量增加，马氏体相变所产生的马氏体含碳量相应增加。

4.5.6 脱稳处理后的 A_{c_1}、A_{c_3}、M_s 和马氏体基体硬度

脱稳处理后高铬铸铁的 A_{c_1}、A_{c_3}、M_s 和马氏体基体硬度对于高铬铸铁件生产者是很有用的。但是这些数据受到许多因素的影响，测定值往往比较分散，难以用关系式准确表达。表 4-4 列出了一批铬碳比不同的高铬铸铁和高铬钼铸铁脱稳处理后的 A_{c_1} 和 A_{c_3}、M_s 点和马氏体基体硬度，可供参考。表中所列铸铁的含铬量都在 11% ~25% 之间。

表 4-4 含铬量、铬碳比不同的高铬铸铁 A_{c1}、A_{c3}、M_s 和马氏体基体硬度

铸件含铬量（质量分数）/%	铬碳比	铸件含钼量（质量分数）/%	脱稳处理后 A_{c1}/℃	脱稳处理后 A_{c3}/℃	M_s/℃	马氏体基体硬度 $HV_{0.2}$
11.65	5.31	0.02	783	854	188	807
11.30	5.30	1.41	787	862	171	838
11.95	3.52	1.36	789	843	159	853
11.80	3.63	2.60	799	873	148	777
15.85	7.62	—	814	882	245	770
15.40	820	2.20	820	894	236	796
14.80	3.73	1.45	780	844	199	763
14.75	3.87	2.50	780	840	195	756
18.22	4.41	0.05	782	858	214	953
18.00	4.41	1.44	786	867	218	913
17.55	4.43	2.53	792	853	197	840
20.55	9.92	—	819	903	281	746
20.25	10.22	2.14	822	904	257	693
20.10	5.72	1.37	796	869	222	893
19.85	5.85	3.40	800	881	215	866
25.82	8.75	0.02	834	908	302	780
25.50	8.88	1.22	844	916	270	680
25.15	9.21	2.52	854	919	278	783
23.67	5.76	1.32	825	878	245	876

由表中所列数据表明，不含钼（<0.02% Mo）的高铬铸铁中，随含铬量和铬碳比提高，M_s 点上升；含铬量提高、铬碳比降低则使马氏体基体硬度趋于上升。虽然高铬铸铁中存在钼元素，仍可以看到铬碳比对基体含铬量的影响。表中数据虽然比较分散，但从这些实测数据中仍可吸取一些有助于生产优质高铬铸铁件的有用信息。

4.5.7 铸态马氏体高铬铸铁

在高铬铸铁中加入一些特定的合金元素，铸件在铸型中冷却也能得到马氏体基体组织。这种不经过淬火工序而获得的马氏体组织常被称为铸态马氏体。铸态马氏体组织由板条群组成，主要亚结构是位错，属于典型的板条马氏体。铸态马氏体显微硬度可达到 HV 780～840。铸态马氏体高铬铸铁宏观硬度可达到 HRC 60～62，铸件也具有良好的抗磨能力。

铸态马氏体组织中常伴有一定数量的贝氏体，在显微观察中常常难以分辨出来。

铸态马氏体的生成条件是所添加的合金元素应能使高铬铸铁临界冷速低于铸件在铸型中的冷速，避免珠光体转变，并显著提高基体的 M_s 点，促使奥氏体基体在室温以上完成马氏体相变。

文献报道，在下列成分的高铬铸铁中加入 4% 钒可以产生铸态马氏体基体组织：$w(Cr)=15\%\sim17\%$，$w(C)=2.4\%\sim2.6\%$，$w(Mo)=1\%\sim1.2\%$，$w(Si)=1.5\%$，

$w(Mn)=0.5\%$。

钒是强烈的碳化物形成元素，与碳单独化合形成稳定性很高的碳化钒（VC）。加钒后奥氏体的含碳量显著降低。同时钒提高共析转变温度，含钒超过4%的高铬铸铁（$w(C)=1.85\%$）A_{c_1}可提高到900℃以上，并且大大降低临界冷却速率，这些都是促进铸态马氏体组织生成的因素。钒在凝固时平衡分配系数较低（约0.5），合金中的钒仅有部分溶入奥氏体，因而需要在合金中加入较多的钒才能改变奥氏体的相变性质。

为了促进厚壁铸件中铸态马氏体形成，含钒高铬铸铁中还需要加入钼等提高淬透性的合金元素。

铸态马氏体高铬铸铁件只需经过回火即可使用，减少了淬火工序。但是由于马氏体转变是在铸型中发生的，组织应力和铸造应力的综合作用易使铸件开裂。生产时应该注意采取良好的防止铸件热裂措施。

4.5.8 马氏体高铬铸铁中的残余奥氏体

生产高铬耐磨铸铁件时，如果不设法降低碳、铬含量，淬火后基体中将会存在大量残余奥氏体，残存量甚至可能超过60%～80%。铬碳比很低的高铬铸铁室温基体组织中可能大部分为铸态奥氏体。

几乎所有淬火后的高铬铸铁组织中都或多或少存在低于室温仍未转变的奥氏体，即残余奥氏体。讨论马氏体高铬铸铁生产工艺时，不可避免地会遇到残余奥氏体问题。

残余奥氏体与新生成的马氏体之间结合较弱。由于两相质量热容不同及点阵畸变产生的应力可使残余奥氏体发生变形，可诱发其自身进一步向马氏体转变。如果铸件承受外部反复冲击载荷或其他作用力，叠加的应力可能导致铸件发生局部剥落或零件断裂失效。

残余奥氏体冲击韧度高于马氏体，硬度远低于马氏体。基体中存在一些奥氏体有利于改善高铬铸铁韧性但使基体硬度下降。

光学显微镜下能够粗略分辨出残余奥氏体。图4-26为光学显微镜下显示的淬火马氏体基体中的残余奥氏体（视场中马氏体呈暗色，组织间未受到侵蚀的明亮部分为残余奥氏体，其间也存在少量未受到侵蚀的二次碳化物）[7]。

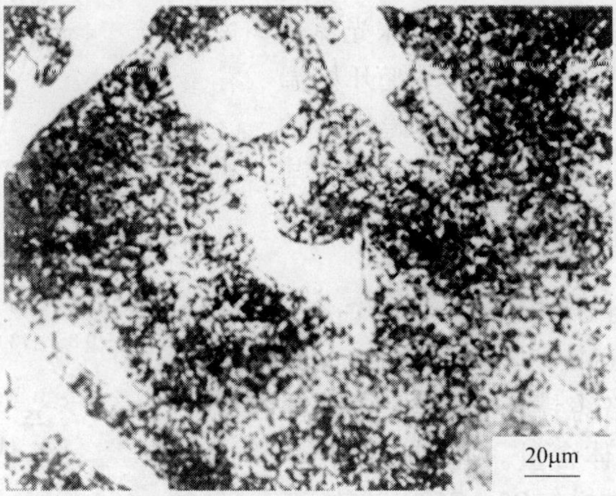

图4-26 马氏体基体中的残余奥氏体

采用衍射技术可以对残余奥氏体量进行定量测定。

采用正确淬火工艺并在480~500℃温度回火，马氏体高铬铸铁中残余奥氏体含量可以降低到10%~15%，并且消减了铸造及淬火产生的内应力。淬火回火后再进行深冷处理，残余奥氏体量还可降低到5%以下。

4.6 奥氏体高铬铸铁

有些在冲击负荷较大工况下使用的高铬耐磨铸铁件，采用马氏体高铬铸铁可能发生断裂失效，需要改用韧性比较好的高铬铸铁。奥氏体基体高铬铸铁具有较好的抗冲击能力，这种铸件的表面组织受到物料挤压冲击时发生塑性变形，出现形变硬化，诱使基体组织中的奥氏体发生马氏体相变，产生密排六方 ε 马氏体和体心立方 α 马氏体，铸件表层金属发生的形变硬化导致工作表面产生200~300μm深硬化层，材料硬度迅速上升，在保持铸件整体韧性良好的同时，表面抗磨能力显著增强。这种奥氏体体积分数超过90%的高铬铸铁被称为奥氏体高铬铸铁。

奥氏体高铬铸铁件适用于制造承受冲击载荷和高应力磨料磨损的零件。有工厂报道，选矿厂和水泥厂的大型颚式破碎机、重型锤式破碎机，使用奥氏体高铬铸铁锤头、颚板和衬板后，零件寿命比奥氏体高锰钢延长20%~30%，从未发生断裂失效，显著减少了维修工作量，取得了很好的经济效益。

高铬铸铁产生奥氏体基体的首要条件是在冷却过程中奥氏体不发生共析分解，以及马氏体相变开始温度（M_s）低于室温。

为了满足以上的基本要求，制取奥氏体高铬铸铁件时，应按以下原则选用化学成分：

（1）铸件应有较高的铬含量和铬碳比。使基体保持足够高的铬浓度。铬降低 M_s 点的作用略逊于碳和锰而近于镍。在砂型中浇注的中等厚度高铬铸铁件，如果铬含量超过17%，铬碳比超过7.2，一般能够获得奥氏体体积分数超过80%的铸态奥氏体基体。

碳降低 M_s 点的作用也很强烈，但是奥氏体高铬铸铁中的碳量应该受到控制。过高含碳量显著增加共晶碳化物体积分数，降低高铬铸铁抗冲击能力。

（2）加入不低于2%的锰促使避免珠光体分解的临界冷速降低，并有助马氏体相变开始温度（M_s）低于室温。锰还能改善高铬铸铁件的抗磨能力，但是锰含量也不宜过高，因为锰与碳化合形成渗碳体型碳化物，降低铸件抗冲击能力。

图4-27[8]显示了 $w(C)=1.6\%$、$w(Cr)=13\%$、$w(Si)=0.8\%$、$w(Mn)=0.90\%$、1.94%、2.26%、4.40% 4组高铬铸铁砂型铸造试样在不同断面内的室温奥氏体含量。此图表明：

$w(Mn)=0.90\%$ 的试样在25~75mm厚断面内均发生共析转变，没有奥氏体生成。

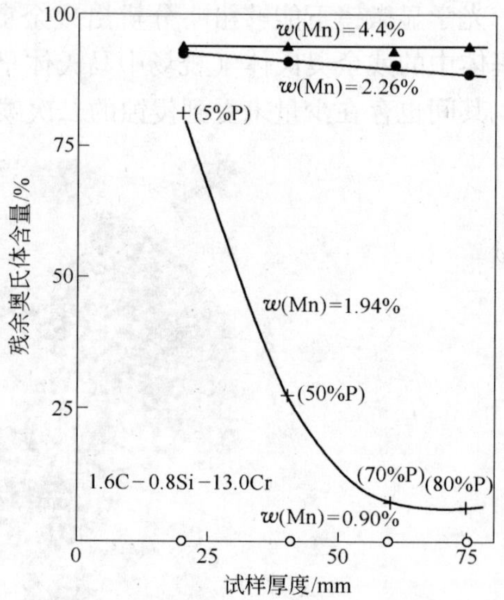

图4-27 锰量和冷速（以试样断面尺寸表示）对残余奥氏体量的影响

$w(Mn)=1.94\%$ 的试样中奥氏体量随铸件厚度增加而急剧下降。而 $w(Mn)=2.26\%$ 和 $w(Mn)=4.40\%$ 的试样中，奥氏体量可保持在90%以上。

另一项试验表明，提高铬碳比，能使获得铸态奥氏体基体所需锰量减少。例如 $w(Cr)=17.1\%$、$w(C)=2.41\%$ 合金试样中加入1.55% Mn，在快速冷却后即可获得铸态奥氏体组织。

(3) 借助钼和镍提高奥氏体稳定性。图4-28显示[8]，为使不含钼高铬铸铁砂型铸造 ϕ25mm 试棒中奥氏体保留到室温，铬碳比应超过7.2。加钼可降低所需的铬碳比。加钼量为1%、2%、3%时，铬碳比可以分别降到5.8、5、4.5。钼对提高奥氏体稳定性、避免共析反应是有明显作用的。以模拟砂型铸造 ϕ80mm 磨球冷速进行缓冷，不含钼的试样心部都有大量共析反应产物出现，但是加入2.0% Mo、0.7% Cu后，试样心部都可以获得铸态奥氏体组织。

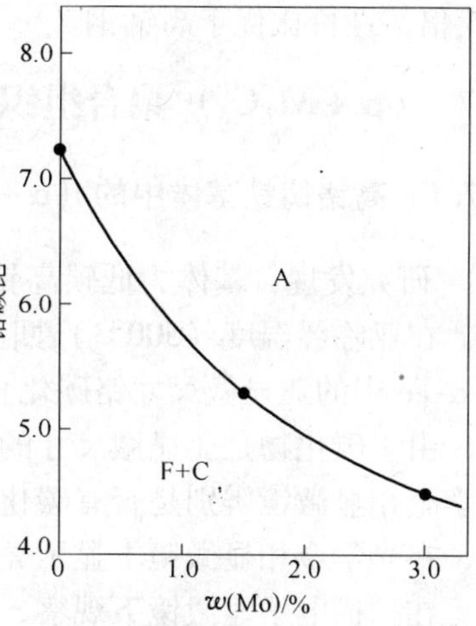

图4-28 加钼量对获得奥氏体所需铬碳比的影响

镍也是提高奥氏体稳定性的元素，例如，$w(C)=2.7\%$、$w(Cr)=13.6\%$（Cr/C = 5）、$w(Mo)=0.5\%$ 的高铬铸铁在砂型铸造的阶梯试样（厚度20～80mm）中，在各厚度的断面中都可看到50%以上的共析反应产物，而在此合金中加入2.1%镍后，所有断面的基体组织中奥氏体量都在90%以上，可见镍稳定奥氏体的作用是相当明显的。加入镍以后，基体金属晶粒显著细化，强韧性有较大提高。

另一项试验显示铬、锰、钼对生成奥氏体组织的综合影响。对一组含铬15%和17%、铬碳比不同的高铬铸铁试样，在模拟砂型铸造和金属型铸造 ϕ80mm 圆柱体的冷速下形成的组织进行了研究，以探讨含锰量、冷速、铬碳比、含钼量对形成奥氏体基体组织的影响。结果表明：从 $w(C)=2.41\%$（Cr/C = 7.1 和 6.2）、$w(C)=2.72\%$（Cr/C = 5.5）、$w(C)=3.01\%$（Cr/C = 5.0）试样快速冷却（模拟金属型铸造冷速）后的组织看，随含锰量增加，奥氏体量随之增加。例如 $w(C)=2.41\%$，铬碳比为6.2的合金，经磁测法测定，含锰量分别为0.6%、1.7%、3.3%时，基体中奥氏体含量分别为39.8%、42.7%、95.6%。$w(Mn)=0.6\%$ 合金试样心部出现近似贝氏体形貌的 $\alpha+M_7C_3$ 组织，而 $w(Mn)=3.3\%$ 的合金试样心部为奥氏体组织。在碳化物与基体界面上的低碳区有马氏体形成。即使试样含碳高达3.0%，含锰3.3%的合金，也能获得铸态奥氏体基体组织。

根据以上各项试验资料，结合现场生产经验，推荐采用以下化学成分生产奥氏体高铬铸铁件：

$w(Cr)\geqslant 17\%\sim 20\%$，

Cr/C ≥ 7，

$w(Mn)=2.2\%\sim 2.8\%$，

$w(Si)=0.6\%\sim 0.8\%$，

$w(Mo)=0.8\%\sim 1.2\%$。

曾采用类似上述成分的高铬铸铁制造了重型颚式破碎机颚板和重型反击式破碎机冲击

块。使用期间这两种奥氏体耐磨件均未发生破断失效，零件寿命为 Mn13 高锰钢的 1.8 ~ 2.5 倍，性价比优于高锰钢。

4.7 （$\alpha + M_7C_3$）聚合组织基体高铬铸铁

4.7.1 高铬铸铁基体中的（$\alpha + M_7C_3$）聚合组织

研究发现，基体为低碳高铬铸态奥氏体组织或再加热淬火产生的高碳富铬奥氏体组织，在亚临界温度（500℃）回火过程中，高铬铸铁中的碳和铬结合，形成高度弥散分布于 α-Fe 中的亚显微尺寸铬碳化合物。

由于碳化物是亚显微尺寸的，在光学显微镜下不能看到这种组织的形貌，但是可借助光学金相显微镜辨别是否有碳化物析出。未析出碳化物的富铬奥氏体对浸蚀剂有较高的抗力，在光学金相显微镜下显示亮色。亚临界温度回火析出碳化物后，组织显示暗色。

在扫描电子显微镜下观察，可以看到这种基体组织呈现类似羽毛状的形貌，如图 4-29 所示。

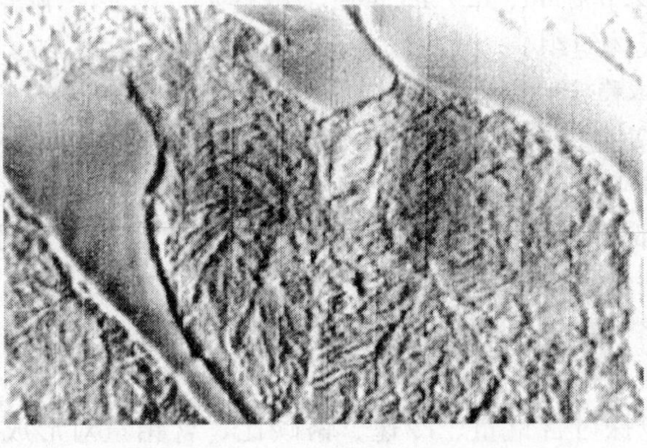

图 4-29 亚临界处理产生的羽状组织（SEM）

高碳低铬的高铬铸铁中存在的奥氏体，无论是由凝固后过冷直接保留下来的奥氏体，或是淬火后伴随马氏体存在的残余奥氏体，都会在亚临界温度回火过程中产生上述组织变化。虽然两者的点阵结构、晶体本质相同，但是存在的物理状态却有些不同，淬火后的奥氏体在马氏体转变过程中可能因相变应力的作用发生塑性变形，点阵呈现较大的弹性畸变，也可能在淬火过程中已经发生了热稳定化现象。凝固后直接过冷到室温的奥氏体未受到马氏体相变的影响，点阵畸变相对较小。物理状态不同使它们在相变动力学方面有些差异。虽然它们的等温分解曲线非常相似，分解产物也是相同的，但是两者的等温转变孕育期还是有些差异。

4.7.2 奥氏体组织亚临界回火后的变化

作者从 $w(Cr) = 19.5\%$、$w(C) = 2.61\%$、$w(Mo) = 2.36\%$、$w(Si) = 1.15\%$ 金属型铸造 ϕ100mm 高铬铸铁磨球接近心部取样观察其基体组织含有超过 90% 奥氏体，并存在少量马氏体。铸件硬度 HV_{50}585。将铸态试样加热到 205℃、300℃、450℃、500℃、550℃，

并分别保温4h后在空气中冷却。各试样硬度变化如图4-30所示[9]。

由图可见，400℃以下温度回火后，试样硬度变化并不明显。回火温度由400℃升高到500℃过程中，硬度急剧升高。500℃回火后，硬度达到峰值，由铸态时的HV_{50} 510提高到HV_{50} 820，回火温度超过500℃，硬度又急剧下降。

硬度的提高显示碳化物对α-Fe析出强化的效果。回火加热温度在500℃以前，随温度提高，α-Fe中的碳化物量逐渐增加，导致硬度处于逐渐上升趋势。超过500℃以后，碳化物尺寸长大，碳化物与α-Fe逐渐形成共析组织，析出强化效果显著减弱，导致基体组织硬度下降。

Basak等人对一组经过淬火的奥氏体高铬铸铁进行了亚临界回火试验。试样含铬11%，含锰0.51%~3.0%。在1100℃保温2h后淬入油中。基体组织全部为奥氏体。试样分别在200℃、300℃、400℃、500℃、600℃、700℃回火，保温时间均为1h。回火温度对试样显微硬度的影响示于图4-31[10]。

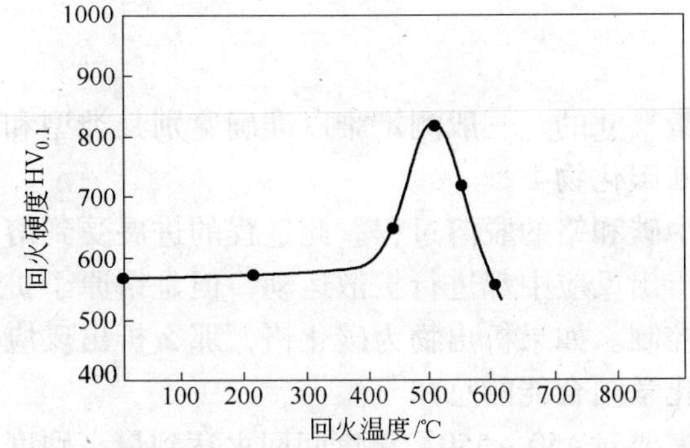

图4-30 不同温度回火后试样硬度

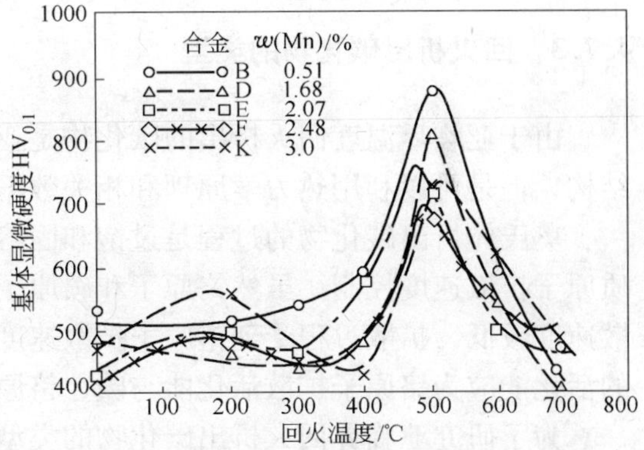

图4-31 回火温度对试样显微硬度的影响

最高显微硬度发生在500℃回火的基体组织中。检查其宏观硬度，也有类似趋势。另外看到，锰量增加提高了回火抗力，最高回火硬度随含锰量增加而降低。

亚临界回火时间对组织的影响类似回火温度。因此回火时间对基体组织的硬度也有类似影响。回火时间与基体硬度之间关系也存在临界值，如图4-32所示。超过临界回

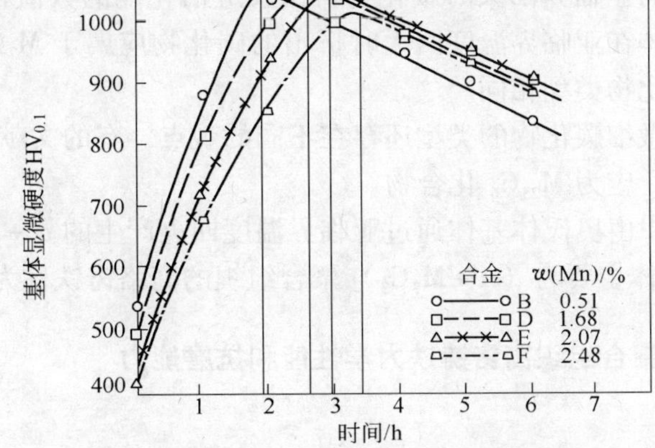

图4-32 500℃回火时间对基体显微硬度的影响

火时间后，组织硬度不断下降[10]。

对已经达到峰值硬度的 $w(C)=2.30\%$、$w(Cr)=11.3\%$、$w(Mn)=1.68\%$ 高铬铸铁基体组织进行 X 射线衍射检测，发现仍有一些尚未转变的奥氏体。在另外一些试样也发现同样的现象，说明聚合组织中可能普遍存在少量未转变的奥氏体。由于马氏体开始转变温度随保温时间增长而提高，未转变的奥氏体可能在保温或降温过程中发生马氏体转变，最终似出现奥氏体（或马氏体）与亚临界处理产生的羽状组织共存的基体组织。

这种基体组织的形成，除与回火温度和回火时间有关外，还受铸件化学成分的影响。例如，碳、铬含量较低的组织中，析出碳化物需要更长的回火时间。促进未转变的奥氏体在冷却过程中转变为马氏体，或在材料塑性变形过程中（例如硬度计压头作用下产生的变形）产生形变诱发马氏体。硅有加速奥氏体中碳化物的聚积作用，$w(Si)=1.1\%$ 的试样经过475℃回火处理后即可获得 HV 728 硬度，而 $w(Si)=0.5\%$ 试样达到峰值硬度 HV 688 的回火温度为525℃。

4.7.3 回火析出碳化物的类型

由于亚临界温度回火析出的碳化物是亚显微尺寸的，一般测定难以准确鉴别其类型和结构，但是可以利用热力学原理和相关数据判断碳化物类型。

奥氏体析出碳化物的过程是过饱和固溶体中碳和铬的脱溶过程。此过程的进展受到溶质原子扩散速度控制。虽然铬原子和碳原子在析出反应中都进行扩散运动，但是铬原子扩散速度较低，扩散过程受到铬原子扩散速度所控制。如果析出物为碳化铬，那么析出反应的活化能应为铬原子扩散活化能与碳、铬原子化学结合能的总和[9]。

为了研究亚临界回火析出碳化物的类型，需要对450～550℃温度间回火达到最高硬度所需时间 t_m(min)进行测试，根据此回火时间来计算析出反应的活化能。

研究者测定了几组 $w(Cr)=10.9\%\sim11.8\%$、$w(C)=2.28\%\sim2.43\%$、$w(Mn)=0.51\%\sim2.07\%$ 高铬铸铁试样。并通过计算，求得亚临界回火时碳化物析出反应的活化能约为50.06cal/mol（3个试样平均值，1cal=4.1868J）。

M_7C_3 碳化物化学结合能的实验数值是13kcal/mol[9]。铬在奥氏体中的扩散活化能值为40.6kcal/mol。根据以上数据，M_7C_3 型碳化物析出反应的活化能约为53.6kcal/mol，此数值与上述计算得到的亚临界回火时碳化物析出反应活化能的数值相当符合。据此判断，高铬铸铁中富铬奥氏体在亚临界温度回火时析出的碳化物应属于 M_7C_3 型碳化物，与高铬合金钢回火析出的碳化物类型相同。

学术界对于这种微细碳化物的类型还存在不同的观点。有的文献认为析出的碳化物铬含量和铬碳比都很高，应为 $M_{23}C_6$ 化合物。

本书将高铬铸铁中由奥氏体基体通过亚临界温度回火产生的 $\alpha+M_7C_3$ 组织称为（$\alpha+M_7C_3$）聚合组织。基体主要为（$\alpha+M_7C_3$）聚合组织的高铬铸铁称为聚合组织高铬铸铁。

4.7.4 （$\alpha+M_7C_3$）聚合组织高铬铸铁力学性能和抗磨能力

A 力学性能

用模拟150mm厚铸件冷却速度冷却的 $w(C)=2.60\%$、$w(Cr)=19.80\%$、$w(Si)=$

1.13%、w(Mo) = 2.50%铸态聚合组织高铬铸铁试样和经过低温回火、亚临界温度回火试样进行力学性能测试，得到表4-5所示结果。

表4-5 铸态和亚临界处理态试样力学性能

热处理	硬度/MPa	抗压强度/MPa	断裂韧性		冲击-弯曲拉伸强度/MPa
			K_{Ic}/MPa·$\sqrt{m}$	K_{Id}/MPa·$\sqrt{m}$	
铸态	640	2670	27.1	21.7	590
250℃×4h低温回火	621	2650	26.5	21.1	690
475℃×5h+205℃×4h亚临界回火+低温回火	701	2670	26.8	19.1	620

由表4-5中数据可以看到，与铸态相比，亚临界处理显著提高了试样硬度冲击-弯曲拉伸强度，但是静态断裂韧性和动态断裂韧性没有显著变化。

B 抗磨能力

采用拓榴子石为磨料对经过低温回火、亚临界温度回火的聚合组织高铬铸铁试样进行了高应力销盘磨损试验，并和奥氏体高锰钢以及马氏体高铬铸铁试样进行对比，结果如表4-6所示。聚合组织高铬铸铁试样的磨损失重远低于奥氏体高锰钢，抗磨能力优于奥氏体高铬铸铁，但比马氏体高铬铸铁稍差。

表4-6 几种材料试样销盘磨损失重

试样材料	标称成分(质量分数)/%	热处理	试样硬度 HV_{30}	磨损失重/mg
奥氏体高锰钢	12Mn-1Mo-1C	75mm断面，水韧	190~221	69~77
奥氏体高铬铸铁	2.9C-17.5Cr-1.5Mo	50mm断面，205℃回火	470~530	16~23
聚合组织高铬铸铁	2.6C-20Cr-2.5Mo	50mm断面，475~525℃亚临界回火	665~718	16~17
马氏体高铬铸铁	2.9C-17.5Cr-1.5Mo	50~150mm断面，955℃空冷，205℃回火	625~786	13~18

总的看来，($\alpha + M_7C_3$)聚合组织高铬铸铁的抗磨能力和抗断裂能力有良好的匹配。其峰值硬度略低于回火马氏体。其综合力学性能与抗磨能力与回火马氏体相当。抗冲击疲劳能力优于马氏体高铬铸铁。适合制造承受较高冲击载荷的抗磨件。我国某些大型水泥厂在国内率先使用了聚合组织基体的高铬铸铁研磨体，历经十余年，证实这种高铬铸铁既有优良抗磨能力，也有很高抗冲击疲劳能力。

4.8 高铬铸铁件化学成分选择

高铬铸铁件化学成分应根据铸件特定使用性能、力学性能、物理化学性能、铸件结构、尺寸、厚度、工况、经济性要求，选择合适的化学成分。

如果铸件图纸已经给出铸件材料牌号或材料成分，就应该按照图纸规定确定成分。生产者自定铸件化学成分时，可参照我国国家标准《抗磨白口铸铁的牌号及其化学成分》（GB/T 8263—1999）。该标准包含9个涉及铬白口铸铁的牌号。附录1列出我国国家标准中抗磨白口铸铁牌号及其化学成分。其中前三个牌号的成分分别接近美国ASTM 532M—1993标准中牌号为Ni-Cr-LC、Ni-Cr-HC、Ni-Cr-GB镍硬铸铁（镍铬合金铸铁）的成分。KmTBCr2属于低铬铸铁，KmTBCr8属于中铬硅铸铁，其他4个牌号属于含铬量12%～26%的高铬耐磨铸铁。

标准列入了4种牌号高铬铸铁及其化学成分和硬度（见表4-6）。依含铬量排序为：KmTBCr12、KmTBCr15Mo、KmTBCr20Mo、KTBCr26。各牌号基准含铬量分别为12%、15%、20%、26%。制造者根据铸件耐磨工作情况自行确定铸件化学成分时，建议按照以下步骤进行选择。

对抗磨件来说，抗磨损能力和抗冲击能力是一对突出的矛盾。正确合理选择碳化物含量是解决这对矛盾的重要措施。这是因为碳化物含量对高铬铸铁耐磨性能和韧性分别有着重要影响。因此选择高铬铸铁件化学成分的第一步应该是根据铸件承受负载情况初步确定铸件组织中应有的碳化物含量。这是一件受到多因素影响的工作，为了处理好这项工作，除了掌握必要知识、参考国家标准等有关文献资料外，有时还需要进行一些试验工作。在这方面，运用相关的生产经验也是非常重要的。

对于主要承受细碎物料冲刷的抗磨件（如输送煤粉管道内衬），选用32%～35%碳化物（体积分数）比较合适，这个含量相当于共晶高铬铸铁的碳化物量；承受中等尺寸物料冲刷和较小冲击力的铸件（如球磨机衬板）可采用含25%～30%碳化物（体积分数）的碳、铬成分；承受较大冲击载荷的耐磨铸件（例如锤式破碎机冲击块）宜选用能产生12%～22%碳化物（体积分数）的化学成分。

碳化物量（体积分数）基本确定之后，首先在前述的三个范围（12%～15%、18%～22%、25%～30%）内选择铬含量，然后再确定铬碳比。铬碳比决定铸件的含碳量。一般高铬耐磨铸铁件的铬碳比在3.5～10范围内。含铬量12%～15%的铸件一般可选较低的铬碳比，例如4.5～6.5；含铬18%～22%的可选7～9；含铬25%～30%的可选9～10。当然这些并不是固定的对应数据，还需要根据工况来决定。

$w(\mathrm{Cr})=25\%\sim30\%$的高铬铸铁可选用共晶成分，同时保持较高的铬碳比。例如$w(\mathrm{C})=3.5\%$、$w(\mathrm{Cr})=28\%$、$w(\mathrm{Mo})=3\%$的高铬铸铁碳化物量很高，而且有较好的淬透性，热处理后能获得共晶碳化物＋马氏体＋二次碳化物＋少量残余奥氏基体，硬度可达到HRC 62～64，具有很好的抗磨能力。

要求抗磨能力特别强，而且承受较强冲击载荷的铸件，可采用高铬碳比，如大型球磨机衬板、大型反击式破碎机反击板等铸件选用$w(\mathrm{Cr})=28\%$、$w(\mathrm{C})=2.8\%$高铬铸铁可获得很好的使用效果。但是也要注意，如果含碳量再降低（提高铬碳比），可能出现硬度较低的$M_{23}C_6$型碳化物。

为了提高铬碳比低的铸件淬透性，需要添加较多提高淬透性元素（例如钼、镍和铜）。含钼量较高并经过充分脱稳处理，铸件也能获得良好的淬透性。铬、钼、铜分别为20%、2%、1%的高铬铸铁是常被选用的品种。含碳量超过3%的15Cr-3Mo高铬铸铁具有优良的抗磨性能，也能抵抗一定的冲击负载，在一些国家广泛应用，就是这方面的实例。

除了那些韧性要求低的、允许含有先共晶碳化物作为抗磨骨架的铸件外，一般高铬铸铁件大多数都是亚共晶成分的，成分点位于图 4-33 左边的阴影范围内。

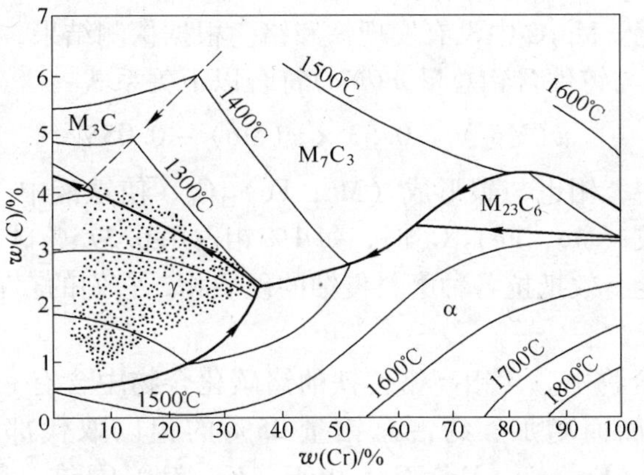

图 4-33 碳铬含量应处于液相面投影图左边的阴影范围

4.9 高铬铸铁的合金元素

碳、铬两元素是决定高铬铸铁组织、性能的主要元素。但是单纯依靠碳和铬两个元素还不能使高铬铸铁完全达到对高质量抗磨铸件的性能要求。20 世纪 60 年代以来，铸造工作者从多方面研究了铸铁中其他常存元素和一些合金元素对高铬铸铁组织、性能的作用。并经过多年的生产实践，已经确认了其中几种合金元素的有效性。一些国家并将这些元素列入抗磨铸铁国家标准或行业标准的成分表中。

本节介绍当前高铬铸铁中常用的几种合金元素，包括钼、硅、锰、铜、镍、钒、铌。

4.9.1 钼

在高铬铸铁中加钼可提高 γ-Fe 向 α-Fe 转变时 α-Fe 的形核功，降低转变时晶格重组速度，使转变孕育期加长，降低奥氏体临界冷却速率，使基体组织的淬透性提高。在这方面，钼是很有效的合金元素。

在碳量相同的情况下，增加合金元素（钴和铝除外）一般都会降低 M_s。但是，高铬铸铁加钼能够有效地提高 M_s 温度，减少室温组织中的残余奥氏体量。这是因为固溶于 γ-Fe中的钼能显著降低 γ-Fe 含碳量，碳含量降低对 M_s 的影响远大于钼降低 M_s 的影响，因而钼能有效地提高 M_s 温度，因此认为钼是有效提高高铬铸铁硬化性元素。冷却缓慢的厚壁高铬耐磨铸铁件，加入钼 1% ~2%，就能使淬火后产生足够的马氏体组织，获得较高淬火硬度。因此钼几乎成了高铬铸铁耐磨件不可缺少的合金元素。很多文献把高铬铸铁称为高铬钼铸铁。

钼在高铬铸铁中，主要以三种方式存在：

（1）与碳结合形成钼碳化合物（如 Mo_2C）。加入高铬铸铁的钼约有 50% 消耗于直接与碳化合形成的以 Mo_2C 为主的碳化物。钼的碳化物有多种结构。主要的碳化物有 MoC（六方晶格，HV2250）、Mo_2C（六方晶格，HV 1800 ~ 2200）、$Mo_{23}C_6$（六方晶格，HV

1600~1800)、Mo_6C(立方晶格，HV 1600~2300)。

Mo_2C 是含钼高铬铸铁中主要的碳钼化合物。这种碳化物的硬度高于 Cr_7C_3。Mo_2C 呈细小点状，多以 $\alpha + Mo_2C$ 共晶形态存在。电子探针探测显示 Mo_2C 中碳、钼质量分数很接近两元素的理论化合比。Mo_2C 中没有发现铁和铬。根据探测结果，高铬铸铁中 Mo_2C 碳化物占用的钼量 $w(Mo_h)$ 与铸件含钼总量 $w(Mo)$ 符合以下关系式：

$$w(Mo_h) = 0.53 \times w(Mo) - 0.05\% \tag{4-8}$$

在含铬高的铁水中，钼也与碳形成 $(Mo, Fe)_{23}C_6$，使铁液中一部分碳原子固定在化合物中。据计算，形成 $(Mo, Fe)_{23}C_6$ 时，每1%钼占用0.375%碳。

钼的碳化物都是能有效抵抗各种磨料侵蚀的硬质相，它们的存在对提高高铬铸铁耐磨性有利。

(2) 溶入铬碳化合物中。含钼高铬铸铁的铬碳化合物中含有一些钼元素。M_7C_3 含钼量随合金总钼量的增加而增加。约占总钼量25%的钼以取代部分铬原子的方式溶入 $(Fe, Cr)_7C_3$，而形成 $(Fe, Cr, Mo)_7C_3$。由于 $(Fe, Cr)_7C_3$ 在一般高铬铸铁中的质量分数超过25%，碳化物中钼含量可能超过1%。

溶入碳化物中的钼使 $(Fe, Cr)_7C_3$ 的硬度和强度都得到改善，相应改善了材料抗磨性能。

(3) 固溶于奥氏体及其转变产物。钼以置换铬原子方式固溶于奥氏体及其转变产物。高铬铸铁凝固过程中，钼在基体与碳化物中的分配比例与铸件含碳量、铬碳比、总含钼量有关。含铬量和铬碳比较高时，钼的凝固分配系数较低，溶入基体的钼量较多。然而影响奥氏体溶入钼量 $w(Mo_m)$ 的主要因素是高铬铸铁总含钼量 $w(Mo)$，两者大致符合以下关系：

$$w(Mo_m) = 0.23 \times w(Mo) - 0.029\% \tag{4-9}$$

上式表明，加入高铬铸铁中的钼只有1/4~1/5溶入基体。但是这少量的钼对高铬铸铁性能产生最显著的作用。那就是强烈推迟奥氏体的珠光体转变，使高铬铸铁连续冷却转变曲线向右推移，有效地提高基体金属的淬透性。这与在钢件中加钼提高淬透性的作用类似，只是因为高铬铸铁含碳量高，加入的钼大部分消耗于碳化物，因而提高淬透性所需的加钼量，显然比钢件高了很多。

在高铬铸铁的背散射电子像中，除了在碳、钼化合物区域可见钼的偏聚外，其他区域钼的分布基本上是均匀的。

$w(Cr)=15\%\sim20\%$、$w(C)=2.8\%$ 的高铬铸铁铸态基体组织以珠光体为主，铸件硬度低，耐磨性差。若对其再加热进行淬火，基体成为以奥氏体为主的组织，硬度与耐磨性仍不能满足要求。但是根据铸件厚度和铬碳比加入1%~2% Mo，淬火后基体含有大量马氏体。如果铬碳比较高，加入大于2% Mo，中等厚度铸件的铸态基体中就可能含有50%以上马氏体。

图4-34显示钼对下列成分：$w(C)=2.9\%$、$w(Cr)=17.5\%$、$w(Mn)=0.75\%$、$w(Si)=0.6\%$ 的高铬铸铁珠光体转变半冷却时间和贝氏体转变半冷却时间的影响[1]。就珠

[1] 半冷却时间是指从淬火温度冷却到中点温度所需的时间。设 TM 为中点温度，TA 为淬火温度。则 $TM = [(TA-25)/2]+25 = (TA+25)/2$。

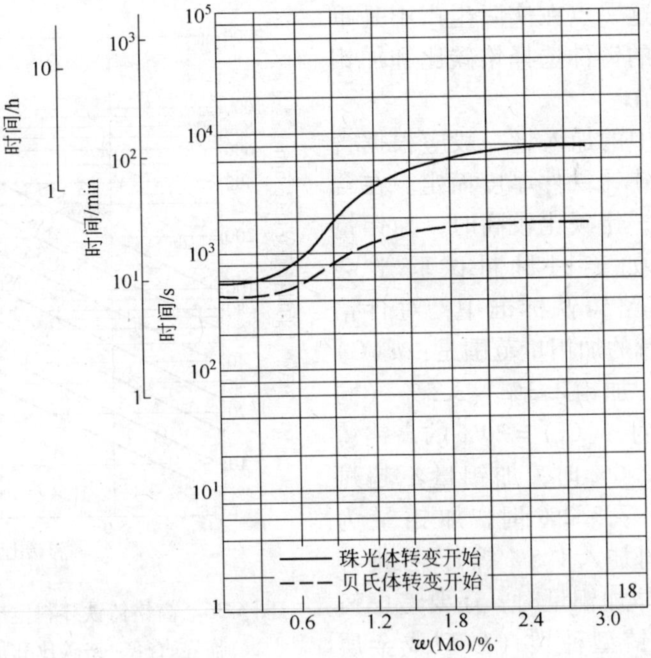

图 4-34 钼对珠光体转变半冷却时间和贝氏体转变半冷却时间的影响

光体转变而言，不加钼与加钼 2.4% 的高铬铸铁相比较，避免珠光体转变的半冷却时间由 10min 提高到 133min，可见钼对推迟珠光体转变的作用是多么强烈。

钼对经过脱稳处理的高铬铸铁奥氏体转变动力学的影响显示于图 4-35。该图表明钼及铜、镍等合金元素对经过 955℃ ×1h 奥氏体化的 $w(\mathrm{Cr})=12\%$ 高铬铸铁奥氏体等温转变动力学的影响[2]。可以看出，不附加镍、铜等辅助合金元素时，不加钼试样的珠光体转变 10% 的孕育期约 20s，加钼 2.1% 后，孕育期增加到 200s，加入 0.6% Ni、1.0% Cu 和 2% Mo 时，$w(\mathrm{C})=2.6\%$、$w(\mathrm{Cr})=13.5\%$ 铸铁珠光体转变 10% 的孕育期增加到 2000s。

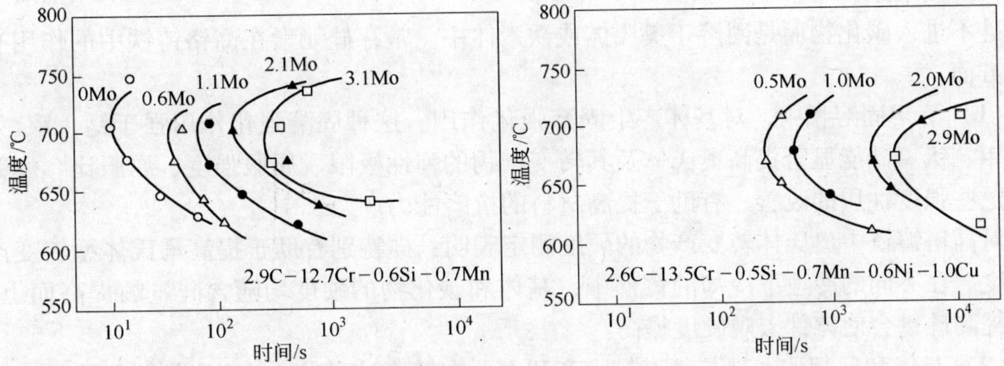

图 4-35 钼对经过脱稳处理的奥氏体转变动力学的影响

图 4-36 显示高铬铸铁棒料空冷获得马氏体基体的临界直径、铬碳比与加钼量的关系。由上述关系式可见，在铬碳比相同的情况下，增加含钼量可使空冷获得马氏体的高铬铸铁

件临界直径增加。这一点在实际生产中是重要的，特别对厚大的铸件选择铬碳比和加钼量时有实际参考价值。

钼在高铬铸铁中的加入量一般应根据含铬量、铬碳比和高铬铸铁件厚度而定。在含铬量相同的情况下，铬碳比较高时，加钼量可相应减少。例如美国材料试验学会（ASTM）提出的高铬铸铁标准中，对含铬15%的高铬铸铁推荐的加钼量范围是：w(C)=2.4%～2.8%时，加钼2.3%～3.5%（同时加入0.5%Ni）；对w(Cr)=20%的高铬铸铁，含碳2.0%～2.6%时，加钼量不超过1.5%；含碳2.6%～3.2%时，加钼量为1.0%～2.0%（同时加入1.5%镍）。在推荐成分范围内选择具体加钼量时，还要考虑铸件含碳量、厚度、铸型种类（砂型或金属型）以及其他合金元素（镍、铜）含量。如果含碳量高、铸件较厚、铸件冷却较慢，应加入较多钼。

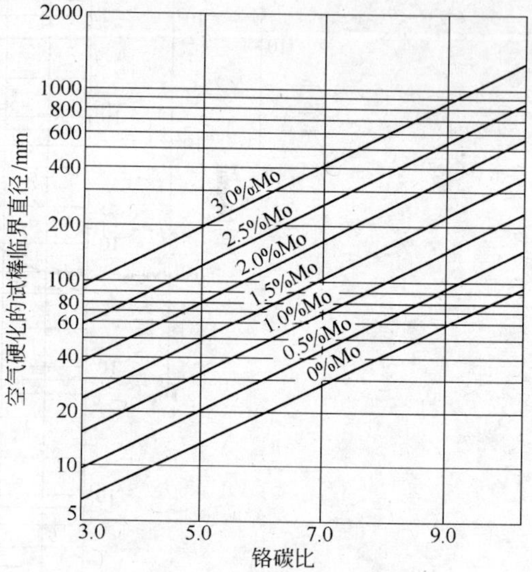

图4-36 高铬铸铁棒料空冷获得马氏体的临界直径、铬碳比和加钼量关系

4.9.2 硅

高铬铸铁中的硅既是常存元素，也可视为合金元素。

硅一般是由炉料（主要是铬铁和生铁）带入。碳素铬铁中普遍含有硅。我国所产低碳铬铁含硅量1.5%～2.0%，高碳铬铁含硅量上限为3.0%。生铁含硅量1%～3%。用这些炉料配制高铬铸铁时，至少给铁水带进0.3%～0.5%Si。

一般认为，高铬铸铁中硅的常存成分为0.4%～0.8%。高于0.8%，属于能产生特定作用的合金元素。

硅不进入碳化物而是固溶于奥氏体或铁素体中。常存硅元素在高铬铸铁中的作用有以下两方面：

（1）溶于固溶相中，对基体产生固溶强化作用。这种固溶强化作用强于锰、镍、铬、钨、钼、钒。硅能显著提高奥氏体及其转变产物的弹性极限、屈服强度、屈服比、疲劳强度。这些强度性质的改善，有助于提高材料的抗磨能力。

对高铬铸铁中奥氏体转变产物的硬度测定表明：硅特别有助于提高马氏体型转变产物的硬度。在不同的冷速下冷却的铸件中，基体和碳化物的硬度均随含硅量的提高而上升。因而提高硅量会使铸件宏观硬度提高。

（2）与铬和锰相比，硅与氧有较大亲和力。在熔炼过程中，硅有良好脱氧能力，能防止铁水氧化。特别是它保护铁水中含量很高的铬元素，避免铬过量氧化烧损。这是一项很重要的功能。铁水含硅量过低，例如小于0.3%，铁水的氧化程度明显提高，元素烧损量上升，并导致铸件产生氧化性气孔和夹杂物。铁水流动性也会降低。

作为合金元素存在的硅，在高铬铸铁中含量范围一般为0.8%～2.5%。此时硅产生的作用有：

（1）固溶于 γ-Fe 中的硅，能减少铬和碳在 γ-Fe 中的溶解度。亚共晶高铬铸铁中的碳化物含铬量将会增加。近些年的研究发现，硅使（Fe，Cr)$_3$C 碳化物形成温度显著下降，抑制了这种碳化物的生成。另外，还发现一些具有($M_3C + M_7C_3$) + γ 混合型碳化物共晶的高铬铸铁。混合型碳化物具有双层结构，外层碳化物为 M_3C 型。在硅含量高达 2% 左右时，M_3C 型碳化物通过包共析反应转变为 M_7C_3 型碳化物，导致碳化物的硬度和抗磨能力提高，例如，w(C) = 3%、w(Cr) = 15% 亚共晶高铬铸铁含硅量由 0.75% 增加到 2.86% 时，铸件铸态硬度由 HRC 42.9 提高到 HRC 47.1。

（2）硅降低富铬奥氏体临界冷却速率，有助于提高高铬铸铁淬透性。

（3）硅提高高铬铸铁的 M_s 点。就改变 M_s 的效果而言，硅的能力约为钼的一倍，因而有助于增加马氏体转变量，减少铸态或淬火后的高铬铸铁中残余奥氏体量。

（4）硅缩小高铬铸铁共晶反应的温度范围，使共晶碳化物变得较为细小，分布变得较为弥散。

过去一般高铬铸铁件标准规定，铸件含硅量多为 0.5% ~0.8%。认识了硅的这些有益作用后，高铬铸铁允许含硅量都有所增加。特别是中铬硅铸铁和镍铬白口铸铁允许含硅量范围已经提高到 2% 左右。

4.9.3 锰

锰是高铬铸铁中的常存元素。高铬铸铁中的锰既进入碳化物，也溶入奥氏体。电子探针探查（图 4-37）和 15% Cr 高铬铸铁的背散射电子像都显示锰在整个组织中分布是比较均匀的。碳化物中未见到明显锰元素富集，这是因为铬比锰更易于形成稳定的碳化物，限制了锰固溶于碳化物或直接形成锰碳化合物。

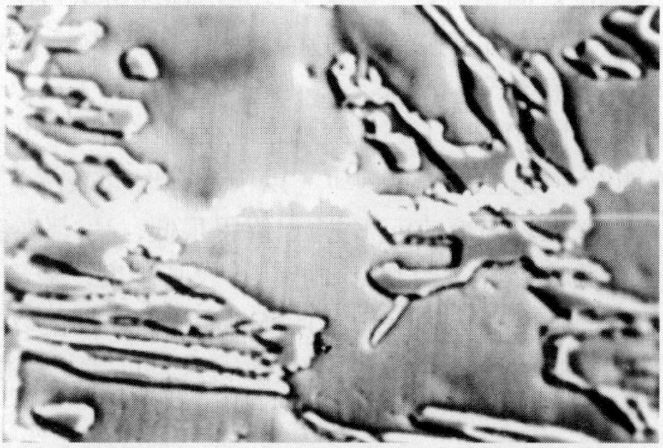

图 4-37 锰白口铸铁的电子探针扫描图像

锰对高铬铸铁中铬碳化合物的数量、结构没有显著影响。碳化物中固溶少量锰后，硬度稍有提高。锰在一定程度上影响碳化物晶态。含锰较高的高铬铸铁组织中，可以看到许多层片状的碳化物。经 X 衍射分析，这些碳化物是溶有少量锰的（Fe，Cr)$_7$C$_3$ 碳化物。

溶入奥氏体的锰，主要有下面几个作用：

（1）扩大基体内的γ-Fe相区、推迟珠光体转变孕育期，提高高铬铸铁的淬透性。但是没有钼和镍的作用强烈。

（2）在高铬铸铁凝固过程中，锰改变初生奥氏体析出温度和凝固温度范围。$w(Cr)=15\%$、$w(C)=3\%$高铬铸铁的初生相析出温度及共晶析出温度，随含锰量提高而下降的情况示于图4-38。合金凝固温度范围的变化如表4-7所示。

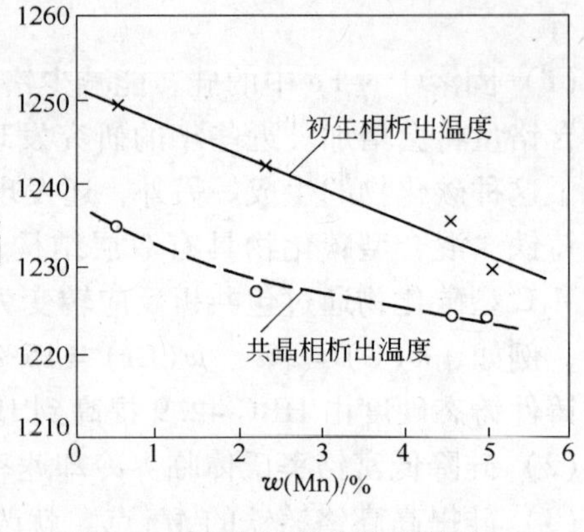

图4-38 初生相及共晶相析出温度随含锰量提高而下降

表4-7 合金凝固温度范围的变化

含锰量/%	合金凝固温度范围/℃	含锰量/%	合金凝固温度范围/℃
0.5	15	4.50	9
2.23	14	5.0	5

由于锰对凝固过程的这些影响，含锰较高的先共晶奥氏体量增加，枝晶细化，相应地减小了共晶组织的尺寸。

（3）锰促进贝氏体转变。调整高铬铸铁的铬碳比、硅锰比（提高硅含量）、控制合适的加锰量，并通过热处理（铸件奥氏体化后空冷）可以制造出具有奥氏体-贝氏体组织的高铬铸铁。这种高铬铸铁的综合力学性能和抗磨能力都是很好的。

（4）降低A_{c_3}和M_s温度。高铬铸铁中的锰有稳定奥氏体组织的作用。当高铬铸铁中锰达到较高浓度时，其奥氏体基体可直接保留到室温以下。生产马氏体高铬铸铁时，铸件淬火后组织中可能出现较多残留奥氏体。

图4-39表示含锰量分别为0.8%、1.5%、3.1%的$w(C)=2.9\%$、$w(Cr)=17.5\%$、$w(Mo)=1.5\%$高铬铸铁以不同速率进行冷却（以半冷却时间表示）时，M_s和硬度的变化[7]。含锰较高的两个合金在较高冷速下M_s点已降得很低，M_z都在室温以下，室温组织中出现较多奥氏体。含锰低的合金，冷速高则能获得较高硬度，但冷速降到一定程度后，由于出现共析反应，组织的硬度下降。但是3.1%Mn高铬铸铁即使以较低速度冷却，也能保持奥氏体组织。半冷却时间超过100s后硬度有所上升，可能与缓慢冷却过程中析出亚显微碳化物有关。

综上所述，高铬铸铁中含有适量锰元素，对于提高铸件强韧性，改善淬硬性和耐磨性都是有益的。根据许多生产非奥氏体高铬铸铁件的工厂经验，合理加锰量与铬碳比和铸件厚度有关。铬碳比低于6的高铬铸铁件含锰量选在0.3%~0.7%即可，过多锰量会导致淬火后残留较多奥氏体。铬碳比为7~10时，含锰量可增加到0.8%~1.2%。薄壁铸件冷速较高，应在上述含锰量范围内偏下限选取加锰量，以防M_s过度降低。厚壁铸件则相反，适当增加锰有利于改善铸件耐磨性。制造奥氏体高铬铸铁件时，加锰量则应该增加到

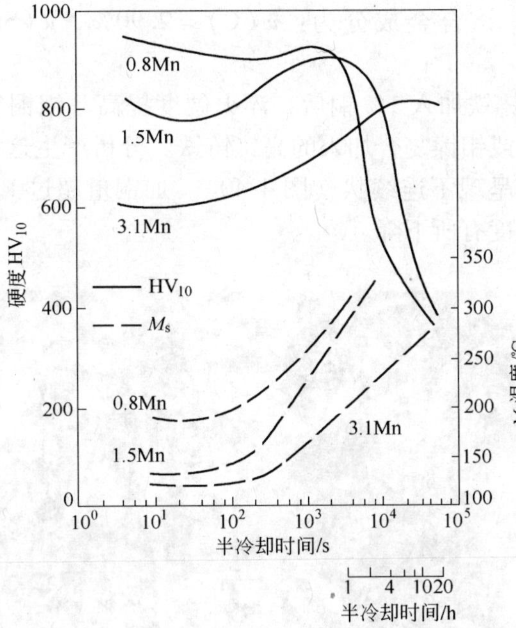

图 4-39 三种含锰量的试样以不同速率冷却时，M_s 和硬度的变化

4.5%～5.5%。

含铬、锰较高的奥氏体组织，具有较好的韧性、塑性和加工硬化性质，铸件抗磨能力显著提高。曾在大型球磨机的衬板、颚式破碎机颚板等零件上采用奥氏体高铬铸铁进行工业性试验，取得很好的使用效果。为了保持材料力学性能不致显著下降，奥氏体高铬铸铁含锰量一般不宜超过6%。

4.9.4 铜

铜在高铬铸铁中不直接进入碳化物而在一定溶解度范围内固溶于奥氏体。溶入铁中的铜可能随铁少量进入碳化物。铜在铁中的溶解度随温度下降而急剧减少。1044℃铜的极限溶解度为7.5%～8.0%，温度下降到850℃时，溶解度下降为2.13%，700℃时则为0.52%。由于铜在奥氏体中和在铁素体中的溶解度相差悬殊，当冷速较高时，铁素体中的铜将处于过饱和状态，铜原子阻碍奥氏体中铁、碳原子移位，这将导致奥氏体转变孕育期延长。铁素体中的铜含量超过其极限溶解度越多，它对奥氏体转变临界冷却速度的影响越显著。这说明铜具有提高高铬铸铁淬透性的能力。但在高铬铸铁中单独加铜，并不能显著提高材料的淬透性。有些试验也证明，铜对高铬铸铁C曲线形状和 M_s 点几乎没有什么显著影响。

铜有提高高铬铸铁淬透性的作用。铜和钼复合加入高铬铸铁对推迟奥氏体转变孕育期、提高材料的淬透性的效果，比单独加钼或单独加铜更好。美国Climax钼公司的研究人员曾对此进行的一项研究表明，下列成分的高铬铸铁，不含铜时全部发生马氏体转变的半冷却时间约为8min，避免珠光体转变的半冷却时间为12min。在此合金中加入约1%和2%铜后，全部发生马氏体转变的半冷却时间分别延长到45min及75min，避免珠光体转变的半冷却时间分别增加到90min和140min。因此，有人认为铜是钼提高高铬铸铁淬透性的辅助合金元素。该合金成分为：$w(C)=2.90\%$，$w(Si)=0.60\%$，$w(Cr)=17.5\%$，$w(Mo)=0.5\%$。

$w(Cr)=15\%$的高铬铸铁加入1%铜后，淬火硬度提高。钼铜复合加入高铬铸铁，冷却后的试样硬度高于钼锰或钼镍复合加入的高铬铸铁。分析产生这种现象的原因是铜有助于碳化物的细化，并使之呈现不连续状（图4-40）。加铜量超过1.2%后，显微组织不再发生明显变化，但铸态硬度有所下降。

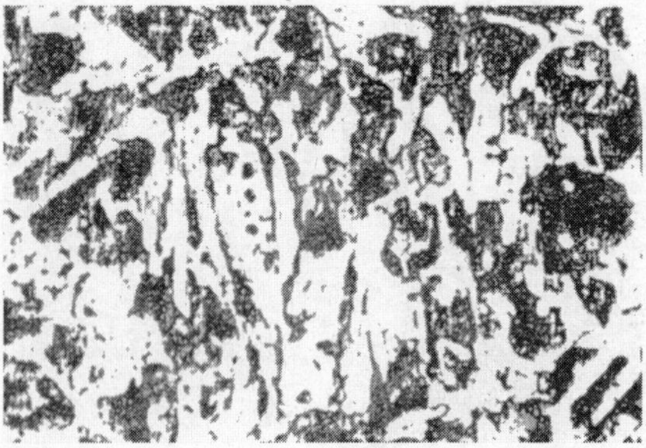

a

b

图4-40　铜细化碳化物

a—不含铜；b—含铜1%

含铜量合适时，可以通过时效处理提高高铬铸铁件硬度。上述材料含铜1.0%时，在600℃保温6h后，铸态试样宏观硬度由HV 618提高到HV 639。表现出铜产生析出强化作用的效果。但是含铜2%的试样，600℃保温6h后，硬度反而下降，这说明析出的铜已聚集成较大颗粒，不但已经逐渐失去强化作用，而且由于软质相的存在，反倒降低了基体硬度。

科研和生产实践都证实：不论高铬铸铁中碳含量和铬碳比高低，铜的适宜加入量为0.80%～1.20%。如果铸件同时含有镍，则镍+铜总量不应超过1.5%。铜加入量超过1.2%，不但浪费资源，还对铸件性能起相反作用。

4.9.5　镍

镍不溶于碳化物，而无限固溶于铁。镍在高铬铸铁中有以下几方面的作用：

（1）镍降低高铬铸铁奥氏体转变临界冷却速率，提高材料的淬透性。

S. E. Klein研究了铬、锰、钼、镍、铜等合金元素对Cr12高铬铸铁（经过955℃×1h脱稳处理）奥氏体等温转变动力学的影响[11]。所用试样共47组，化学成分均在下列范围内：$w(C)=2.57\%\sim3.39\%$，$w(Cr)=12.1\%\sim13.5\%$，$w(Si)=0.48\%\sim0.62\%$，$w(Mn)=0.63\%\sim3.10\%$，$w(Mo)=0\%\sim3.11\%$，$w(Ni)=0\%\sim3.02\%$，$w(Cu)=0\%\sim2.40\%$。

研究者对试验数据作了回归分析。分析结果得出下式：

$$\log(t(10\%\ 珠光体等温转变孕育期)/s) = -4.12 + 0.40w(Cr) + 0.35w(Mn) + 0.47w(Mo) + 0.82w(Ni) + 0.32w(Cu) \quad (4\text{-}10)$$

式中，t 为时间轴上 10% 珠光体转变时间。

此式表明，镍在降低避免奥氏体向珠光体转变的临界冷速方面，效果优于铬、锰、钼、铜等元素。

（2）镍促进马氏体转变，提高高铬铸铁硬化性能。镍的此种作用有显著效果。铸件含镍量达 1% 即可显示出此种效果。镍与钼同时加入高铬铸铁，降低临界冷却速率的作用比钼、铜复合时更为显著。说明这两个元素能产生有价值的相互增效作用。

下面介绍在厚壁高铬铸铁件中加镍代替钼而获得高硬度的实例。

经过试验，在 $w(C) = 2.45\%$、$w(Cr) = 19.82\%$、$w(Mo) = 2.94\%$ 厚壁高铬铸铁件中，以 $w(Ni) = 2.2\%$、$w(Mo) = 0.25\%$ 代替原加入 2.95% Mo，铸件淬透性得到明显改善。

基于上述试验结果，开发出了 3C-15Cr 高铬铸铁。此种高铬铸铁含镍 1% ~3%、含钼 0.3% ~0.5%（根据断面尺寸）。具有这种成分的 100mm × 100mm × 200mm 厚高铬铸铁件经 950℃ 奥氏体化后进行空气硬化，硬度达到 HRC 60 ~ 62，抗磨性能不低于含钼 3% 的 Cr-Mo-Cu 高铬铸铁。材料成本下降，特别是使用不锈钢下脚料时，经济效益十分显著。

3C-15Cr 高铬铸铁主要化学成分是：$w(C) = 3\%$；$w(Cr) = 15\%$；$w(Ni) = 1\% \sim 3\%$；$w(Mo) = 0.3\% \sim 0.5\%$。

（3）镍扩大奥氏体相区，有稳定奥氏体的作用。镍能使高铬铸铁 M_s 点降低（镍降低 M_s 点的作用弱于锰）。含镍量过多，甚至能使 M_s 降低到室温以下。因此有人质疑加镍是否会导致产生过量残余奥氏体。经过近些年比较深入的研究，发现加镍量超过 2% 以后，它降低 M_s 的作用显著减小。也有人质疑加镍是否会降低奥氏体中含碳量，导致马氏体硬度降低。但是从许多试验结果看，镍使碳在奥氏体中的溶解度曲线随着镍的加入而移向高碳方面，因而导致了奥氏体含碳量降低。以不超过 2.5% Ni 代替部分钼的高铬铸铁，空冷硬化后硬度不会因奥氏体量的变化而低于铬钼铜高铬铸铁。

利用镍的稳定奥氏体的作用，并采取合适的热处理工艺，可制成以贝氏体组织为主的基体。具有这种基体的高铬铸铁，铸件的抗磨性能和强韧性的匹配很好。适合制造承受一定冲击负荷的耐磨铸件。

H. S. Avery 对 $w(C) = 2.8\%$、$w(Cr) = 19\%$、$w(Mo) = 1.3\%$ 高铬铸铁进行了高应力湿磨的耐磨性试验[12]。试样取自经过 1095℃ 奥氏体化后空冷处理的 100 ~ 150mm 厚壁铸件。磨料为石英砂。含镍量对铸件抗磨能力的影响示于图 4-41。此图所示镍的作用与 Climax 公司发表的有关试验结果相似，都说明镍作为提高淬透性辅助元素在提高高铬铸铁抗磨能力方面有一个最佳值，过多地高于或低于此值抗磨能力均有所下降。这是因为低于此值时，镍和 1.3% Mo 均未能使此厚壁铸件淬透。而高于此值时，残余奥氏体量将随镍量的增加而增加。

美国抗磨铸铁标准（ASTM A532—1993）已将高铬铸铁含镍量上限修订为 $w(Ni) \leqslant 2.5\%$。英国标准（BS4844：1986）修订为 $w(Ni) \leqslant 2.0\%$。

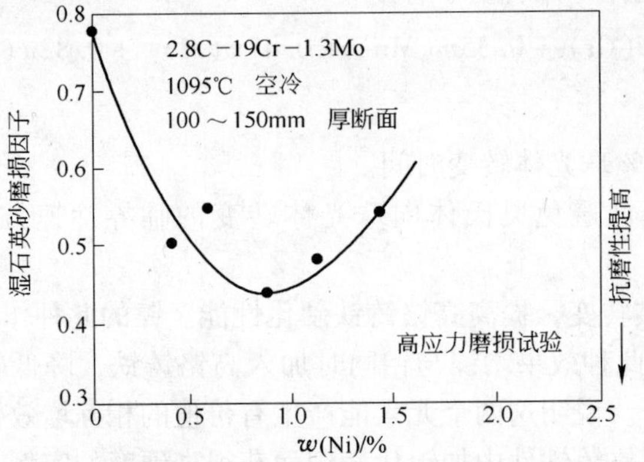

图4-41 过度合金化和合金元素不足对磨损的影响

在工艺方面，曾研究试验了加镍量与铸件热处理加热温度的关系。w(C) = 3.12%、w(Cr) = 15.52%、w(Ni) = 2.18%、w(Mo) = 1.22%、w(Cu) = 1.15% 高铬铸铁（ϕ63mm×150mm 试棒）经过850℃奥氏体化后空冷即可获得最高硬度。而不含镍试棒则需加热到950℃。并证实每加入1% Ni 可使获得最佳硬度的奥氏体化温度降低35℃。

镍是比较稀缺贵重的元素，应该注意节约使用。制造要求抗磨能力强、韧性优良的厚壁高铬铸铁件时，为了改善材料的硬化性能，可以考虑加入不超过2.5%～3% Ni 或将镍与铜、钼复合加入，以求取得更好的结果。

4.9.6 钒

近些年来，铸造工作者曾经探讨钒对高铬铸铁组织和性能的影响。一些研究指出钒在改善高铬铸铁工作性能方面的有效性和可行性。例如曾有文献报道，高铬铸铁加入2.5% V 后，铸态奥氏体大部分转变为贝氏体，共晶碳化物边缘上出现粗针状马氏体，铸态硬度显著提高。随着钒含量增加，材料硬度不断上升。当钒量达到4%～5%时组织发生明显变化，铸态基体上析出很细的二次碳化钒，奥氏体转变为细马氏体，硬度进一步上升。与砂型铸造的 w(C) = 3.0%～3.1%、w(Si) = 0.8%、w(Cr) = 15%、w(Mo) = 1% 的 ϕ30mm 试棒基体组织和硬度十分近似。有人认为加钒是制取铸态马氏体基体高铬铸铁的可行措施。并认为产生这种现象的原因似与钒和铸铁中的碳结合形成 V_4C_3，这种碳化物能在较低温度下析出有关。

钒在高铬铸铁中的其他作用与钼近似。但是在生产中实际选用钒的工厂还比较少。可能因为钒的价格较高，而且改善铸件组织、提高耐磨性所需加钒量也比较多。需要进一步探讨和比较加钒与加钼的技术效果和经济效果。

4.9.7 铌

铌与碳亲和力很强，属于碳化物形成元素。铸态高铬铸铁中的铌大部分与碳结合，存在于碳化物中。这种碳化物形成温度远高于高铬铸铁的液相线温度，铁水中的碳优先消耗于与铌结合，形成显微硬度高达 HV 2400 的碳化铌（NbC）。NbC 以多种形态弥散分布在基体中。随后在共晶反应过程中形成 NbC + γ-Fe 共晶组织。加铌高铬铸铁中 M_7C_3 相应减少。当铌含量低于0.5%时，形成的NbC有限，对材料的抗磨能力影响并不十分明显。

高铬铸铁中加入铌后共晶团组织得到细化，使共晶团尺寸减小，共晶团数量相应增加。这些都有助于抵抗磨料的冲击与切削作用，改善高铬铸铁抗磨能力。

加铌对于过共晶高铬铸铁组织的细化效果更显著。例如 $w(\mathrm{Cr})=17\%$、$w(\mathrm{C})=3.9\%$ 的高铬铸铁中，初生碳化物尺寸50μm，共晶团尺寸100μm；加铌1.4%后，初生碳化物尺寸变为20μm，共晶团尺寸变为70μm。细化程度随加铌量的增加而提高。

铌使共晶点向高碳方向移动。例如 $w(\mathrm{Cr})=16.25\%$、$w(\mathrm{C})=3.80\%$ 过共晶成分高铬铸铁加入0.17% Nb后，显微组织中充满共晶碳化物，而且碳化物量和硬度都有所提高。从这一点看，加铌优于加硼，因为加硼使共晶点左移，在含碳量相同情况下，加硼使共晶碳化物减少。

采用铌与硼对高铬铸铁进行复合变质处理，可使组织进一步细化。铸态基体金属的硬化性能得到改善。例如铸件经过脱稳处理后在空气中冷却，基体硬度由不加铌时的HV 700提高到复合变质后的HV 900左右。

亚共晶高铬铸铁件凝固时，大约只有百分之几的铌溶入初生奥氏体，其余进入碳化物。但是考虑到固溶于奥氏体中的少量铌对基体的转变行为有较明显的影响，阻止奥氏体晶粒长大，也推迟奥氏体向珠光体转变的孕育期，和钼有相似的作用，因此希望铌尽可能多地进入基体。为使铌进入基体，需要在1150～1200℃温度下进行高温固溶处理。在固溶温度下进行较长时间保温，大部分NbC分解而溶入奥氏体。然后快速冷却（根据铸件模数进行空冷或强制风冷），铌将固定在固溶体中。最后在450～480℃回火。中等厚度（50～100mm）的含铌高铬铸铁件，硬度可达到HRC 52，基体也具有强韧性良好的组织。

铌是贵重稀缺元素，只当它能充分发挥效能的情况下，才能获得较好的经济效益。高铬铸铁的加铌量一般无需超过1%。如果热处理得当，加铌量在0.5%以内已能显示铌的效能。

在高铬铸铁中加入铌，或铌与钼同时加入，确能改善材料的抗磨性能。其主要原因在于组织内增加了高硬度、弥散分布、与基体嵌合牢固的NbC；另外，碳化物硬度也因含有铌而提高；铌对提高高铬铸铁抗磨性能是十分有效的。曾有国外资料[10]宣布以下两项铌在高铬铸铁中的应用实例：

（1）在 $w(\mathrm{C})=3\%$、$w(\mathrm{Cr})=18\%$ 高铬铸铁中加铌、加钼或同时加入铌、钼，用以制造抛丸机叶片[13]。抛丸机每分钟抛射60kg ϕ1.2mm钢丝切段。图4-42显示含铌、钼（0.2% Nb + 0.5% Mo）以及不含铌、钼的叶片磨损率。此图表明，单独加入约2%以下钼或铌时，铌比钼能更有效地提高零件抗磨能力。单独加铌时，含铌约为0.8%～1.0%时磨损速率低，铌超过1%后磨损反而加快，在电子显微镜下检查了磨损面，发现在亚表层中存在大量裂纹，因而判断磨损率上升的原因可能是：铌过多地固定了奥氏体中的碳，使热处理后的基体

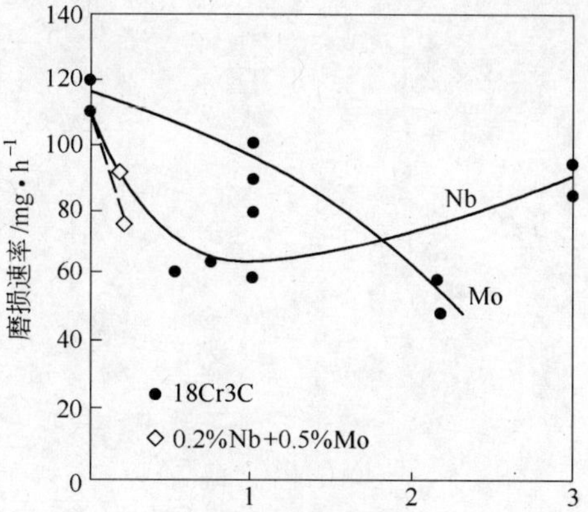

图4-42 含铌和含铌、钼的高铬铸铁抛丸机叶片磨损速率

硬度降低；同时，碳化物过多，材料产生脆性断裂的几率增加。0.2% Nb +0.5% Mo 复合加入，叶片的抗磨性能最佳。

（2）高铬铸铁泥浆泵壳体及叶轮铸件加铌改善耐磨性能是成功使用铌的另一实例。泥浆 pH =7，其中含 25%～30% 固体物料，固体颗粒尺寸 0.074～12mm，呈多角形。原用 w(C)=3.9%、w(Cr)=17%、w(Mo)=3.1% 高铬铸铁（淬火态）制造壳体，工作寿命 194h。后在合金中加入 1.4% Nb，工作条件不变，使用寿命延长到 283h，提高 47%。叶轮也用同一材料制造，未加铌工作寿命 212h，加铌 1.75% 后工作寿命延长到 355h，提高 67%。

参 考 文 献

[1] Maratray F, Usseglio-Nqanot R. Atlas of Transformation Characteristics of Cr-Mo White Cast Irons[J], 1970, London, Climax Molybdenum.

[2] Ogi K, Matsubara Y, Matsuda K. Trans. AFS[J], 1981: 197～204.

[3] Matsubara Y, Ogi K, Matsuda K. Trans. AFS[J], 1981: 183～195.

[4] Arnold B K, Sares I R. The Foundryman[J], Aut/sept. 1987: 330～335.

[5] 大城圭作．高合金白铸铁の组织制御と材料特性（来华讲课提纲）.

[6] Dupin P, Saverna J, Schissler J M. Trans. AFS[J], 1982: 711～717.

[7] Dodd J, Parks J L. AFS ICMJ, Sept. 1980-Dec. 1980: 47～54.

[8] Maratray F. Trans. AFS, 1971: 121～124.

[9] 郝石坚．高铬铸铁亚临界温度回火产生“聚合组织”的热力学分析[C]. 见：铸造合金与耐磨材料文集．北京：冶金工业出版社，2011.

[10] Basak A, Penning J, Dilewijns J. Materials Science and Technology [J], Jan. 1984, 1988, Vol. 4: 22～33.

[11] Klein S E. Effects of Alloy Additions on the Hardenability of 12.5% Chromium White Cast Irons[J]. Unpublished Climax Molybdenum Company data, June17, 1971.

[12] Avery H S. Symposium, Materials for the Mining Industry[J]. Climax Molybdenum Company, 1974.

[13] Wilson L Guesser. Foundry M&T[J], Sept, 1985: 50～51.

5 高铬耐磨铸铁的磨损与断裂

高铬耐磨铸铁含有大量高硬度合金碳化物，属于脆性材料。工作过程中，铸铁件表面时刻都与各种磨料相接触。不但遭受磨料的破坏，而且在大多数工况下，还要承受外部的冲击负荷。为能获得良好的使用寿命，铸件应该具有良好的抗磨损能力和抗冲击断裂能力。

材料的抗磨损能力和抗冲击断裂能力是两个互相制约的因素。要完全满足两方面的要求是有一定困难的，需要根据铸件所处的工况，在铸件结构、化学成分、内部组织、制造工艺、运行条件等方面互相协调，解决抗磨损和抗冲击能力之间的矛盾。

本章介绍高铬铸铁件磨损与断裂发生机制，影响铸件磨损与断裂的各种有利与不利因素以及相关的各种问题，供高铬铸铁件设计者、生产者、使用者参考。

5.1 磨料磨损

相互接触的物体在相对运动过程中，物体表面材料会因物料间摩擦产生的损伤而逐渐流失，这种现象称为磨损。就国民经济整体而言，磨损、腐蚀、断裂是机械设备最终失效的基本原因。据统计：在失效的机械零件中，有75% ~80%是属于金属磨损。供给机器的能量有30% ~50%消耗于克服摩擦阻力和弥补磨损造成的能量损失。机器零件磨损失效后，不但需要耗费人力、物力去更换零件，也使设备在更换零件期间不能生产产品，影响设备固有能力的发挥。由此可见，减少金属磨损、延长零件寿命是关系到国民经济发展的重要问题。

金属磨损是一个复杂的过程。研究磨损现象涉及比较广泛的相关学科，除了材料学和机械学以外，还涉及冶金学、表面物理学、表面化学等。在科学技术高速发展的今天，国民经济的各个部门都对机械设备的耐用性、可靠性和精度提出了更高的要求。因此，研究金属磨损现象，探讨影响磨损的各种因素，提高金属的抗磨能力，研制新型抗磨合金，早已成为材料科学技术工作者面临的重要课题。

由于零件材料性能不同，设备运行工况和环境有各种差异，产生金属磨损的工况是不相同的。根据大量的研究成果，把磨损现象划分成许多类型：黏着磨损、磨料磨损、腐蚀磨损、冲蚀磨损、接触疲劳磨损、微动磨损等。其中，磨料磨损是最常见、导致金属损耗最多的磨损形式。

物料在外力作用下，冲击、滑过或滚过工件表面，会使金属表面损伤并产生磨屑。磨屑从母体脱落导致机械零件表面金属损耗，这种现象称为磨料磨损。

在工农业生产中，磨料磨损现象几乎是随处可见。例如金属选矿厂、火力发电厂、水泥厂、耐火材料厂使用的球磨机中，研磨体与被粉磨物料、物料与筒体衬板、研磨体与衬板之间的磨损；挖掘机斗齿与被挖掘物料之间的磨损；破碎机颚板、反击板、锤头与被破碎物料之间的磨损；煤矿用刮板输送机中部槽与原煤及链环之间的磨损；拖拉机履带板、犁铧与土壤之间的磨损；抛丸机叶片与铁丸之间的磨损；火车轮与轨道之间的磨损；以及磨面机、榨油机零件与物料接触部位的磨损都属于磨料磨损。

作用于被磨件并导致磨损的物料称为磨料。磨料可能是非金属矿物材料（如水泥原料、砂土、矿石），也可能是金属材料（如抛丸机用的铁丸、轨道车辆车轮）。磨料并非专指细小颗粒，一些机件之间相互作用也会产生磨料磨损，如刮板输送机的链条与中部槽之间产生的磨损，火车轮与轨道之间的磨损。

磨料磨损在工农业中都会造成大量金属损失，但是它也有可以利用的一面。金属切削加工中的磨削、研磨工序，就是采用磨料从工件表面去除金属的过程，这个过程中始终发生磨料磨损。不过这些磨损是为了改善工件表面粗糙度，达到提高零件尺寸精度的目的。

5.2 磨料磨损类型

根据磨料对被磨工件的作用方式和磨料作用力大小，一般把金属磨料磨损分为以下几种类型：

（1）凿削磨损；

（2）高应力磨损；

（3）低应力磨损。

当磨料以撞击方式作用于工件表面时，如果表面材料的强韧性不能抗拒磨料侵入，会有部分表面金属在磨料凿切作用下形成切屑而脱离母体，这种方式造成的金属流失属于凿削磨损。颚式破碎机颚板的磨损、挖掘机处理堆积土壤或石料所造成的斗齿磨损，都主要属于凿削式磨料磨损。凿削磨损造成的金属损耗率在各种类型磨料磨损中是比较高的。

在一些工况中，磨料在已承受外部挤压应力情况下作用于机件金属表面。当挤压应力较大，导致磨料在与工件接触时承受的应力已经超过其本身的破断强度时，磨料破碎并可能沿不同方向与工件表面接触并产生相对运动。在此情况下，磨粒将使被磨表面金属中硬质相开裂、剥落，发生较为严重的材料流失。这种磨损属于高应力磨料磨损。碾轮式磨煤机破碎煤粉时，被磨煤粒对碾轮和底盘之间造成的磨损，是典型的干式高应力磨料磨损。在球磨机中采用湿法粉磨矿石是湿式高应力磨损典型实例。

低应力磨损是指磨料本身的破断强度超过磨料与工件之间的接触应力，在磨损过程中磨料不发生破碎。磨料一般以较高速度流过工件表面，金属表面被划伤，但由于正向压力较低，划痕较浅可能只会留下划伤痕迹。痕迹大多数是较浅的沟槽。沟槽深度与磨料硬度以及磨料与工件的作用力有关。矿山溜槽、杂质离心泵内衬、输送松散物料的螺旋输送机叶片、煤矿井下刮板输送机中原煤对中部槽的磨损都是低应力划伤磨损的典型实例。

根据摩擦系统中同时产生磨损的表面数目，磨料磨损又可分为二体磨损和三体磨损。磨粒直接作用于一个工件表面，造成该表面磨损，磨料自身也发生磨损时称为二体磨料磨损。磨粒处于两个被磨表面之间并使两表面同时磨损，磨料自身也发生磨损时，则称为三体磨料磨损。三体磨料磨损大部分属于高应力碾碎式磨料磨损。

5.3 磨屑形成机制

磨屑是磨料磨损的产物。在一定磨损范围内,单位磨损时间产生的磨屑量体现零件受磨料伤害的程度。为了减轻这种伤害,需要了解磨屑是如何形成的,以便设法减少磨屑生成量。

不同工况下，磨料对工件表面作用力可分解为垂直于表面的法向力和平行于表面的切向力。法向力迫使磨粒侵入工件表面，产生压坑或以凿削方式冲击工件表面。切向力则推动磨粒沿工件表面移动，并产生磨料切削或挤压工件表面形成的沟槽。塑性较好的材料，在磨料挤压并推移沟槽侧面金属情况下，发生塑性流变，形成唇状凸边。有些文献上称这种唇状凸边为犁唇或切削唇。图 5-1 显示经过销盘磨损试验（高应力磨损试验）后试样表面产生的犁沟和切削唇形貌（SEM）。塑性和半塑性材料切削唇的形成过程与切削刀具切削金属表面的机制有相似之处。

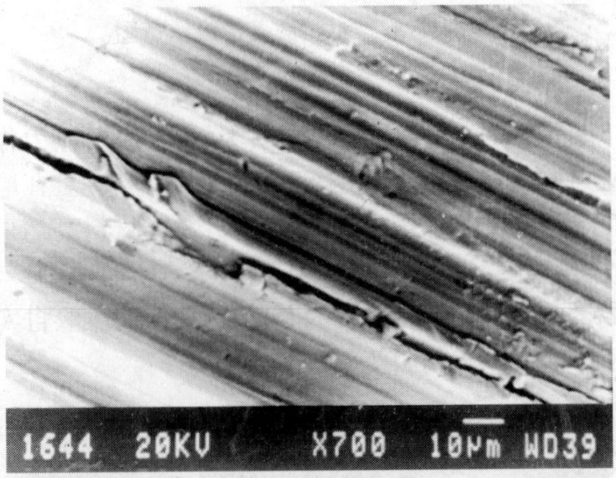

图 5-1 磨损表面的犁沟和唇状凸边

由形变产生的唇状凸边中，金属组织和性质发生很大变化。塑变区可能发生形变硬化、形变热导致的相变、金属织构变化、内应力增加等一系列足以改变材料性能的变化。同时还会发生吸附在工件表面的氧原子向塑性流变区扩散。随着上述现象的出现，塑变区材料发生硬化、脆化。当磨料对工件表面塑变区不断施加应力时，将把已发生塑变的材料反复挤压而使材料的形变硬化加强，弹性极限提高，晶体内部点阵发生过度畸变，出现位错塞积群或位错密度有显著差异的胞状结构。这些现象都使金属脆性不断增加，最终达到不可能进一步发生塑性变形和吸收外来能量的程度。此时，材料最薄弱的部分解体，形成磨屑，磨屑脱离母体后造成磨料磨损。对于塑性材料（或金属组织中某些塑性较高的部分）来说，这种反复塑变导致磨屑形成的机制已被许多研究工作所证实。

应该指出，不是所有磨料都能在工件表面产生切削作用。例如，根据实验结果推算得到的数据，在低应力磨损过程中，松散的粒状磨料中，大约只有 10% 的磨料在工件表面产生切削作用，其余的磨料只在工件表面滚动，不产生切削作用。

近年来，有人提出磨屑产生于材料低周期疲劳破坏的观点。低周期疲劳破坏是指材料周期性地承受超过弹性极限的反复应力后，短期内出现的破坏现象。

脆性材料磨料磨损过程中，同样产生磨屑。图 5-2 示意地显示经过模拟试验提出的脆性材料磨屑形成机制[1]。

当磨料（块状或粒状）在法向压力作用下嵌入脆性金属表面，将在嵌入点周围产生一个小范围的塑变区。磨料进一步压入后，能使材料的塑变能力趋于极限。此时塑变区下面

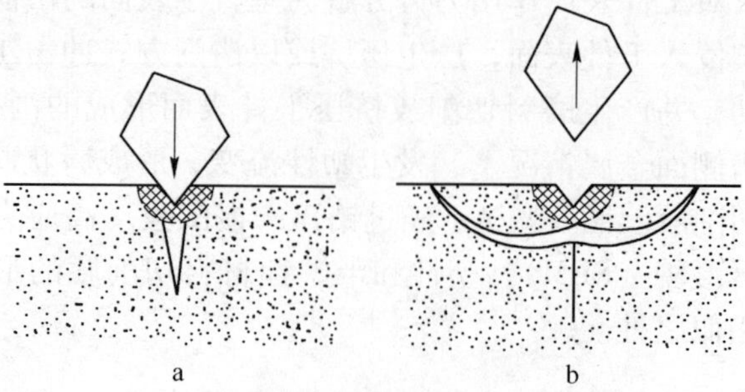

图 5-2 脆性材料磨屑形成示意图
a—脆性开裂；b—亚表层开裂

的材料发生脆性开裂（图 5-2a）。当磨粒脱离母体后，在残余应力作用下，裂缝闭合并使材料近表层产生法向拉应力，亚表层出现层状开裂（图 5-2b）。在磨粒不断作用下，塑变区周围的局部金属就可能脱离母体形成磨屑。这说明脆性材料磨屑的形成是源于材料亚表层分层断裂，而不是金属塑性变形。

图 5-3 显示铬白口铸铁发生亚表层断裂的断面组织。试样取自实验室用小型颚式破碎机高铬铸铁颚板表面损伤处。破碎物料为铁矿石。

图 5-3 高铬铸铁实际亚表层断裂处的断面

试验表明，在磨料压入被磨工件表面时，形成的裂纹长度与工件材料的断裂韧度有关。断裂韧度差则裂纹长度增加。磨粒在表面滑动所去除的材料体积和 $K_c^{3/4} \cdot H^{1/2}$ 乘积成反比（K_c 为材料断裂韧度，H 为材料硬度）。因此，研究脆性材料的磨损现象时，其断裂韧度是必须考虑的因素。

如果脆性相和韧性相同时存在于一种材料中，磨屑形成的机制更为复杂。试验表明，形成机制取决于各相的性质及其体积分量。一般来说，韧性相较低时，磨损产生于亚表层断裂。韧性相较高时，起主要作用的则是韧性相的力学性能，特别是塑性的大小。

5.4 观察磨料磨损现象的方法

磨料磨损是一个动态现象，目前还难以直接观察磨料在磨损过程中的动态行为。为了研究磨损机制和各项影响因素，需要对磨损表面形貌、磨屑形态尺寸、磨损面亚表层组织进行直接观察，并参照实验室及工作现场的测试分析结果来判断磨损过程及磨损机制。这已成为研究磨料磨损现象的一个重要方法。

光学显微镜、扫描电子显微镜可以用来观察磨损表面形貌、亚表层组织、磨屑形貌、表面层氧化物、微孔和微裂等。与原始状态相比较，能够发现磨损前后的变化。透射电子显微镜可用以确定位错组态、位错密度、界面结构、高度细微组织结构等方面的变化。电子显微镜与能谱仪或质谱仪结合，用以测定磨损表面的元素组成，以及磨损颗粒的成分；与衍射仪配合使用还能进行表面物相分析。电子探针对可以测定物相表面微区化学成分。这些仪器对于磨损机制的研究都是非常有用的。

观察和分析磨屑形状、组织、尺寸也是探讨磨损机制的一个重要方法。磨屑的形态、尺寸反映磨损特征。塑性材料产生的磨屑有近似金属切屑的形貌，大多数呈螺旋卷曲状或弯曲的长条。与其他类型的磨损有些不同，黏着磨损产生的磨屑多为薄片状、形状不规则的颗粒。疲劳磨损产生的磨屑多为细微颗粒。

近年来出现的铁谱仪在分析磨屑方面是一种有用工具。利用铁谱仪不但能够分辨磨屑尺寸和分布、鉴别磨屑材料，更重要的是能从铁谱仪中观察到磨屑尺寸、数量、特征、形貌的动态变化，对磨损过程的研究是非常有用的。

5.5 材料抗磨能力测试

材料的抗磨能力由两个指标来衡量。一是该材料在一定工况（或试验条件）下，因磨损而造成金属流失的多少，称为磨损量；二是材料在单位工作时间内或完成一定工作量后产生的磨损量，一般称为磨损速率或磨损率。

金属耐磨性能常以磨损量或磨损速率的倒数来衡量，称这个倒数为材料的耐磨性。

可以采用以下两种方式测定抗磨材料的抗磨能力：

（1）在实验室内，利用各种磨损试验机对抗磨材料试样进行试验。

（2）实测抗磨零件使用前及完成一定工作量以后的重量减失数据。

第一种方式是模拟性试验。磨损试验机模拟某种设备实际运行工况，采用与抗磨件材料相同的试样与磨料在相对运动（旋转、平移、撞击）中互相作用。以模拟零件实际磨损状况。试验经过规定进程后，称量试样，确定磨损失重。

试验采用具有标准性能指标的材料作为基准试样（或对比试样），与待试材料试样进行相同试验和测定。最后将待试材料试样与基准试样的磨损失重进行对比，并按下式计算出待试抗磨材料的相对耐磨性：

$$相对耐磨性 = 基准试样的磨损量 / 待试抗磨材料的磨损量$$

比较材料的相对耐磨性数据，即可判断材料抗磨能力高低。

第二种方式是在现场进行的产品实验，以完成单位工作量所产生的磨损量来衡量耐磨性比较直观、可靠，例如球磨机研磨体入仓前及处理一定量物料后称量其质量，直接得到研磨体的磨损量和磨损率，并根据这些数据确定研磨体预期补加日期及补加量。利用实验室测得的相对磨损量就无法这样做。这种方法往往有一定局限性，因为现场工况并非持久稳定，测得的数据可能误差较大。

为了研究各种工况下的材料磨损规律以及影响磨损率的因素，当前已经开发出可以模拟各种磨损工况的磨损试验机。图5-4为几种试验机的简图。

5.5.1 销盘磨损试验

销盘磨损试验是一种用于测定高应力磨损的试验机（图5-4a）。以砂纸或砂布作为磨料，砂纸或砂布固定在由多速电动机带动的圆盘上，将待试材料制成 $\phi 2 \sim 4$mm 直径的试样，精确测定试样重量后，装于试验机的试样夹持器上，并以0.2 ~10kg正向压力压于砂纸上。圆盘旋转时，试样以一定进给量沿圆盘半径做直线运动，在砂纸上形成阿基米德螺线的摩擦轨迹。当摩擦轨迹达到一定展开长度后，卸下试样测量磨损后试样重量，并与试样原始重量比较即可得到试样失重。根据失重衡量材料的抗磨料磨损能力。

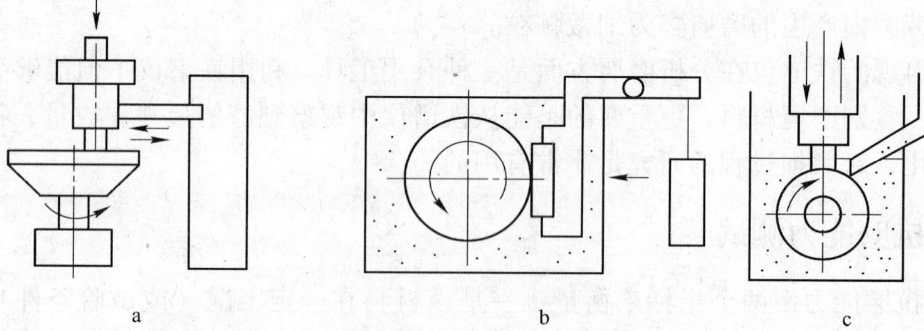

图5-4 几种试验机简图

a—销盘磨损试验；b—湿砂橡胶轮试验；c—动载磨损试验

有时也采用测长法，即测量试验前后的试样长度差来确定磨损量。由于磨料是黏结在砂纸上的，磨粒不能自由滚动，也不能随机移位，这种方法只用于两体磨损试验。

轨道式磨损试验机是进行高应力磨料磨损试验的常用设备。试样在一定正向压力下与软钢制成的环形轨道接触，并沿轨道做环形运动。磨粒不断地定量喂入轨道和试样之间，经过一定时间（或行程）后，测量试样失重，并判断材料的抗磨能力。如欲测定相对耐磨性，可将对比试样以同样方式装于旋转轴的另一侧，与试样做相同运动。

5.5.2 橡胶轮磨损试验

橡胶轮磨损试验主要用于评价材料抵抗低应力划伤磨损能力。试验过程中磨粒注入具有一定硬度的橡胶轮与片状试样之间。磨粒处于半自由状态，胶轮在外力作用下紧贴试样，一部分磨粒嵌入胶轮表面。胶轮运动时，带动磨粒划过试样表面使之产生磨损，测定试样磨损后的失重以判别材料低应力划伤磨损的耐磨性。橡胶轮磨损试验机简图示于图5-4b。

橡胶轮磨损试验有干法与湿法之分。干法是将磨粒直接注入胶轮与试样之间；湿法则先将磨粒与水或其他流体混合后注入。

通过改变试验参数及更换不同种类的磨粒，橡胶轮磨损试验可以模拟的工况范围较宽，模拟性也较强，应用比较广泛。

5.5.3 动载磨损试验

很多工件的磨损是在动载荷作用下产生的。也就是说，磨粒与工件之间的相对运动带有冲击性质。为了测定材料在这种工况下的抗磨损能力，需要进行动载磨损试验。一种动载磨损试验机的简图示于图5-4c。待测试样装于上下往复运动的冲头下部。为了模拟不同工况，试样端部可制成各种形状。冲头运动时试样不断冲击下试样表面，磨粒定量喂入上、下试样之间。磨粒与试样接触面上产生冲击式磨料磨损，冲击能量和冲击次数是可以调整的。经过规定的试验时间后，测量试样失重，根据失重数据就可以判断材料在各种冲击能量作用下的抗磨能力。这种试验装置稍作调整还可测定在上下试样不接触、滚动或滑动条件下的磨损。试验的模拟范围比较广泛。

磨损试验机还可以制成模拟特定工况的各种形式。一些研究工作者往往采用自己设计的专用试验设备。由于试验方法不同，测得的材料耐磨性数据往往是不能相比的。

经放射性同位素活化处理的试样，可用于动态磨损过程的测试。所谓活化处理就是以放射性元素对试样（或工件）进行辐照，或将放射性金属敷于试样（或工件）表层。试验进行过程中，采用放射性计数器或自摄影方法，确定磨损后由试样（或工件）上转移出的金属量或磨屑的放射性。这种方法可以进行连续测定，而且灵敏度较高。在现场进行实际运行试验时采用这种方法是很合适的。国内外均有人利用这种方法测定球磨机中研磨体磨损情况，测定结果令人满意。

5.6 高铬铸铁件的磨料磨损

高铬铸铁由合金碳化物和基体金属两种组分组成。在磨料磨损过程中，两个组分都有金属流失。因此高铬铸铁的磨损量应该是合金碳化物的磨损量和基体金属磨损量的总和。以下首先讨论合金碳化物和基体金属的磨损过程。

5.6.1 碳化物的磨损

高硬度共晶碳化物是高铬铸铁的抗磨骨架相，是决定高铬铸铁抗磨能力的重要因素。碳化物在抗磨铸铁中的主要作用是：

(1) 阻止和抵御磨料在工件表面的切削和挤压作用，减少磨屑生成量；

(2) 保护基体金属免受磨料侵袭损伤。

以下三种情况是合金碳化物导致铸件产生磨损失重的原因：

(1) 磨料切削直接导致碳化物磨损。高铬铸铁中的碳化物硬度是很高的。Cr_7C_3 硬度高达 HV 2100。能够从如此高硬度的物相中切除金属，留下切痕，磨料硬度一般应该高于碳化物硬度，或者至少和碳化物硬度相当。破碎高硬度有色金属矿石（例如钛矿石、钨矿石、铌矿石）的设备中，有些耐磨件就会出现这种情况。

硬度低于碳化物的磨料，对于耐磨件也会造成碳化物损伤，但是在扫描电镜下可以看到损伤是很轻微的。相当于软磨料在碳化物上产生的擦划磨损。

为了减轻高硬度磨料切削高铬铸铁碳化物产生过度磨损，应当注意以下几点：

1) 高铬铸铁中先共晶碳化物的抗磨能力高于共晶碳化物。如果过共晶高铬铸铁的强韧性和抗冲击能力能满足要求，采用过共晶高铬铸铁能减少因碳化物损伤而导致铸件发生的磨损量。

2）先共晶碳化物的抗磨能力有方向性。六方棱柱体的横断面（六方面）硬度高于棱柱体侧面硬度，因此前者抗磨能力较好。如果设法控制铸件凝固时的热流方向，使棱柱形晶体纵轴与耐磨工作面相垂直，则碳化物的耐磨性增强。

3）高铬铸铁中的 M_7C_3 型碳化物是以（Cr，Fe）$_7C_3$ 形式存在的。其中铁含量越高，碳化物硬度和耐磨性越低，而含铁量与铸件铬碳比相关。提高铸件铬碳比是改善碳化物耐磨性的有效措施。

4）在高铬铸铁可能存在的三种碳化物中，（Cr，Fe）$_7C_3$ 硬度最高，抵抗磨料切削能力最强。含铬量低、铬碳比也低的高铬铸铁会产生（Cr，Fe）$_3$C，含铬量高、铬碳比也高时就会出现（Cr，Fe）$_{23}C_6$。同一种磨料在相同工况下，这两种碳化物被切削量大得多。因此，应注意铸件化学成分，避免出现这两种碳化物。

5）除了提高含铬量、降低铬碳比的措施外，在高铬铸铁中适当添加钼、铌、钒等合金元素也能提高碳化物硬度，减少磨料的切削作用。

（2）磨料撞击使碳化物崩落。碳化物崩落大都发生在硬度较高、磨粒尺寸较大磨粒冲击被磨物料的工况。例如，装于颚式破碎机上的高铬铸铁颚板破碎有色金属矿石时，碳化物的损伤就属于脆性崩落。

脆性崩落是碳化物受冲击而解体的过程。发生这种现象的主要特点是磨料直接作用在碳化物本身。冲击能量导致碳化物解体。

通过对 Cr26 高铬铸铁试样所做的冲击磨损试验，发现碳化物脆性崩落产生的铸件磨损有以下几种情况：

1）亚共晶高铬铸铁、共晶高铬铸铁、过共晶高铬铸铁在相同条件下进行冲击磨损试验，共晶高铬铸铁的冲击磨损率最低。亚共晶高铬铸铁和过共晶高铬铸铁的冲击磨损率基本相同。

2）碳化物尺寸对高铬铸铁冲击磨损率影响很显著。尺寸大的碳化物特别是先共晶碳化物冲击时容易开裂。无论冲击条件怎样改变，较细的碳化物，特别是共晶碳化物上显示的裂纹较少。过共晶成分高铬铸铁的磨损量大多数来自先共晶碳化物崩落。

厚大碳化物在高应力磨损过程中能阻挡磨料运动，减少磨料产生的切向力，因而能减少对碳化物的切削作用，但是却增加工件的冲击磨损量。掌握这种情况对改进高铬铸铁显微组织很有用处。

3）提高亚共晶高铬铸铁中碳化物体积分数，例如由亚共晶成分改为共晶成分，材料对冲击损伤更为敏感。高铬铸铁铬碳比降低会增加碳化物脆性崩落量。

（3）碳化物断裂后从母体脱落。碳化物脱落大多数发生在下面两种情况：

1）碳化物周围的基体金属过度磨损，失去对碳化物的围护作用，导致碳化物在磨料撞击作用下从母体上局部或整体剥落，形成切屑。例如，用于输送物料的溜槽中奥氏体高铬铸铁（或含有较多残余奥氏体的高铬铸铁）内衬在物料冲刷下发生的磨损。

2）在销盘磨损试样中和耐磨铸件残体中都显现碳化物随同其外侧的基体金属一起发生塑性变形和深度弯曲。图 5-5 显示共晶碳化物受力弯曲情况。碳化物本身虽然是较脆的相，但是在外力作用下也能通过滑移机制发生塑性变形。（Cr，Fe）$_7C_3$ 晶体为密排六方结构，其主滑移面为基面（0001）。当磨粒切入被磨表面，其切削力沿表面分力的方向与表面内的碳

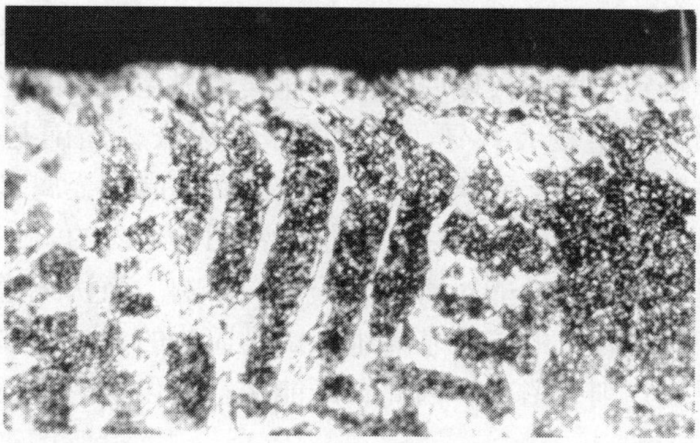

图 5-5 $(Cr, Fe)_7C_3$ 共晶碳化物受力弯曲

化物主轴方向处于大角度相对方位时，将促使碳化物晶体沿（0001）面发生滑移。

塑性变形会增加碳化物晶体内应力，特别是弯曲部位的背面受到较大拉伸应力。这种应力可能使碳化物在接近磨损表面处发生断裂。断裂的碳化物就会脱离基体金属，成为磨屑中的一部分。

在高应力磨损工况中，先共晶碳化物抗塑变能力大于共晶碳化物。单体厚度较大的碳化物抵抗弯曲变形能力优于较薄碳化物。含铁量高的 $(Cr, Fe)_7C_3$ 晶体比较容易弯曲变形。碳化物方位的影响调查数据有限，但是已知先共晶碳化物或共晶碳化物的主轴方向越接近于垂直磨损表面，受力发生塑变的几率越高。

滑移量受限于基体金属的强韧性。抗塑变能力较强的基体金属，例如马氏体基体，变形量较轻，共晶碳化物塑性变性也随之减少。这是基体金属力学性能对碳化物磨耗量影响的原因之一。

5.6.2 基体金属的磨损

高铬铸铁件的总磨损量由碳化物和基体金属两者的磨损量共同决定。抗磨能力较强的碳化物（抗磨骨架）是对铸件磨损率起主导作用的因素。基体硬度相对较低，抗磨能力虽不如碳化物，但是就铸件抗磨性能而言，高铬铸铁中的碳化物和基体金属是互相保护的。基体对碳化物的保护作用非常重要。

如果基体金属有足够的屈服强度，磨损率低，碳化物不致过早裸露出来遭到伤损，材料整体磨损率会显著降低。另外，高铬耐磨铸铁的基体金属占整个铸件体积的 65% ~ 75%，它自身的磨损率对高铬铸铁整体磨损率来说是举足轻重的。

基体金属主要通过以下机制产生磨损:

（1）磨粒切削基体金属直接产生切屑或者切削后形成犁皱，再经反复塑变使材料脆化而产生切屑。切屑脱离母体造成磨损。

（2）较脆或脆性基体金属在磨料作用下发生亚表层断裂。断裂层金属脱离母体，形成切屑，造成磨损。

（3）磨料凿削基体，表面金属产生碎屑，脱离母体造成磨损。

在较低接触应力下，特别当磨料较软时，基体组织磨损很轻，与碳化物的磨损量差异小，碳化物受到基体的良好支持，可免于提前断裂、剥落，碳化物磨损轻微。同时，碳化物骨架也在一定限度内阻挡磨料对基体的切削或凿削，减轻基体磨损。

在高应力状态下，特别是磨料较硬时，磨料连续切削基体与碳化物或者凿削基体，而使基体与碳化物的磨损率产生较大差异，碳化物表层因失去周围基体金属而处于孤立状态，容易发生断裂，并从磨损面上剥离。碳化物脱落后，周围金属暴露于外，必将发生较快磨损。由此可见，碳化物与基体金属之间的保护作用是双向的。

曾经多方面探讨过基体金属性能对磨料磨损率的影响。确认无论磨料以何种方式使工件发生磨损，马氏体都应是首选的抗磨基体组织。马氏体的高屈服强度和硬度都使它能够很好地抵抗磨料对工件的切削、凿削，因此，既能减轻碳化物的磨损，又使自身磨损量低于其他基体组织。

除了马氏体组织外，奥氏体作为高铬铸铁基体组织的抗磨效果也是值得注意的。

奥氏体在高应力状态下处于介稳定状态，磨料作用下产生形变马氏体，屈服强度提高，硬度可由原来的HV 300左右急剧上升到HV 900以上，有助于改善抗磨能力。不过这个形变硬化层是很薄的，只有几十微米。如果磨损过程中磨料与工件的接触应力发生变化（短时增加），或有少数尺寸较大的磨料参与切削或凿削过程时，都可能把硬化层在随后的磨料切削过程中切削掉。在这种情况下，材料磨损量就会相应增加。

奥氏体高铬铸铁应用在低应力磨料磨损工况的效果并不理想。主要原因是低应力状态下，磨料引起的形变硬化非常有限。基体金属硬度较低，难以有效阻挡磨料侵入表面，持久地起到保护碳化物的作用。

人们看到奥氏体高铬铸铁既含有高硬度共晶碳化物，又含有能发生形变硬化的奥氏体基体，便设想以奥氏体高铬铸铁代替高锰钢制造承受冲击、凿削的抗磨铸件。典型的应用可见于颚式破碎机的颚板。

下面是在实验室小型颚式破碎机上进行的一组试验结果，显示磨料凿削工况对奥氏体高铬铸铁和马氏体高铬铸铁颚板磨损的影响。

破碎机装有两种Cr15Mo3高铬铸铁颚板，通过热处理使基体分别成为奥氏体组织和马氏体组织（含少量残余奥氏体）。破碎物料为石英岩，进料尺寸为40～19mm，排料口尺寸为3.18mm[1]。

对颚板残体的微观检查中可以看到，颚板受到石英岩的冲击、挤压作用后，颚板工作面上出现大量凿削坑，显示明显的凿削痕迹，说明颚板产生以凿削损伤为主的磨损。奥氏体和马氏体基体组织都发生了塑性变形，有些地方还发生局部开裂，碳化物也随之变形、开裂、破碎，其中奥氏体组织的变形更为明显。图5-6中小箭头指向奥氏体中一些开裂的碳化物，大箭头指向基体金属开裂处。破碎的碳化物从磨损表面剥离掉，留下许多深浅不一的凹坑。两种材料的工件亚表层碳化物在磨料凿击作用下，也都发生破碎现象，并出现与周围基体金属分离的倾向。磨损面上切削沟槽被大量的金属剥离后留下的凹坑掩盖，已不十分明显。

显微硬度试验结果表明，两种基体的颚板在磨损过程中都发生形变硬化现象，奥氏体基体的硬度增加值远超过马氏体基体。

以上现象表明两种材料的磨损过程是类似的：材料的微观塑性变形和碳化物的碎裂、剥落，导致碳化物周围的金属因失去支撑而迅速损伤，最终脱离母体。

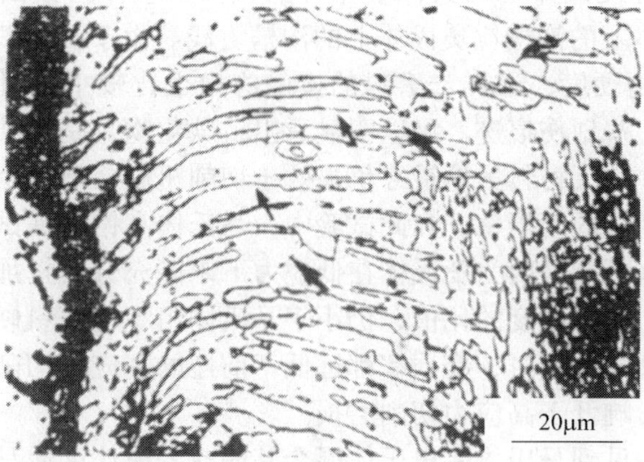

图 5-6 颚板微观组织

马氏体高铬铸铁比奥氏体高铬铸铁的抗凿削磨损能力强。这是因为奥氏体屈服强度较低，易于发生塑性变形，并导致碳化物的变形和碎裂加快进行。此外，碳化物周边的奥氏体发生形变硬化后，比马氏体更易沿最大剪切应变面发生断裂。

在相同的工作时间内，奥氏体高铬铸铁颚板的磨损失重略大于马氏体高铬铸铁颚板。但是相差不多。以上试验结果提示，奥氏体高铬铸铁中的碳化物并不像预期的那样有助于改善耐磨性。如果颚式破碎机采用奥氏体高铬铸铁作为颚板材料，则其中所含碳化物体积分数不宜过高，以免凿削作用下碳化物破断导致颚板过快磨损。

有鉴于此，国外已经研制了复合耐磨材料颚板。为了防止颚板整体开裂，铸件整体采用奥氏体高铬铸铁，只在与被破碎物料接触的工作面上镶嵌许多高硬度马氏体高铬铸铁耐磨块。

对刚玉磨料磨过的铸态奥氏体和淬火硬化的马氏体试样磨损面进行了观察。在试样磨损面上，未发现碳化物出现明显的碎裂和剥落。由于磨料硬度超过试样中合金碳化物硬度，在铸态奥氏体基体中切出的沟槽比较粗糙，沟边出现塑变金属，呈现犁沟形貌。淬硬的马氏体基体上沟槽较浅，塑变金属量较少，仅呈现切削沟槽形貌。当观察在较高奥氏体化温度下淬火的试样（马氏体硬度较高）时，发现磨损面的磨削沟槽减少，碳化物未出现严重碎裂和剥落。特别是基体硬度接近 $HV_{0.5}$ 900 时，磨损面的磨削沟槽显著减少，而且发现磨料尖角并未明显变钝和碎裂，似仍能保持其切削能力，说明马氏体高铬铸铁失效于典型的磨料切削机制。

采用软磨料（石榴子石）时，试样的磨损量减少。淬硬试样比铸态试样的抗磨能力显著提高，两者的抗磨能力差异大大超过硬磨料试验产生的结果。这表明，高铬铸铁抗磨件与较软磨料作用时，马氏体基体可使材料获得较好的耐磨性。

在实际生产中，有些高铬铸铁零件（例如物料溜槽）发生低应力划伤磨损。在这些工况中，磨料在工件表面流动速度较快，磨料与工件之间的应力不能使磨料破碎，因此称为低应力划伤磨损。磨料硬度对工件磨损率也产生一定的影响。

曾经通过胶轮磨损试验探查划伤磨损过程以了解低应力划伤对磨损量的影响。采用 250μm 石英砂磨料，在试样压力为 0.6MPa 条件下进行了胶轮磨损试验，并观察了铸态试样（奥氏体基体）和淬硬试样（马氏体基体）磨损面。基体磨损面上都显示出很浅的切削沟槽[2]。马氏体基体上的沟槽比奥氏体上的沟槽更浅。由于石英砂的硬度低于高铬铸铁中（Fe，Cr)$_7$C$_3$ 碳化物硬度，试样与磨料的接触应力也比较小，因此碳化物表面未发现切削沟槽，只显示出一些划伤痕迹。可以明显看出，碳化物只是稍凸出于基体表面，对基体产生了良好的保护作用。材料虽然最终仍失效于切削机制，但整个试样的磨损率大大低于高应力磨损和凿削磨损的磨损率。在此试验中，马氏体高铬铸铁试样磨损率仍低于奥氏体高铬铸铁磨损率。这可能是因为奥氏体在低应力下未能充分发挥加工硬化潜力，加工硬化后奥氏体组织硬度与磨料硬度的比值，仍小于马氏体组织与磨料硬度的比值。改用石榴子石和刚玉磨料进行磨损试验时，磨损率都远低于前述的高应力切削磨损试验结果。反映磨料硬度对磨损率的影响低于高应力切削磨损。

常常在高铬铸铁中见到马氏体 + 奥氏体混合基体或者说淬火后马氏体组织中存在一些残余奥氏体的基体。这种基体对高铬铸铁抗磨能力的影响也是受人们关注的问题。

相当多的观点认为残余奥氏体降低铸件硬度，不利于提高铸件抗磨能力。但是一些研究试验或对实际案例跟踪观察后，却提出了不同意见。认为残余奥氏体有助于改善高铬铸铁抗磨性能。例如有人对基体中的奥氏体体积分数为0%、1%、5%、33%、72%、75%、100%的 $w(\mathrm{C})=3\%$、$w(\mathrm{Cr})=25\%$ 高铬铸铁试样进行销盘磨损试验。这些试样分别为铸态或经过回火、再加热进行奥氏体化（脱稳处理）后淬火并深冷处理。发现奥氏体和马氏体混合组织的高铬铸铁，其抗磨能力优于全部为马氏体基体的高铬铸铁。含 0%、1%、5% 残余奥氏体的试样平均磨损率仅为含 100% 残余奥氏体试样的一半，也远低于含 33%、72%、75% 残余奥氏体试样的平均磨损率。

基体中的残余奥氏体比马氏体有更好的延展性，承受磨料施加的应力后能在基体的较大范围内发生塑性变形而不致断裂，使部分机械能量消散到更大的体积内，导致单位体积内的损伤较小。另外，奥氏体塑性变形引起形变硬化，并发生马氏体转变，使一部分机械能量消耗于相变过程而不是磨损过程，产生磨屑所需的能量相应减少，推迟磨屑形成。而马氏体基体不能在避免断裂情况下迅速变形。损伤过程中产生的机械能只消散在较小体积中，并在邻近损伤处的马氏体区域内进一步扩展，促使基体开裂以致出现磨损。据认为这就是有关奥氏体和马氏体混合组织高铬铸铁抗磨能力优于马氏体高铬铸铁的原因。

珠光体基体组织的抗磨料磨损能力与马氏体基体、奥氏体基体相比有很大差距。珠光体基体抗磨料磨损能力差的原因是：

（1）珠光体强韧性低于马氏体。抵抗磨粒侵入的能力较差，磨粒产生的切削沟槽密而深，切屑生成量相对较多。

（2）珠光体是机械混合物。两组成相之间的结合相对较弱，磨粒切削或凿削基体产生较大的塑性变形量，犁皱随之增加，磨屑相应增多。

（3）珠光体组织承受磨料施加的较高挤压应力时，容易出现亚表层断裂现象。亚表层断裂产生的磨屑体积远大于同样面积上磨料切削或凿削产生的磨屑体积。

基体为珠光体或部分为珠光体的高铬耐磨铸铁件抗磨料磨损能力比马氏体高铬耐磨铸铁件差得很多。因此生产高铬耐磨铸铁件时，应当切实注意选好化学成分和热处理工艺，以避免基体中存在珠光体组织。

5.7 影响高铬铸铁件磨损率的一些因素

影响高铬耐磨铸铁件磨损率的因素很多。这些因素大体上可分为两类：一类是抗磨材料自身的因素，例如碳化物尺寸、间距和位向、碳化物体积分数、基体性能等；另一类是外部环境（或称工况条件）产生的影响因素，例如磨料硬度、磨料尺寸与形状、磨料作用方式、作用力大小和性质，速度和湿润程度等。以下就这两类因素的影响简要加以讨论。

5.7.1 碳化物尺寸、间距和位向的影响

高铬铸铁内碳化物尺寸、间距、位向对铸件抗磨性和抗断裂能力的影响，已经由一些工业实践所证实。但是目前还难以提出适用于各种生产领域的衡量碳化物最佳状态的量化标准。这是因为各种设备中抗磨零件的磨损方式不同，基体与碳化物的相互作用、磨料尺寸、性质、形状、碳化物尺寸和分布状态，以及其他诸多因素交互地对材料抗磨能力产生影响，使研究试验结果还不能归纳到统一的衡量标准上来。

曾有不少文献提出高铬铸铁中碳化物尺寸对抗磨能力的影响。例如，有人提出[3]，钢件和铸铁件中的硬质相（碳化物）一类的尺寸不小于磨屑尺寸时，才能有效地改善材料抗磨性能。也有人认为：硬质相尺寸大于磨料切削沟槽深度时，才能提高材料的抗磨能力。

共晶碳化物通常是成簇存在，常以单个碳化物厚度来衡量对磨损率的影响。其厚度与相邻的基体金属厚度（一般指碳化物间距）相近时，它与基体之间能较好地相互保护，有助于降低磨损率，碳化物厚度过大或过小都容易在凿削或冲击作用下断裂、剥离，加大磨损率。

先共晶碳化物的单个体积和尺寸都比较大。一般来说，过共晶合金抗磨件适用于软磨料、冲击力较小的场合。因为粗大碳化物受到磨料冲击或凿削作用时容易发生开裂或破碎，碎屑从磨损表面剥离出去，其周围的基体金属也将加速损伤，导致材料的磨损率大大增加。因此，含有大块先共晶碳化物的过共晶高铬铸铁，通常不宜应用到承受高应力凿削磨损的零件。

调整铁水过热温度和铸件冷却速率可以改变碳化物的尺寸。过热度较高的铁水浇铸的铸件中共晶碳化物平均厚度较大；先共晶碳化物的棱柱状晶体较粗。在激冷条件下凝固的合金，可获得细密的共晶组织。在工业生产中利用铸件凝固技术改善抗磨件的耐用性已经在一些重要抗磨件中得到应用。

（1）共晶碳化物间距。共晶碳化物间距是指共晶组织内相邻碳化物片体之间的距离。过共晶碳化物间距是指相邻棱柱体边缘之间的距离。通常可在图像分析仪上测定高铬铸铁的共晶碳化物间距。

共晶碳化物之间充满共晶奥氏体或其转变产物。共晶碳化物间距对铸件磨损率也有一定影响。合适的间距尺寸与磨料尺寸相关。尺寸大于碳化物间距的磨料在基体上的压痕较浅，切削沟槽也较浅，材料的磨损量少、磨损率低。但是过窄的间距必然有较薄的碳化物片与之相邻，磨料可能切断或压断这些碳化物，使磨损量增加。对于高铬铸铁来说，尺寸小于250～500μm的软磨料，碳化物间距应小于磨料尺寸。研究显示，用于破碎、粉磨、混拌大块磨料的高铬铸铁件，如球磨机衬板、隔仓板等，碳化物间距应该较大，但不宜超过碳化物厚度的150%。

（2）碳化物位向。抗磨面与（Fe，Cr）$_7$C$_3$ 碳化物的相对位向对于高铬铸铁件的磨损率有一定影响。下面两种情况显示这种影响：

1）前已述及，（Fe，Cr）$_7$C$_3$ 型板条状共晶碳化物和棱柱状先共晶碳化物与纵轴垂直的横断面硬度高于与纵轴平行的纵断面硬度。如果设法使碳化物板条垂直于磨损面，将能有效地提高碳化物抵抗磨料切削的能力，使材料的耐磨性提高。

碳化物定向排列的高铬铸铁件多采用共晶成分或过共晶成分。在碳化物平均尺寸和体积分数近似相同的情况下，在低应力胶轮磨损试验中，碳化物定向排列的试样比碳化物无序排列的试样磨损失重降低 45% ~50%。在凿削磨损试验中，这类试样也表现了较好的抗磨性和断裂韧性。

控制碳化物位向多采用定向凝固技术。定向凝固技术能造成凝固体中较大温度梯度，使碳化物晶体沿预期温度梯度方向定向生长，形成的定向条状碳化物大体上平行排列。其分布状态如图 5-7 所示。

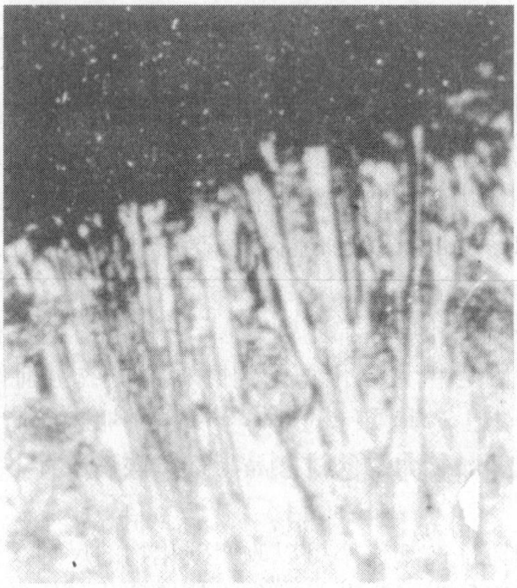

图 5-7　定向分布的碳化物

定向凝固技术适用于形状简单、厚度均匀的铸件，用于制造复杂铸件在工艺技术上会遇到一些困难。国外厂商曾在高铬铸铁抛丸机叶片的生产中，采用定向凝固技术。产品的抗磨性和抗断裂性方面都优于常规方法生产的叶片。

2）共晶或过共晶碳化物生长方向比较趋于一致的高铬铸铁，比散乱排列的碳化物抗磨性更强。如果零件的抗磨工作面受到激冷，碳化物容易沿着接近于垂直于工作面的方向生长。

5.7.2 碳化物体积分数的影响

碳化物体积分数是指碳化物（先共晶碳化物和共晶碳化物体积之和）体积占高铬铸铁总体积的百分数。通常是在图像分析仪上测定二维数据，然后计算出三维体积分数。

碳化物是硬质相，是高铬铸铁中硬度最高的抗磨骨架，它有力地抵抗磨料对工件表面的切割或划伤，减少金属损耗。碳化物的硬度越高，越有利于抵抗磨料侵入，有利于提高高铬铸铁耐磨性。

工业应用的高铬铸铁碳化物体积分数一般在20% ~40%之间。碳化物体积分数是影响高铬铸铁磨损率的重要因素之一。

图 5-8 显示碳化物体积分数以及与之对应的试样磨损失重[4]。这是由石英砂磨料干磨和湿磨试验得到的数据。图中两条曲线分别表示干磨和湿磨条件下，碳化物体积分数和磨损失重的关系。碳化物体积分数低于30%时，碳化物量增加则磨损失重减少。在30%处磨损量最低，此试样的成分恰在共晶成分附近。过共晶成分的试样磨损量则随碳化物体积分数的增加而增加。发生最小失重的试样中碳化物体积分数为30% ~33%，试样含碳量接近共晶成分。也有试验表明，以硬度较高（超过碳化物硬度）的 Al_2O_3 为磨料时，试样失重随碳化物体积分数增加而显著降低。

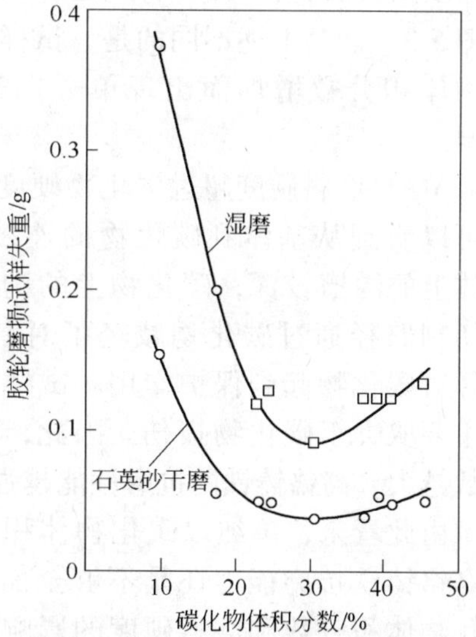

图 5-8　以石英砂为磨料时碳化物体积分数对试样磨损失重的影响

以 50/70 目（0. 294/0. 189mm）石英砂及 Al_2O_3 砂为磨料，在胶轮磨损试验机上对一组 $w(C)=1.38\%\sim3.93\%$、$w(Cr)=12.8\%\sim25.7\%$、$w(Mo)=2.5\%$、碳化物体积分数为9. 8% ~45. 4%的高铬铸铁试样进行了低应力湿磨损及干磨损试验[4]。亚共晶成分试样的显微组织中碳化物沿奥氏体边界分布。过共晶成分试样的先共晶碳化物尺寸随碳、铬含量增加而变得粗大。

碳化物体积分数小的试样中，由于在胶轮磨损试验条件下石英砂硬度不足以切割碳化物表面，只能对基体金属造成损伤，基体流失的金属成为试样磨损的主体部分。因此碳化物体积分数增加将使基体与磨料接触面积减少，基体流失的金属也相应减少，导致磨损率下降。

具有亚（近）共晶成分，碳化物体积分数为 30. 4% 的试样，经石英砂粒磨后，共晶碳化物表面有磨损痕迹，正对磨料运动方向的边缘棱角被磨钝。基体磨损较快，碳化物凸出于基体，但未发现断裂和剥落现象。

当试样达到共晶成分时，碳化物体积增加而间距相应缩小，与奥氏体枝晶厚度相当或接近时，如采用 50/70 目石英砂，碳化物间距将小于磨料尺寸，此时磨料不能顺利地切入基体，从而减轻了磨料对基体的切削损伤。应该说是碳化物对基体起了保护作用。相反，有些过于细小的碳化物可能因抵抗不住磨粒冲击力而折断，反而导致磨损量增加。

过共晶成分试样中，先共晶碳化物前沿有明显磨钝现象。金属流失主要发生于粗大的先共晶碳化物上。由于先共晶碳化物的存在，磨粒有在其间活动的空间，基体金属流失较快，先共晶碳化物周围被掏空，在不断流过的磨料挤压和剥蚀作用下发生碎裂，并有相当一部分从表面剥离。周围的基体流失和碳化物碎裂剥离，基体金属流失和先共晶碳化物剥离这双重因素使磨损量增大。

改用为硬磨料（Al_2O_3）进行试验的结果示于图5-9[4]。与上述不同的是，试样磨损量随碳化物体积分数增加而出现单方向连续降低的情况。

Al_2O_3 磨料硬度超过碳化物硬度。在磨损面上可以看到从基体到碳化物的连续切削沟槽。基体上的沟槽较深，碳化物上的沟槽较浅。磨料切割路径通过碳化物减轻了对基体的切割，基体对碳化物起到保护作用。试样金属的流失将主要取决于碳化物损伤。因此，碳化物体积分数越大，高铬铸铁的抗磨性能越强。

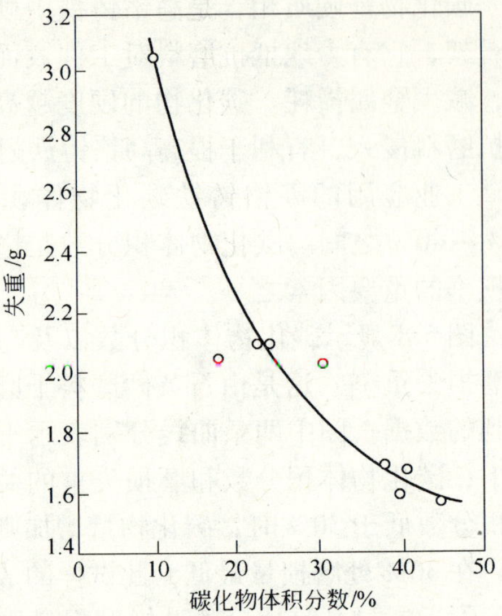

图5-9　以 Al_2O_3 为磨料的试验结果

由此看来，单纯以碳化物体积分数衡量它对高铬铸铁抗磨能力还是不够全面的，应该把碳化物体积分数和磨料硬度的影响综合加以考虑比较接近实际。

碳化物是脆性相。这个脆性相的断裂和剥落在很大程度上决定了高铬铸铁的磨损量，尤其在高应力磨损试验中表现很明显。两体磨损试验结果显示：随着亚共晶高铬铸铁中细小的共晶碳化物体积分数增加，抗磨能力稍有下降，其原因是碳化物受挤压、冲击而发生断裂、剥落。

5.7.3　磨料硬度的影响

磨料通常分为硬磨料和软磨料，都是根据磨料实际硬度与抗磨件磨损后最大表面硬度相比较后而分类的。当磨料硬度超过抗磨材料磨损后最大硬度的80%时所用的磨料称为硬磨料，硬磨料导致的磨损，称之为硬磨料磨损。反之，此比值低于80%时，磨料称为软磨料。软磨料导致的磨损，称之为软磨料磨损。

这里所说的抗磨材料磨损后最大硬度都是指抗磨材料中某一相组分的硬度，不是材料的宏观硬度。因此，上述数值对评价单相组织的抗磨材料抗磨性能来说是比较准确的。

采用高硬度的刚玉和低硬度的石榴子石作为磨料，对高铬铸铁试样进行了销盘磨损试验。根据获得的试验数据提出了如图5-10所显示的高铬铸铁磨损后的宏观硬度（H）和磨料硬度（H_a）比值（即 H/H_a）与金属材料抗磨能力的关系。此图表明，抗磨材料硬度（H）/磨料硬度（H_a）> 0.5 ~ 0.6时，材料的抗磨能力随抗磨材料硬度的提高而增强。讨论磨料硬度对高铬铸铁磨损的影响时，常常引用这个数据。

磨料硬度对工件磨损率的影响是很显著的。在相同工况下，硬磨料一般会使工件的磨损率增大。

工件磨损后，马氏体基体硬度（HV 900）以及碳化物硬度与常见物料的硬度（见表5-1）比值都能达到或超过0.6（碳化硅除外），因而马氏体高铬铸铁对这些被磨物料都能表现出较好的抗磨能力。

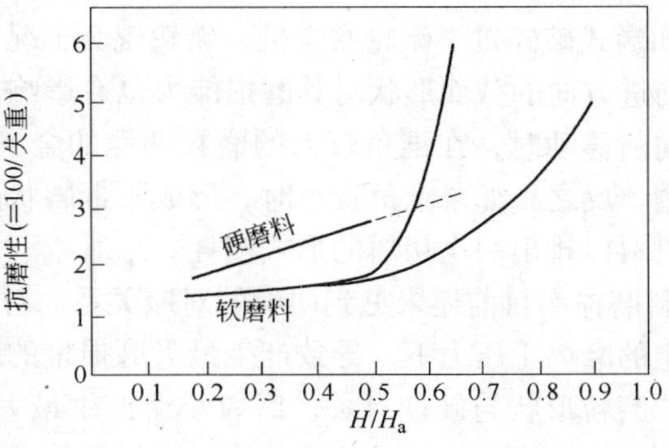

图 5-10 H/H_a 比值与金属材料抗磨能力的关系

表 5-1 常见被磨物料硬度

磨料	硬度		磨料	硬度	
	Knoop	HV		Knoop	HV
石灰石	—	450~550	岩石英	840	900~1280
磷灰石	335	540	刚玉	2020	1800
玻璃	455	500	碳化硅	2585	2600
长石	550	600~750	石榴子石	1360	
磁铁矿	570	—			

5.7.4 磨料形状与尺寸的影响

矿物、岩石一类的磨料一般属于脆性材料，在与工件接触过程中都会发生断裂、破碎。由于岩体的解理特征，风化程度、天然赋存状态、内部物相的结合方式与强度有所不同，破碎后形成的磨粒形状、尺寸、表面形貌均有差异。在工业实践中，观察被破碎颗粒外形有助于预测和控制磨损量。

磨粒的形状对于金属磨损率的影响取决于磨粒棱角尖端的钝化程度。尖端曲率半径小的磨粒易于切削金属，而且压入金属表面的深度大，材料表面容易发生较大塑性变形。可能增大磨损率。反之，尖端曲率半径大的磨粒，压入深度小，被挤压的材料可能仍保持在弹性变形的范围内，磨损率相对较小。

如果磨料为多角形，多角形磨料的前角（磨料前端刃缘与磨粒前进方向之间的夹角）影响磨屑的形成[15]。前角较大的磨料前进时，对材料主要产生挤压作用，犁沟中的金属大部分以流变的方式排出沟槽，小部分发生弹性变形，很少形成一次切屑。只当前角小于临界值（根据材料性能不同而在 30°~90°范围内有变化）时，磨料以楔入方式进入材料表面。当剪切应力超过材料剪切强度以后，材料发生断裂，形成一次磨屑使材料磨损量增大。此外，前角也有一个能产生切削沟槽的最大临界值，超过此临界值时，磨料只沿材料表面滑动而难于楔入材料。因此，只能使表面发生较轻弹性变形而不能切出沟槽。这将导致滑动磨损，使工件的磨损量减少。抛（喷）砂机采用石英砂清理铸件时，抛丸叶片（喷嘴）的磨损率就与此有关。因此建议采用钢丸或钢丝切段代替石英砂可以显著提高叶片或喷嘴寿命。

在三体磨损系统（如颚式破碎机、碾轮磨煤机、碾轮辊套工况）中，被磨物料承受较大压力，磨粒在垂直于前进方向的截面形状对其磨损能力也有影响。假设磨粒压入材料时截面是圆锥形，当磨粒向前移动时，在锥角较大的磨粒两侧的金属大部分发生塑性流动，形成带有唇状凸边的沟槽。反之，如果锥角较小时，形成不带唇状凸边的切削沟槽的几率大大增加，大部分抗磨材料以排出一次切屑的形式损耗。

磨粒尺寸与抗磨材料磨损率目前还未见到明确的对应关系。对中碳合金钢进行两体磨损试验结果表明：在一定的摩擦正压力下，导致产生最大磨损量的磨粒平均尺寸与试样材料的材质、摩擦正压力、磨粒形状与硬度有关。磨粒小于产生最大磨损量的临界尺寸时，磨损率随磨粒尺寸增大而呈线性增长，超过此尺寸后，磨损量趋于稳定。其他研究者的一些实验结果（包括高铬铸铁三体磨损与冲蚀磨损试验）与此结果有类似之处。出现这种现象的原因可能和磨料与工件之间发生黏着磨损有关。在两体磨损时，临界尺寸以上的磨粒与工件相作用产生的磨屑，可能黏附在相对粗糙的金属表面，磨粒的犁切作用减弱，因而使磨粒尺寸对磨损的影响减弱。当磨粒尺寸小于临界尺寸时，产生的细小磨屑即使黏着在工件表面，在磨粒的冲击作用下也易于除去，因而难以起到减少磨损的作用。

5.7.5 磨料作用方式的影响

磨料作用方式对磨损率的影响，与以下因素有关。

（1）磨料作用力的大小和方向。磨料作用力较小，特别是磨料较软时，碳化物和基体组织磨损轻微，碳化物周围的金属能够保持充盈状态，基体可以保护碳化物免于受到磨料冲击而提前断裂、剥落。同时，碳化物骨架也在一定限度内阻挡磨料对基体金属的切削作用或凿削作用，因此高铬铸铁的磨损量是很少的。基体金属的强度和硬度越高，合金整体上磨损流失的金属越少，表现出的抗磨能力越强。

当磨料对工件表面的作用力提高到已经能够损伤基体金属，但还不足以破坏碳化物时，基体与碳化物的磨损率产生较大差异，碳化物稍凸出于基体。碳化物表层因失去周围金属而处于孤立状态，易于发生断裂并从磨损面上剥离，因此工件整体磨损率增大。

在高应力状态下，特别是磨料硬度超过碳化物硬度时，磨料连续切削或者凿削基体金属与碳化物，导致碳化物较快脱落，其周围金属快速流失，发生最高的磨损率。

磨粒在工件表面上形成沟槽的体积与磨粒施加于工件单位面积上的力近似成正比关系。两体磨损试验中，两者呈直线关系。即磨损率随作用力的增加而提高。三体磨损试验中，载荷较小时，载荷增加对体积磨损率影响较轻微，而后逐渐成为直线关系。

（2）磨粒与工件的碰撞角。磨粒撞击工件表面的角度（撞击角）对塑性抗磨金属和脆性抗磨金属磨损率的影响是不同的。撞击角大（近于正向撞击）时，塑性材料的磨损率相对较低，而脆性材料的磨损率则相对较高。

（3）磨粒在工件表面滑动速度。有人采用粒度尺寸不同的 SiC 磨粒在 0.2～200mm/s 速度范围内在工件表面滑动，测定磨粒滑动速度对磨损率的影响[5]，结果表明：尺寸较大的磨粒造成工件的较高磨损率。同时，随着磨粒运动速度增加，磨损率则有降低的趋势。但是磨粒运动速度也有极限值，超过此值后，工件的磨损率将要增加。

上述情况说明，一些外部条件的改变会导致材料磨损机制和磨损率的变化，直接影响抗磨件的耐用程度。因此在选择材料时，应根据不同的工况来确定高铬铸铁件的成分、组织、性能和生产工艺，以求获得最佳的使用效果。

5.8 高铬铸铁的耐磨性与抗冲击能力

高铬铸铁具有优良的抗磨料磨损能力，而且它的力学性能也优于其他耐磨白口铸铁。但是抗磨零件在许多工况中要承受很大的冲击负荷。例如，球磨机衬板、磨球、破碎机锤头、反击板、颚板、辊式磨煤机辊轮套、扇形底盘等都是既需要耐磨、又需要具有优良抗冲击能力的零件。

高铬铸铁组织中含有大量碳化物，本身性质较脆，与钢质耐磨铸件相比，抵抗外力冲击能力还是比较差的。铸件在使用过程中，往往会因韧性不足，出现断裂、表层金属剥落等脆性失效。因此，多年来一直有人致力于研究高铬铸铁件耐磨性和抗冲击能力同步提高的问题。力求高铬抗磨铸铁件（以及其他铬白口铸铁件）抗冲击能力得到进一步改善。进一步扩大它的应用范围。

5.8.1 以断裂韧度衡量高铬铸铁抗冲击能力

传统上，金属材料的抗冲击能力都是以一次冲击韧性试验结果来衡量。一次冲击韧性试验可以测得试样破断时单位截面积所消耗的功或所吸收的总能量，其中包括试样弹性功、塑性变形时的塑性功以及裂纹扩展时的撕裂功。但各种材料的弹性功、塑性功以及撕裂功之间的差别很大，导致不同材料可能表现出相同的一次冲击试验数据。应该指出：只有裂纹扩展时的撕裂功才能够准确反映材料的韧性和脆性程度。因此一次冲击试验结果不能准确反映低韧性材料吸收冲击能量的能力，导致试验所获得数据缺乏足够的重现性，所获得的一次冲击值难以准确衡量诸如白口铸铁一类低韧性材料的抗冲击断裂能力，更不能以明确直观的方式把在各种工况下工件抗断裂能力与实验室韧性试验数据之间的关系表达出来。因此以常规的一次冲击试验结果判断高铬铸铁抗冲击断裂能力存在显著不足之处。

另外，试样在一次冲击试验中所承受载荷属于大能量一次冲击载荷，这种载荷与铸件断裂过程中实际承受的载荷是有差别的。因此，一次冲击试验不具备实际工况的模拟性。一次冲击值不宜作为导致材料断裂的性能指标，更不宜用于高铬铸铁（以及其他铬白口铸铁）产品强度设计。

历史上曾经发生过一些机器零件在低于许用应力情况下脆性断裂，后来发现这是因为材料内部存在与冶金和加工过程有关的裂纹源。外力作用下，细小裂纹由亚临界扩展发展为失稳扩展，最终可能导致零件断裂失效。

随着材料弹塑性理论的发展，许多研究工作揭示了材料内部裂纹的扩展规律，以建立探讨裂纹对结构强度和寿命的影响。逐渐建立起材料断裂判据，采用材料断裂韧度表示断裂过程中材料内部裂纹扩展抗力的概念。确认了以断裂韧度指标表述金属材料抗断裂能力比一次冲击韧性值（a_K 值）更有实际意义。

但是断裂韧度指标也有一定局限性。因为断裂韧度只能表明耐磨材料对铸件中已存在的裂纹和缺陷向外扩展的抗力，而不能反映材料抑制或阻碍裂纹萌生的能力。试验和断口分析都表明，在不含缺陷的耐磨件中，抑制裂纹扩展与抑制裂纹萌生相比，前者所需的抗力要小得多，扩展速度也快得多。可以认为裂纹萌生抗力是控制裂纹扩展速度的主要因素。因此，以断裂韧度指标反映抗冲击韧性也有其不足之处。

当前大多数人仍然愿意借助断裂韧度指标衡量高铬铸铁（以及其他铬白口铸铁）的抗冲击韧性。主要是因为耐磨铸件中通常或多或少会存在一些可导致组织出现不连续性的缺陷。另外这个指标毕竟比一次冲击值反映的情况更接近实际，而且试样制备和试验过程并不算复杂。

研究发现裂纹尖端应力场中存在着一个可以测定的、能够决定应力强弱和裂纹扩展位移量的共同因子，这个因子被称为“应力场强度因子”，以 K_{I} 表示。K_{I} 与存在于裂纹范围内的名义应力（σ）、裂纹尺寸（a）与裂纹形状、尺寸、试样断面相关的常数 α 存在以下关系：

$$K_{\mathrm{I}} = \alpha\sigma\sqrt{\pi a} \tag{5-1}$$

当 K_{I} 大于某一临界值时，裂纹将发生失稳扩展。这个临界状态的应力场强度因子称为“断裂韧度”以 K_{Ic} 表示。其单位是 $\mathrm{MPa \cdot m^{\frac{1}{2}}}$。这个性能指标表征材料抵抗裂纹失稳扩展的能力，可以作为衡量材料韧性的指标之一。

研究工作者对多种高铬铸铁断裂韧度进行了测定。发现高铬铸铁断裂韧度大小主要与其基体组织类型和力学性能、碳化物体积分数有关。也受其他夹杂物体积分数和分布状态等诸多因素影响。

从许多有关高铬铸铁断裂韧度的试验结果来看，断裂韧度试验数据的精确性、测定值重现性，都比一次冲击试验更能客观、合理地反映材料断裂产生过程。特别是能够比较灵敏准确地反映出高铬铸铁基体组织状态和力学性能变化对断裂过程的影响。因此，测定断裂韧度对高铬铸铁使用者和制造者都有实际意义。

5.8.2 碳化物体积分数对高铬铸铁断裂韧度的影响

前面已经介绍过高铬铸铁中碳化物硬度高，抗磨能力强，在耐磨件中起骨干作用。抗磨能力在很大程度上取决于所含碳化物的性能、尺寸、数量以及分布状况。碳化物尺寸或体积分数在一定范围内增大，都有助于提高高铬铸铁抗磨能力。

碳化物是脆性相。高铬铸铁因含有较多碳化物而成为比较脆的材料。碳化物的体积分数大，尺寸粗厚，使材料的硬度和耐磨性提高。但是碳化物也会使材料性质越脆，抗冲击能力下降。因此，高铬铸铁的耐磨性和抗冲击能力就成为高铬铸铁件工作性能方面的一对矛盾。

图 5-11 显示含有不同碳化物体积分数的奥氏体高铬铸铁和马氏体高铬铸铁的静态断裂韧度（K_{Ic}）和动态断裂韧度（K_{Id}）[6]。两种基体类型的高铬铸铁的 K_{Ic} 值和 K_{Id} 值与碳化物体积分数的关系曲线都是类似的。K_{Id} 值随碳化物体积分数增加而下降，K_{Ic} 则与碳化物体积分数的关系曲线存在最大值。

两组曲线说明，奥氏体高铬铸铁动态及静态断裂韧度值均高于马氏体高铬铸铁；碳化物体积分数较小时，两组断裂韧度的差别比较大，碳化物体积分数较大时，则两者断裂韧度的差别减小。因此，就断裂韧度而言，碳化物体积分数小的亚共晶合金，基体类型对断裂韧度起的作用较大；而碳化物体积分数较大的共晶合金和过共晶合金，碳化物体积分数断裂韧度的影响就比较小了。尤其是静态断裂韧性，几乎相差无几。

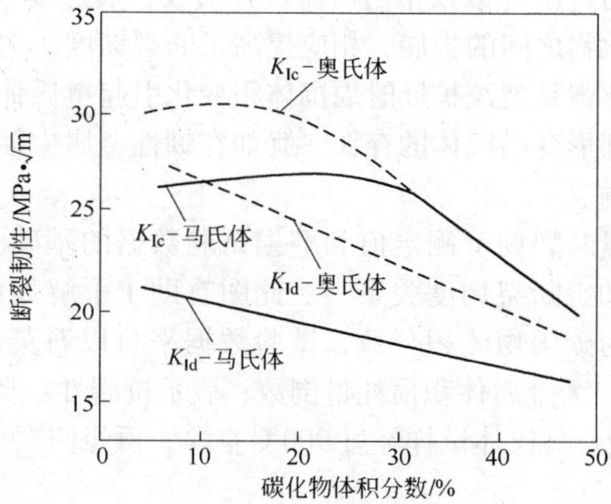

图 5-11 两类含有不同碳化物体积分数的高铬铸铁断裂韧性

碳化物体积分数小的高铬铸铁中，基体对断裂韧度产生较大的影响，原因在于裂纹源密度大的碳化物和基体的界面面积小；同时裂纹由一个碳化物边缘扩展到另一个碳化物边缘所经历的路径较长，裂纹扩展速率较低。而碳化物数量较多时，裂纹扩展速率提高，其原因不仅在于扩展路线的增加，而且裂纹穿过碳化物的几率大大增加。我们知道，由于晶体结构上的原因，碳化物本身塑性差，应变能转化速率低，难以使裂纹钝化，导致裂纹在碳化物中能以较高的速率扩展。这种情况对断裂韧度都是不利的。

也需要指出，无论动态断裂韧度或静态断裂韧度，都只能反映已有裂纹扩展的抗力，不能反映裂纹萌生的几率。因而控制可能成为裂纹源的碳化物体积分数，减少裂纹萌生几率是提高断裂韧度值、改善材料抗断裂能力的重要方面。

碳化物类型对铬白口铸铁断裂韧度也有一定影响。试验表明，当碳化物体积分数基本相同时，含有（Cr，Fe)$_7$C$_3$ 碳化物的高铬铸铁与含有（Cr，Fe)$_3$C 碳化物的低铬铸铁相比，前者的断裂韧度指标高于后者。经过电镜检测分析，其原因在于不相同的碳化物对裂纹扩展的抗力显著不同。(Cr，Fe)$_7$C$_3$ 碳化物赋予高铬铸铁以良好的抗磨能力，同时也使断裂韧度高于其他铬白口铸铁。这就是我们希望高铬铸铁的全部碳化物具 M_7C_3 型结构的一个重要原因。

5.8.3 奥氏体基体和马氏体对高铬铸铁断裂韧度的影响

据对碳化物体积分数基本相同的几种高铬铸铁断裂韧度测定，结果是奥氏体基体高铬铸铁的临界应力强度因子 K_{Ic}最高。其断裂韧度明显高于马氏体高铬铸铁，而且与同时进行的一次冲击试验结果也相似。如果基体是奥氏体与马氏体的复相组织，则奥氏体的体积分数越高，应力强度因子也越高。

奥氏体高铬铸铁断裂韧度大于马氏体高铬铸铁断裂韧度的原因在于奥氏体的塑性高于马氏体，其应变能储积和释放速率高于马氏体，与碳化物本身或碳化物-基体界面相比，更容易使裂纹钝化。裂纹钝化使其在奥氏体中扩展比在马氏体中扩展困难。而且奥氏体基体发生形变时，能防止尺寸较大的碳化物或碳化物-基体界面早期开裂，并能抑制脆性裂纹从一个碳化物向另一个碳化物粒子扩展。

塑性基体金属在高铬铸铁（以及铬白口铸铁）裂纹扩展过程中可能通过滑移机制使裂纹钝化，减缓裂纹在碳化物之间的扩展，相应提高了断裂韧度。但是另一种机制也可能使材料的断裂韧度恶化，那就是裂纹扩展时周围体积变化引起奥氏体发生形变硬化，产生脆而硬的形变马氏体。局部形变马氏体的存在，犹如在韧性金属中插入一些硬质点，对材料的断裂韧度产生不利影响。

研究人员在获得大量断裂韧度测定值和磨损试验数据的基础上绘制出图 5-12 所示的两种高铬铸铁抗磨性与动态断裂韧度关系[7]。此图有助于了解如何获得磨损-韧性的合理组合。图中标注的数字为碳化物体积分数，试验数据来自以石英砂（AFS50/70）为磨料的胶轮湿磨损试验。ΔV^{-1}为金属体积损耗量倒数，表示抗磨性。奥氏体试样为铸态，仅经过 200℃消减内应力处理。马氏体试样经过 900℃空淬，再经两次 −78℃深冷处理及 200℃低温回火。

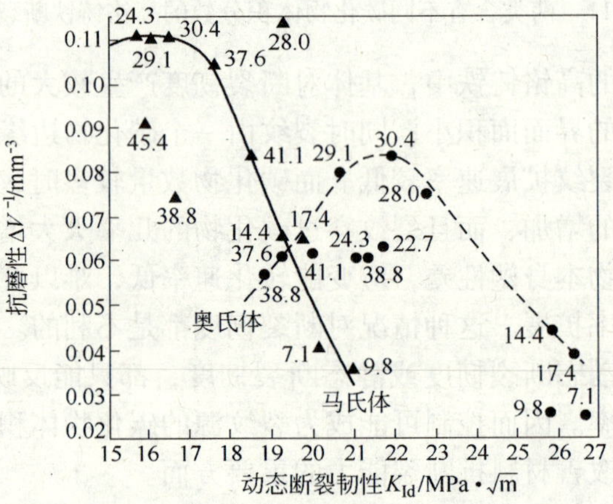

图 5-12 两种高铬铸铁抗磨性与动态断裂韧度关系

图中奥氏体曲线和马氏体曲线都有抗磨性峰值。此值都发生在碳化物体积分数为 30%左右的合金。由峰值减少奥氏体高铬铸铁中碳化物体积分数使 K_{Id}上升，过多的先共晶碳化物对断裂韧度和抗磨性都是不利的。若要兼顾断裂韧度和抗磨性，一般来说，宜选共晶成分高铬铸铁。

图 5-13 显示两种基体高铬铸铁硬度范围及相应的动态断裂韧度。试样成分为：$w(\mathrm{C})=2.9\%$、$w(\mathrm{Cr})=19.0\%$、$w(\mathrm{Mo})=2.4\%$、$w(\mathrm{Cu})=0.9\%$，通过热处理使基体分别成为奥氏体和马氏体。奥氏体高铬铸铁宏观硬度范围 HV 200 ~ 570，马氏体高铬铸铁宏观硬度范围 HV 700 ~ 850。

试样 1 为基体组织，未经热处理。

试样 3 经 1120℃ ×4h 空淬 +200℃回火。

试样 27、29、31、33 经 200 ~ 400℃回火 2h 后，表现出最高的动态断裂韧度。

试样 35 回火温度提高到 550℃，保温 2h。由 480℃开始，铸态奥氏体析出高度弥散分布的碳化物，出现（$\alpha+M_7C_3$）聚合组织。550℃时碳化物尺寸增长，动态断裂韧度有所下降。保温时间延长至 10h（试样 5），碳化物继续增长，动态断裂韧度进一步下降。

处理温度提高至 700℃，动态断裂韧度因奥氏体显著分解而下降至最低点。

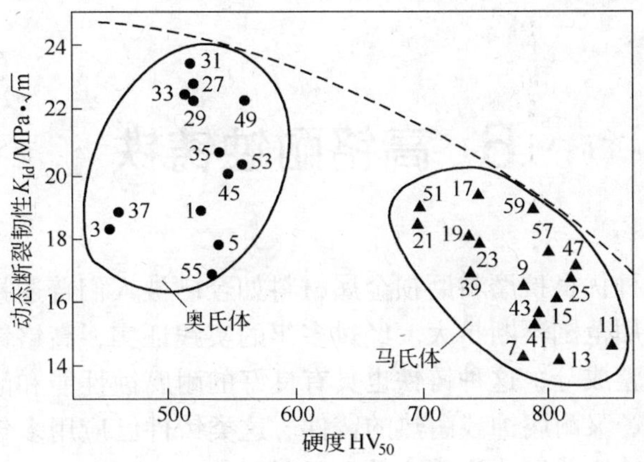

图 5-13 两种高铬铸铁硬度范围及相应的动态断裂韧度

试样在 950 ~ 1035℃淬火并回火，生成马氏体基体。

试样在 1000℃保温 4h 后空淬。奥氏体中二次碳化物未充分析出，淬火组织为高碳马氏体 + 大量残余奥氏体，动态断裂韧度较低（试样 7）；延长保温时间至 24h，脱稳处理完成，马氏体微裂纹和残余奥氏体量减少，动态断裂韧度提高（试样 9）。

试样 17、19、21、23、25 均为 1000℃ ×4h 空淬后，分别以 200℃、250℃、330℃、400℃、550℃回火 2h。显示以较低温度回火可获得较高动态断裂韧度。以 200℃ ×2h 回火效果最显著。

试样 39、13、41 也是 1000℃ ×4h 空淬，然后 500℃回火，回火时间分别为 3h、10h、20h。试样硬度及动态断裂韧度均降至较低水平。

淬火温度由 1000℃保温 4h（试样 43），硬度约 HV770。

1000℃空淬后再经两次 - 78℃ ×0. 25h 深冷处理的试样（11）与淬火 + 回火试样相比，硬度提高到 HV 850，DAN1 动态断裂韧度下降。这是因为残余奥氏体大量转变为含有微裂纹的马氏体，马氏体钝化裂纹效应差，裂纹扩展阻力小，导致动态断裂韧度下降。

参 考 文 献

[1] Sare I R. Abrasion resistance and fracture toughness of white cast irons[J]. Metals Technology，1979(11)：412 ~ 419.

[2] Watson J D，Mutton P J，Sare I R. Metal Forum，1980，3(1)：74 ~ 88.

[3] Richardson R C D. Wear[J]，1968(11)：245 ~ 275.

[4] Fulcher J K，Kosel T H，Fiore N F. Wear[J]，1983(84)：313 ~ 325.

[5] Misra A，Finnie I. Wear[J]，1981(68)，33.

[6] Zum-Gahr K H，William G. Scolz：Journal of Metals[J]，1980，32(10)：38 ~ 44.

[7] Zum-Gahr K H，Doane D V. Matall. Trans. [J]，A. 11，(April 1980)：613 ~ 620.

6 高铬耐蚀铸铁

高铬铸铁作为一种优良抗磨料磨损金属材料如今已被人们普遍接受和认识。在工农业生产的抗磨领域内应用范围不断扩大。经过多年的实践证实，高铬铸铁不仅是优良的抗磨材料，如果合理地调整成分，这种铸铁也具有良好的耐腐蚀性能和耐热性能，可以用于制造既有一定耐磨能力、又耐腐蚀或耐热的铸件。这类铸件已应用多年，并获得很好的使用效果。本书将这两种铸铁分别称为“高铬耐蚀铸铁”和“高铬耐热铸铁”，以区别于前面章节中所介绍的高铬耐磨铸铁。

6.1 金属腐蚀

金属表面与其所接触的环境介质相互作用而产生的物理、化学损伤现象称为金属腐蚀。腐蚀是金属零件失效的重要原因之一。

金属腐蚀过程和腐蚀样式很多，机理比较复杂。通常根据腐蚀过程机制，将金属腐蚀分为化学腐蚀和电化学腐蚀。在同一环境遭受腐蚀的铸件，有些是被单一类型的腐蚀所损伤，也有些可能是被化学腐蚀和电化学腐蚀的共同作用所损伤。

金属表面与非电解质（干燥气体、高温气体、非电解质溶液）之间由于纯化学反应造成的金属损伤属于化学腐蚀。在此过程中，金属与氧化剂之间在不同化学位驱动下直接产生电子传递，没有腐蚀电流产生。金属在大气中的高温氧化，钢铁锻轧时产生氧化皮，金属在液态有机物（如石油、酒精）中的腐蚀都属于化学腐蚀。

金属表面与电解质发生电化学反应而产生的金属损伤称为电化学腐蚀。金属在大气、海水、土壤以及在各种电解质溶液中发生的腐蚀，都属于电化学腐蚀。

金属与电解质接触是发生电化学腐蚀的前提条件。当合金放置于潮湿空气中，通过表面吸附作用，合金表面产生一层很薄的水膜。水膜直接电离产生的 H^+ 离子和 OH^- 离子以及水中溶解的二氧化碳、二氧化硫等物质产生的 H^+ 离子（$CO_2 + H_2O = H_2CO_3 = H^+ + HCO_3^-$）均存在于水中，使水膜成为电解质溶液，导致金属在潮湿空气中发生电化学腐蚀。

合金中各组成相和杂质在腐蚀介质中具有不同的电极电位❶，成为具有不同极性的电极。金属元素的电子在电位不同的电极间发生转移，在极性不同的物相间构成原电池，形成腐蚀电流。有电子流入的一极为阴极，阴极上进行还原反应。失去电子的一极为阳极，阳极进行氧化反应。这一类氧化-还原反应释放的化学能直接转变为电能，在作为阳极的物相失去电子成为正离子而溶解，导致阳极物质流失。流失的金属使物体表面损伤，形成

---

❶ 电极电位不是通过直接测定单个电极和与其接触的电解质之间的电位差而确定，确定的方法是：测定某一电极与标准氢电极所组成的原电池的电动势，由于认定标准氢电极的电极电位为零，从而就可以确定一些电极对（如 Fe^{2+}/Fe）的标准电极电位。

电化学腐蚀。

电化学腐蚀过程是基于金属由元素状态到离子状态的改变，转变是放热反应，体系自由能降低。因此，这类腐蚀属于自发损伤过程。在自然界中，电化学腐蚀是一种比较普遍的腐蚀形式。

6.2 金属耐蚀性

金属耐蚀性反映金属在某种腐蚀介质中阻碍和抑制腐蚀进程的能力。这种性能是根据金属在腐蚀介质中经历一定时间后因腐蚀而失去的金属量来评定的。由于某一金属在不同腐蚀介质中被腐蚀的程度通常是不相同的，因此，表示金属耐蚀性的数据必须是针对特定腐蚀介质。也就是说，这些数据应是在特定的腐蚀介质中和特定的腐蚀环境下进行试验获得的结果。

我们在选用耐蚀材料时，可在有关手册或相关文献中查阅这些数据。腐蚀速率数据一般以两种单位表示，一种以金属暴露于腐蚀介质一定时间后，单位金属表面因腐蚀而导致减失的金属重量表示，例如以 $g/(dm^2 \cdot a)$ 作为某种材料腐蚀速率的单位。另一种是以试件表层减失厚度（深度）表示，例如以 mm/a 为单位。

表 6-1 列出以腐蚀深度评定的金属耐蚀性等级。

表 6-1 以腐蚀深度为准评定的金属耐蚀性等级

耐蚀性要求	腐蚀率/$mm \cdot a^{-1}$	耐蚀性等级
非常耐蚀	<0.001	1
耐蚀性优良	0.001~0.005 0.005~0.01	2 3
耐蚀性良好	0.01~0.05 0.05~0.1	4 5
耐蚀性一般	0.1~0.5 0.5~1.0	6 7
耐蚀性较差	1.0~5.0 5.0~10.0	8 9
不耐蚀	>10.0	10

耐蚀件使用者根据零件设计技术要求选择不同等级的耐蚀铸件。要求在腐蚀介质中工作的机械零件在一个规定大修周期内保持原有尺寸精度时，应选用 1~3 级铸件；有密封防渗要求或较长时间不便更换的零件按 2~5 级选用；要求不高，易于更换的零件选用 4~7级铸件；8~10 级不宜在腐蚀环境下长期使用。

6.3 白口铸铁的腐蚀

一般来说，在大气、水和土壤中，白口铸铁的抗腐蚀能力优于碳钢。由各地发掘出土的古代铸铁遗物可知，人类应用白口铸铁已有几千年历史。考古发现有些白口铸铁件埋藏地下已超过千年，并未因腐蚀而严重损伤，说明白口铸铁具有很好的耐蚀性能。图 6-1 所

图 6-1 山西蒲津渡遗址出土的唐代铸铁人物塑像

示山西境内黄河岸边唐代蒲津渡遗址出土的铸铁人物塑像。塑像历经河水、土壤、大气侵蚀，至今仍然清楚地保留着原来形貌，就是一个很好的例证。

白口铸铁件的腐蚀失效，大多数源于电化学腐蚀。图 6-2 示意地说明白口铸铁组织中 α 铁素体与碳化物两相之间发生的电化学腐蚀过程。

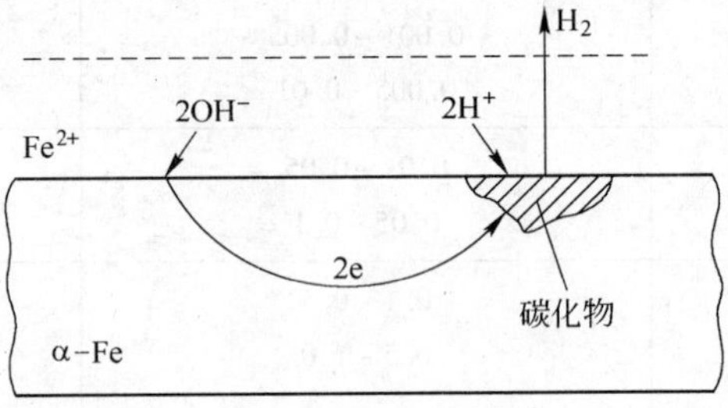

图 6-2 白口铸铁电化学腐蚀过程示意图

α 铁素体与碳化物都与金属表面的腐蚀介质接触。两相在腐蚀介质中具有各自的电极电位，两相之间构成了产生腐蚀作用的原电池。在 pH 值较低的腐蚀介质中，碳化物的电极电位为正电位，α 铁素体电极电位为负电位。碳化物相对于 α 铁素体，成为腐蚀电池的阴极（正极），α 铁素体成为阳极（负极）。在 α 铁素体上发生的反应为氧化反应，此反应使 α 铁素体失去电子，所产生的 Fe^{2+} 离子进入腐蚀介质。电子则流向阴极。H^+ 离子在碳化物上与电子结合，成为氢气，从腐蚀介质中逸出。介质中的 Fe^{2+} 离子和 OH^- 离子结合，生成 $Fe(OH)_2$，$Fe(OH)_2$ 附着在白口铸铁表面。两个电极区的反应，可以分别以下列离子式表示：

阳极区：

$$Fe = Fe^{2+} + 2e \tag{6-1}$$

$$Fe^{2+} + 2(OH)^- = Fe(OH)_2 \tag{6-2}$$

式6-1、式6-2表示α铁失去电子。Fe^{2+}离子与OH^-离子结合，形成可与金属分离的氢氧化铁$Fe(OH)_2$。

阴极区：

$$2H^+ + 2e = H_2 \uparrow \tag{6-3}$$

式6-3表示，碳化物所接受的电子，与H^+结合，产生氢气，逸出腐蚀区。

阳极区反应所生成的$Fe(OH)_2$随后在空气中被氧化为$Fe(OH)_3$。$Fe(OH)_3$及其脱水产物Fe_2O_3是构成锈蚀物（铁锈）的主要成分。

白口铸铁产生锈蚀物（铁锈）的反应是不可逆反应，显示腐蚀导致的铸铁金属流失。但是锈蚀物覆盖在铸铁件表面，与表面紧密接触，使铸铁与大气隔绝，阻碍腐蚀过程进一步发展。只要锈蚀物不与铸铁件表面脱离接触，就有利于减少铸铁遭受进一步腐蚀。

阳极区铁的离子化以及通过电子转移而使基体中的铁减失，造成白口铸铁析氢型电化学腐蚀。这说明白口铸铁基体金属的流失首先源于电化学腐蚀。

在多相合金中，构成腐蚀电池的两个相之间的界面面积直接影响电化学腐蚀速率。界面面积增大（例如，碳化物总周边面积增加或层片间距减小）则腐蚀率提高。材料抗腐蚀能力相应减弱。对于合金白口铸铁，溶入碳化物或基体金属中的合金元素，都能使相间电位发生变化，因此能够影响白口铸铁的腐蚀率。高铬铸铁就是一个例证。

6.4 高铬耐蚀铸铁

高铬耐蚀铸铁通常是按基体组织分类的。通常分为两种类型：

(1) 基体为铁素体的称为铁素体高铬耐蚀铸铁；

(2) 基体为奥氏体的称为奥氏体高铬耐蚀铸铁。

以下分别讨论这两种耐蚀铸铁。

6.5 铁素体高铬耐蚀铸铁

6.5.1 铁素体高铬耐蚀铸铁成分与组织

铁素体基体高铬耐蚀铸铁是低碳高铬成分的高铬白口铸铁，其含铬量范围为22%～34%、铬碳比很高，一般超过15∶1。共晶碳化物为$M_{23}C_6$型。基体中的铬溶于铁素体中，形成铬浓度很高的铁素体组织。因此通常称之为铁素体高铬耐蚀铸铁。

铁素体高铬耐蚀铸铁通过以下机制发挥耐腐蚀作用：

(1) 高铬耐蚀铸铁件中铬浓度达到一定程度后，在氧化性介质（包括空气）中凝固时，会在铸件表面生成一层以Cr_2O_3为主体、由铁的氧化物和铬的氧化物构成的$FeO \cdot Cr_2O_3$钝化保护膜，这层膜厚度以纳米计。膜虽然很薄，但是膜体坚实致密、组织稳定，紧紧包覆着铸件，把铸件表面与外部的腐蚀介质分隔开。腐蚀介质只能通过保护膜上的微小空隙少量渗入铸件金属表面，从而使铸件受到的侵蚀大为减轻。即使铸件长期与氧化性腐蚀介质接触，膜也不致被溶解或大面积损坏，因而能抑制或减少外界腐蚀介质侵入而有效避免铸件遭受腐蚀，减少铸件损伤。

(2) 高铬铸铁中，共晶碳化物的电极电位高于α铁素体基体，α铁素体基体在腐蚀介质中仍处于阳极地位，是被腐蚀的主体。因此，高铬耐蚀铸铁抗拒腐蚀的能力在很大程度上取决于α铁素体基体电位的高低。铬阻滞白口铸铁离子化过程，促使作为阳极的基体金属电位强烈向正方向移动，能有效提高作为被腐蚀主体的基体金属阳极电位，同时也促使阴极电位朝负方向移动，从而降低腐蚀电池电动势，弱化α铁素体上发生的氧化反应，减小腐蚀电流，延缓腐蚀进程，减少基体金属流失量，从而增强抗电化学腐蚀能力。

铁铬合金在稀硫酸中的电位非常显著地取决于固溶体中铬的质量分数。一项试验结果指出，含铬α铁素体的电位有一个阶跃式变化。固溶相在稀硫酸中的电位突然急剧升高，从负电位（-0.6V）阶跃式上升到正电位（+0.2V），如图6-3所示[1]。

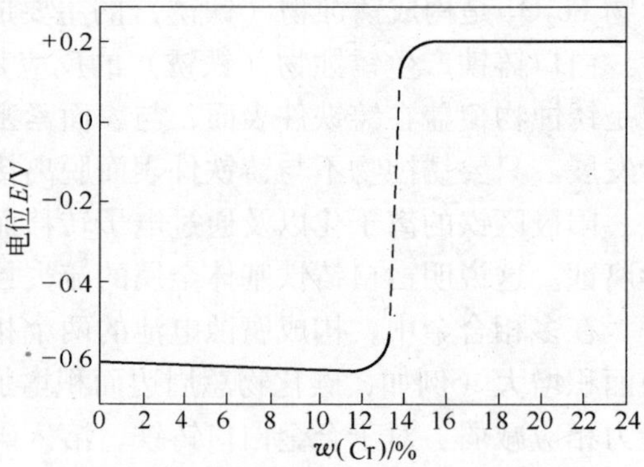

图6-3 含铬量12.5%左右的铁铬二元合金电位突变

另外，在20℃饱和盐水内测定高铬铸铁动态腐蚀率的试验结果也显示，铸件腐蚀率随高铬铸铁含铬量提高而降低。当含铬量超过12.5%后，腐蚀率变化趋于平缓。

以上试验表明，高铬铸铁含铬量至少超过12.5%时，基体金属（富铬铁素体）阳极电位有阶跃式提高。此时基体为α铁素体的高铬铸铁将显示最好的抗腐蚀作用。

高铬铸铁中的铬元素，一部分与碳化合，形成碳铬化合物，另一部分溶入基体金属。高铬铸铁具有以下这样的铬含量才能获得较低的电化学腐蚀倾向，即除与碳化合所消耗的铬量之外，高铬铸铁基体金属中所含铬量至少不应低于12.5%。即：

$$[1.95 \times (w(\mathrm{Cr})/w(\mathrm{C}) - 2.47)]\% > 12.5\% \tag{6-4}$$

式中，$w(\mathrm{Cr})$和$w(\mathrm{C})$分别为铁素体高铬耐蚀铸铁件的含铬量和含碳量（质量分数），%。

但是，为确保材料具有可靠的耐腐蚀能力，基体含铬量通常选取$(2.5 \sim 3.5) \times 12.5\%$。

我国工厂中已经生产的高铬耐蚀铸铁品种及其化学成分列于表6-2[1]。

表6-2 高铬耐蚀铸铁化学成分（质量分数，%）

名称	C	Si	Mn	P	S	Cr	Mo	Ni	Cu
Cr22	0.7~1.0	0.5~1.3	0.5~0.8	≤0.1	≤0.08	21~24	1.8~2.2	—	1.0~1.5
Cr28	0.8~1.2	0.5~1.3	0.5~0.8	≤0.1	≤0.08	26~30	—	—	—
Cr34	1.5~2.0	1.3~1.7	0.5~0.8	≤0.1	≤0.08	32~36	—		
Cr30Mo	0.9~1.1	2.0~2.2	0.5~0.8	—	—	29~32	1.7~2.2	0.25~0.40	—
ECR合金	0.5~2.5	≤3.5	0.5~1.5	≤0.08	≤0.05	21~35	0.5~3.0	5~12	1.0~3.5

按表6-2中所列含铬22%、28%、34%三种铁素体高铬耐蚀铸铁铬碳比计算，得出几种成分高铬铸铁基体含铬量如下：

当$w(\mathrm{Cr})=22\%$、$w(\mathrm{C})=1.0\%$，基体含铬40.43%；

当$w(\mathrm{Cr})=28\%$、$w(\mathrm{C})=1.2\%$，基体含铬43%；

当 $w(Cr)=34\%$、$w(C)=2.0\%$，基体含铬 30.68%。

可见以上三种铬、碳成分组合的高铬耐蚀铸铁基体含铬量都远超过能使基体电位阶跃提高的临界含铬量，也超过优良高铬耐蚀铸铁应有的基体含铬量经验值。这就是铁素体高铬耐蚀铸铁能够较好地降低电化学腐蚀率的原因。

Cr22、Cr28、Cr34 三种耐蚀高铬铸铁铬的质量分数是递增的，碳的质量分数也相应依次递增，为的是合理调整基体的铬浓度和阳极电位，保持高铬铸铁抗电化学腐蚀能力，以适应不同腐蚀工况的需要。含铬量较高的高铬铸铁（Cr28，Cr34）耐蚀性优于 Cr22 高铬铸铁，这两种耐蚀高铬铸铁是比较常用的品种。

表 6-3 列出两种成分的高铬铸铁数据，分别是高铬耐磨铸铁和高铬耐蚀铸铁。这两种成分的铸铁件工作性能都令人满意。考虑到铬在基体金属中质量分数对高铬耐蚀铸铁抗电化学腐蚀能力的影响，在材料成分设计上需要设法使铬更多进入基体。可以看出，高铬耐磨铸铁和高铬耐腐蚀铸铁化学成分上是各有特点的。高铬耐磨铸铁件化学成分是基于抵抗磨料机械磨损而设计的。铬碳比相对较低，铬碳比平均为 7.7，基体含铬量平均为 12.5%。显微组织中有较多 $(Fe, Cr)_7C_3$ 碳化物，基体金属有足够的淬透性和淬硬性，经过热处理成为硬度较高的耐磨组织。而高铬耐蚀铸铁铬碳比平均为 21.5，基体含铬量平均为 39.5%。由铁碳铬三元合金液相面投影图上可以看出，这类合金是由硬度较低的 $(Fe, Cr)_{23}C_6$ 碳化物和 α 铁素体组成，耐腐蚀能力高于高铬耐磨铸铁，但其耐磨性低于高铬耐磨铸铁。

表 6-3　两种高铬铸铁常用化学成分、碳化物含量和基体含铬量

铸铁种类	常用碳、铬成分范围（质量分数）/%		适用工况	共晶碳化物含量（质量分数）/%	基体含铬量（质量分数）/%
	C	Cr			
高铬耐磨铸铁 $w(Cr)=25.82\%$，Cr/C = 8.75	2.0 ~ 3.3	11 ~ 30	抗磨料磨损	35.37	14.6
铁素体耐蚀高铬铸铁 $w(Cr)=25.15\%$，Cr/C = 20.9	0.7 ~ 2.0	22 ~ 36	抗电化学腐蚀	13.42	38.3

注：表中两类高铬铸铁化学成分均非特定值或推荐值，仅作为说明问题的一项例证。

高铬低碳高铬铸铁远离共晶成分。由于奥氏体充分发育，其体积分数很高。从显微组织上看，高铬耐蚀铸铁中的 $M_{23}C_6$ 共晶碳化物都以条状或颗粒状的形貌存在于奥氏体晶粒之间狭窄的空间内。铬碳比相对较高的高铬耐热铸铁则在铁素体基体上显示少量的孤立存在的共晶碳化物。

表 6-2 所列 Cr22、Cr28、Cr34 三种高铬耐蚀铸铁基体组织的主体为高铬铁素体，或高铬铁素体 + 奥氏体，没有马氏体存在，这是与高铬耐磨铸铁组织方面的显著区别。铁素体与奥氏体含量比例取决于基体含碳量。基体含碳量低时，绝大部分为铁素体，甚至 100% 为铁素体。随着含碳量提高或加入一些稳定奥氏体元素（如镍、钼、铜），奥氏体含量相应增加，最终可形成高铬奥氏体基体。表 6-2 中所列 Cr30Mo、ECR 合金都属于这种具有奥氏体基体的高铬耐蚀铸铁。

表 6-4 列出高铬耐蚀铸铁的抗拉强度和硬度值，显示其抗拉强度高于普通灰铸铁，特

别是 ECR 合金达到球墨铸铁强度水平。铁素体高铬耐蚀铸铁的硬度 HB220～320，均在可切削加工硬度范围内。ECR 合金和 Cr30Mo 硬度虽偏高，这些铸铁若在退火后进行机械加工，也能显示良好的切削性能。

表 6-4 高铬耐蚀铸铁抗拉强度和硬度值

牌 号	抗拉强度 σ_b/MPa	硬度 HBS
Cr22	378	233
Cr28	≥350	220～270
Cr34	≥400	250～320
Cr30Mo	>320	250～380
ECR	500～750	250～370

6.5.2 铁素体高铬耐蚀铸铁的耐蚀性能

铁素体耐蚀高铬铸铁在各种氧化性酸中有良好的耐蚀性，如用于氧化性弱酸、有机酸溶液以及多种盐溶液中耐蚀效果很好，特别是对各种浓度和温度的硝酸（沸腾浓硝酸除外）有很强的抵抗侵蚀能力。在室温下，应用于浓度不超过 95% 的硝酸中，其腐蚀速率不超过 0.15mm/a。图 6-4 显示 $w(C)=0.8\%$、$w(Cr)=29\%$ 耐蚀高铬铸铁在硝酸中的腐蚀速率[1]。

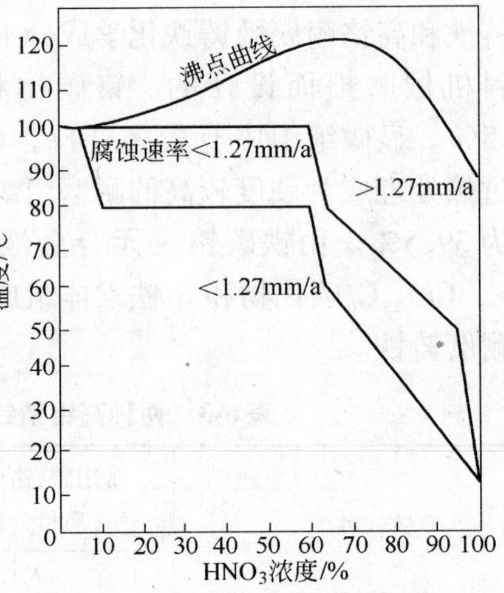

图 6-4 $w(C)=0.8\%$、$w(Cr)=29\%$ 耐蚀高铬铸铁在硝酸中的腐蚀速率

此外，在海水和矿井水中以及浓硫酸、盐酸、温度低于沸点及浓度低于 60% 的磷酸、碳酸、碱液、盐浆、亚硫酸盐纸浆废液等腐蚀介质中的耐蚀性都比较好，但是不能很好抵抗还原性酸以及熔碱、稀硫酸、高温浓碱液的腐蚀。

表 6-5[2] 列出 Cr28 铁素体高铬耐蚀铸铁的腐蚀数据表明除了在沸腾硝酸、沸腾磷酸、NaOH 中抗蚀能力较差外，对于其他多种腐蚀介质均能保持或接近小于 0.1mm/a 的腐蚀速率。

表 6-5 Cr28 铁素体高铬耐蚀铸铁的腐蚀数据

腐蚀介质	温度/℃	腐蚀速率/$mm \cdot a^{-1}$
硝酸 66%	20	<0.1
硝酸 66%	沸	<0.1
发烟硝酸	沸	<3.0
磷酸 45%	沸	<0.1
磷酸 73%	沸	1.97
硫酸 62%	20	<0.1
醋酸 10%	沸	<0.1
氢氧化钠 50%	沸	不耐蚀
硝酸铵 50%	沸	<0.1
硫酸铵 50%	100	<0.1

表6-6[2]列出含铬量超过28%的两种铁素体高铬耐蚀铸铁在不同介质中的腐蚀速率。

表6-6 两种高铬耐蚀铸铁在不同种类、浓度、温度、腐蚀介质中的腐蚀速率

化学成分	介质			腐蚀速率 $/mm \cdot a^{-1}$
	种类	浓度/%	温度/℃	
$w(C)=0.5\%\sim1.2\%$ $w(Si)=0.5\%\sim1.3\%$ $w(Mn)=0.5\%\sim0.8\%$ $w(P)\leqslant0.1\%$ $w(Cr)=28\%\sim30\%$	硝酸	66	20	<0.1
		66	沸	<0.1
		发烟	沸	<3.0
	磷酸	45	沸	<0.1
$w(C)=1.5\%\sim2.2\%$ $w(Si)=1.3\%\sim1.7\%$ $w(Mn)=0.5\%\sim0.8\%$ $w(P)\leqslant0.1\%$ $w(S)\leqslant0.1\%$ $w(Cr)=32\%\sim36\%$	磷酸	75	沸	1.97
	硫酸	62	20	<0.1
	醋酸	10	沸	<0.1
	NaOH	50	沸	不耐蚀
	硝酸铵	50	沸	<0.1
		饱和	120	<0.1
	硫酸铵	50	100	<0.1
	硫化铵	饱和	100	<0.1
		50	沸	<0.1
	盐酸	漂白溶液	20	0.1~0.3

表6-7[2]列出Cr22铁素体基体耐蚀高铬铸铁在各种腐蚀介质中的腐蚀速率。

表6-7 Cr22铁素体基体耐蚀高铬铸铁在各种腐蚀介质中的腐蚀速率

腐蚀介质	温度/℃	腐蚀速率 $/mm \cdot a^{-1}$	腐蚀介质	温度/℃	腐蚀速率 $/mm \cdot a^{-1}$
硝酸30%	20	0	磷酸氢铵50%	25	0
硝酸50%	20	0.0011	磷酸铵80%	70	0.0022
硝酸66%	20	0	磷酸铵65%	100	0
磷酸10%	20	0.011	硝酸铵80%	70	0
磷酸60%	60	0.0048	尿素80%	70	0
磷酸80%	60	0.088	尿素80%	50	0.033
磷酸80%	70	0.0242	饱和硫酸铵+硫酸1%	沸	0.0096
硫酸25%	20	7.0	饱和硫酸铵+硫酸2%	10	0.0143
硫酸5%+氟硅酸1%	60	0.0055	饱和硫酸铵+硫酸5%	70	0.0033
草酸10%	20	0.011	碳酸钠50%	60	0
盐酸10%	20	0.88	氢氧化钾50%	60	0
硫酸60%+硝酸20%	60	0.0022	氢氧化钠35%	60	0
磷酸32%+硫酸5%+氢氟酸	60	0.0088	氯化钠25%	60	0.0069
硫酸30%+硝酸50%	28	0.36	氯化钙50%	60	2.64

下面讨论高铬耐蚀铸铁在不同腐蚀条件下腐蚀速率的变化。两个主要的腐蚀条件是腐蚀介质的浓度和温度。如果我们把一些被腐蚀材料发生相同腐蚀速率的各个浓度和相应温度都记录下来，并且连成曲线，就形成一条等腐蚀曲线。把多条这种腐蚀率不同的等腐蚀曲线集合起来，共同放在某一腐蚀介质浓度和温度的坐标上，从图上就可以看出介质浓度和温度对腐蚀率的影响，也可以看出在不同腐蚀条件下腐蚀率的增减趋势。

图 6-5 ~ 图 6-9 分别显示 $w(Cr)=30\%$、$w(C)=0.6\%$ 高铬合金在硝酸、硫酸、盐酸、磷酸、醋酸中的等腐蚀曲线[2]。

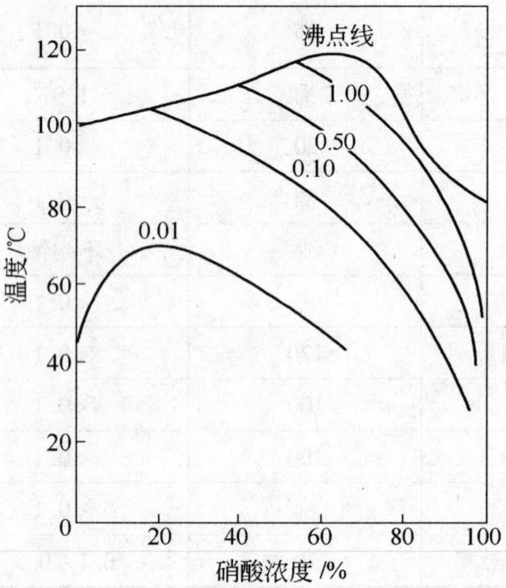

图 6-5 $w(Cr)=30\%$、$w(C)=0.6\%$ 高铬合金在硝酸中的等腐蚀曲线

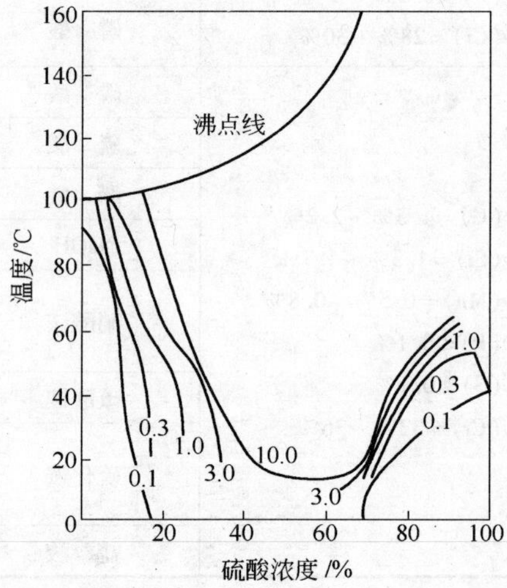

图 6-6 $w(Cr)=30\%$、$w(C)=0.6\%$ 高铬合金在硫酸中的等腐蚀曲线

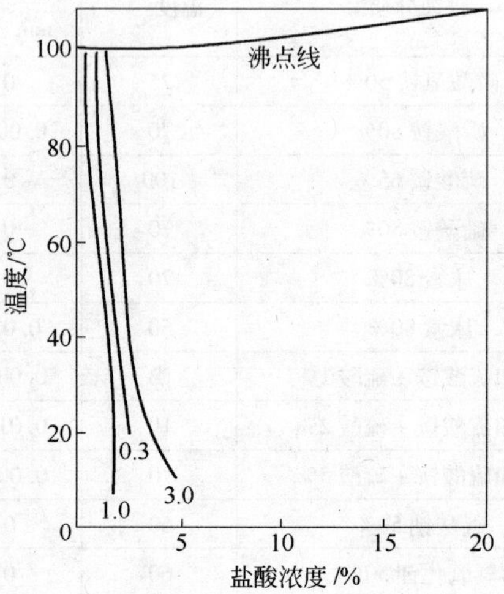

图 6-7 $w(Cr)=30\%$、$w(C)=0.6\%$ 高铬合金在盐酸中的等腐蚀曲线

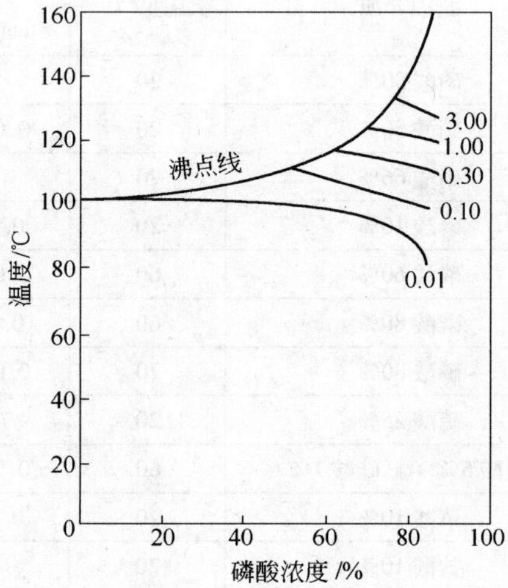

图 6-8 $w(Cr)=30\%$、$w(C)=0.6\%$ 高铬合金在磷酸中的等腐蚀曲线

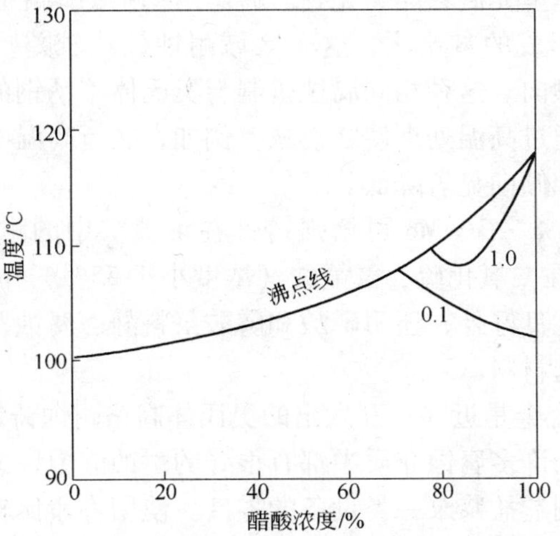

图 6-9 $w(Cr)=30\%$、$w(C)=0.6\%$ 高铬合金在醋酸中的等腐蚀曲线

高铬耐蚀铸铁中含有硬质碳化物抵抗外来物料的磨蚀，因此它除了耐腐蚀以外，还有较好的耐磨性。在流动介质中抵抗固液两相冲刷腐蚀的性能很好。应用于接触含有结晶物的高速流动腐蚀介质工况，能收到其他耐蚀铸铁难以达到的耐蚀抗磨效果。工业上常用于泥浆泵、某些耐蚀泵、阀零件，输送管道的耐蚀零件。由于耐蚀高铬铸铁可以制成致密度良好的承压件，在化工石油工业中也有广泛用途。

高铬耐蚀铸铁中的碳化物体积分数对铸件抗冲刷腐蚀能力有一定影响。高铬耐蚀铸铁的碳化物体积分数与碳化物和基体界面面积大小有关。如果减少碳化物体积分数能够减少碳化物周围界面面积，相应减少单位面积上的腐蚀电流，将产生延缓腐蚀的作用，铸件耐腐蚀能力相应增强。

6.6 奥氏体基体高铬耐蚀铸铁

在高铬耐蚀铸铁中适当降低铬碳比并加入一些稳定奥氏体元素（钼、铜、镍）时，可以制成奥氏体基体高铬耐蚀铸铁件。由于奥氏体基体在许多腐蚀介质中都是非常稳定的，对于这些介质具有良好抗蚀能力。这种铸铁称为奥氏体高铬耐蚀铸铁。常用的奥氏体高铬耐蚀铸铁化学成分范围为：

$w(C)=0.7\% \sim 3.5\%$，

$w(Si)=0.5\% \sim 4.5\%$，

$w(Mn)=0.5\% \sim 1.0\%$，

$w(Ni)=2\% \sim 10\%$，

$w(Cr)=28\% \sim 35\%$，

$w(Cu)=0 \sim 6\%$。

奥氏体基体高铬耐蚀铸铁在硝酸、浓硫酸、充气盐酸、多数有机酸等腐蚀介质中都有良好的耐蚀性。更重要的是也能抵抗碱溶液、盐溶液、海水、潮湿大气的腐蚀。但是在高温浓碱溶液、熔融碱及稀硫酸中抗腐蚀能力较差。

需要注意的是，含有钼、镍、铜等元素的奥氏体高铬耐蚀铸铁件有比较显著的相间腐蚀倾向。奥氏体晶粒间隙里充满共晶碳化物。铸态组织中的碳化物周围存在因铬原子扩散速度低而在凝固过程中形成的贫铬区，这个区域耐蚀性比较差，容易受到腐蚀介质的侵蚀，从而产生相间腐蚀倾向。这种相间腐蚀机制与奥氏体不锈钢的晶间腐蚀机制有相似之处。相间腐蚀倾向可以通过高温处理使之消减。例如，实行高温固溶处理可使相间铬浓度均匀化，从而使相间腐蚀倾向显著降低。

高铬耐蚀铸铁加入2% ~3% Mo 可增强铸件在稀硫酸中的耐蚀能力。加入3% ~4% Cu、1% ~2% Ni 可增强在二氧化硫、氢氟酸（浓度小于55%）中的耐蚀能力。Cr30Mo 除了在以上介质中耐蚀性能良好外，还耐磷酸和磷酸浆料静态腐蚀及冲刷磨蚀，是用于制造磷酸浆料泵耐蚀件的首选材料。

表6-2 所列的 ECR 合金是近些年开发出的奥氏体高铬耐蚀铸铁。这种材料在盐浆、海水、浓硫酸、制碱工业的许多腐蚀介质中都有很好的耐蚀能力，又能抵抗液体中固体颗粒的冲刷磨损，非常适合制造盐浆泵一类设备的零件。使用寿命比较理想的盐浆泵叶轮的主要化学成分为：

$w(\mathrm{C}) = 1.95\%$，

$w(\mathrm{Si}) = 2.1\%$，

$w(\mathrm{Mn}) = 0.85\%$，

$w(\mathrm{Cr}) = 32.5\%$，

$w(\mathrm{Mo}) = 2.50\%$，

$w(\mathrm{Ni}) = 7.5.\%$，

$w(\mathrm{Cu}) = 2.85\%$。

奥氏体基体高铬耐蚀铸铁力学性能优于铁素体基体高铬耐蚀铸铁，冲击韧性差别比较明显。

奥氏体高铬铸铁的室温和高温韧性及强度都优于铁素体高铬铸铁，发生冷脆和热脆的可能性都比较小。无论是铁素体基体或奥氏体基体高铬耐蚀铸铁件都可以进行切削加工，制成精密零件。这是其他高合金耐磨铸铁（如高硅耐蚀铸铁与高铝耐蚀铸铁）不能与之相比的。可切削性的优劣与碳化物质量分数和基体类型有关。碳化物质量分数高则铸件硬度也高。需要进行切削加工的铸件，必须实行软化退火。

6.7 高铬耐蚀铸铁件制造工艺

高铬耐蚀铸铁含碳量很低，碳的质量分数基本上在钢的成分范围内。铬含量很高，成分远离共晶点，熔点比灰铸铁高约100℃。铁水容易氧化，而且铁水流动性比较差，线收缩率为1.5% ~2.0%。凝固收缩率大于灰铸铁而接近铸钢。总的来看，高铬耐蚀铸铁的铸造性能比高铬耐磨铸铁差，比较容易出现铸造缺陷。铸造高铬耐蚀铸铁件时应选用比较接近铸钢件所采用的铸造工艺。

（1）高铬耐蚀铸铁在碱性电弧炉或碱性感应炉中熔炼。感应炉熔炼所用炉料，包括高碳铬铁、低碳铬铁、铜、镍、其他铁合金、型钢下脚料、生铁等都必须清洁干燥，钢铁回炉料应经过抛丸清理除锈后才能入炉。带锈炉料会使铁水成分不稳定，并使合金元素过度氧化、损耗。

高铬耐蚀铸铁熔点高，铁水应过热到1520 ~1550℃，出炉温度1450 ~1500℃。厚壁铸件在1400~1450℃浇注，薄壁件浇注温度可提高到1460~1480℃浇注。在确保铁水顺利充型前提下，尽量采用低温浇注。低温浇注有助于降低铸件内应力水平和发生热裂倾向，消减缩松缺陷，细化金属组织，提高材料强韧性，是改善高铬耐蚀铸铁件的有效技术措施。

浇注前铁水必须进行镇静并充分脱氧。

（2）浇铸高铬耐蚀铸铁件时，应注意使铸件得到充分的补缩。铸件的补缩量应接近铸钢件。冒口如何去除是必须考虑的工艺问题。因为冒口直径较大，氧乙炔焰又难以切除，通常需要采用易割冒口、缩颈冒口、保温冒口。易割冒口补缩孔直径或缩颈冒口颈直径小于60~70mm时，人工敲击即可除去冒口。保温冒口可以减小冒口直径、体积，既能提高铸件工艺出品率，又使冒口较易清除。铸件冒口浇注到约2/3高度时，应在冒口表面覆盖保温剂，并适当补充热铁水。

铸件冒口直径较大难以安全去除时，可采用电弧气刨先在冒口颈侧面切出沟槽，然后人工敲击去除冒口。电弧气刨切除冒口的优点是：被切割部位附近的金属温升很小，不致造成热应力开裂。

（3）采用断面比例合理的封闭式浇注系统，中小型铸件浇口断面比例（内浇口：横浇口：直浇口）可选为1：1.15：1.25，保证有足够的充型能力，浇口断面应比一般灰铸铁和球墨铸铁件大25%~40%。另外，浇注系统应能有效挡除熔渣。

设计薄壁高铬耐蚀铸铁件铸造工艺时，应考虑综合利用内浇口和冷铁调整铸件温度分布，使铸件均衡凝固。这样可能少用或不用冒口就能获得健全铸件。

（4）比较复杂或浇冒口难以去除的铸件应该注意控制含硅量。因为含硅较高时，金属晶粒比较粗大，材料脆性较高，容易产生脆裂等缺陷。

（5）高铬耐蚀铸铁性质很脆，在铸造及加工过程中需要特别注意避免受力断裂。铸型及泥芯要有足够退让性，箱挡及各冒口也应尽量避免阻碍铸件收缩。铸件浇铸后，应该及时松开箱卡或适时开箱，减少高温铸件因收缩受阻而产生内应力。有的工厂长期生产此类铸件，曾经发现，高铬耐蚀铸铁件的废品中，热裂造成的废品数占废品总数首位。其中铸件开箱后即发现裂纹的铸件占30%以上，这是值得注意的。

另外，还要注意清理铸件时不要过度用力击打铸件。运输和搬动铸件时，也应避免铸件受到过度冲击，防止发生冷裂缺陷。铸件机械加工时要注意合理卡装，使铸件均匀受力。

化学成分合格的铁素体高铬耐蚀铸铁铸态基体组织可能由于工艺方面的原因，很难达到完全铁素体组织。可能存在贝氏体、马氏体、珠光体等组织，也可能成为奥氏体+铁素体复相基体组织。为了避免基体中电位不同的各相间产生腐蚀电流，导致增加基体金属电化学腐蚀量，影响高铬铸铁的抗腐蚀能力。因此铸件需要实行退火，使基体获得单一铁素体组织。固溶处理时铸件要缓慢加热到850℃，在此温度保持2~4h，然后出炉空冷。

铁素体高铬耐蚀铸铁退火时需注意：

（1）加热温度不要超过860℃，否则铁素体高铬耐蚀铸铁发生敏化，铸件耐蚀能力降低。

（2）高铬铸铁件加热到700℃时要迅速升温，不要在700~800℃温度间长期停留，避免高铬铸铁基体在此温度析出铬铁中间化合物（σ相）。σ相是一个硬质脆性相，存在σ

相的基体脆性显著增加，耐蚀性也下降。如果已有σ相出现的迹象，铸件需重新加热至正常退火温度（840～850℃），再出炉空冷，消除σ相。

含铬高的铸件，例如Cr34和Cr28铸件，在同样的温度下，σ相析出量比Cr22更多，影响更大。因此生产这类铸件更要注意σ相析出的问题。

（3）370～540℃也是高铬耐蚀铸铁产生脆性相的温度范围。退火降温到550℃后应该微启退火炉门，加快铸件冷却速度。

奥氏体耐蚀高铬铸铁件使用前需要进行固溶处理，目的是使基体成为单一化奥氏体组织，并使奥氏体中化学成分均匀，晶粒细化。达到消减相间腐蚀倾向，提高耐腐蚀能力，改善铸件抗蚀性能。

奥氏体耐蚀高铬铸铁件固溶处理温度为900～950℃，在此温度保温后出炉空冷。注意铸件不要在700～800℃较长时间停留，以免σ相析出。

参 考 文 献

[1] 中国机械工程学会铸造专业委员会. 铸造手册（第1卷）[M]. 北京：机械工业出版社，1993.
[2] 黄嘉琥，等. 耐腐蚀铸锻材料应用手册[M]. 北京：机械工业出版社，1991.

7 高铬耐热铸铁

在工农业生产中，有许多零件是在高温环境下工作。应用于高温环境中的钢铁材料，经历或长或短的时间以后，其组织和性能会发生一些变化，导致零件的一些性能改变。为了尽可能改善这种状况，人们在认识高温使铸件损伤现象机制的基础上，研制开发了多种耐热材料，用于制造高温下工作的零件。在铸铁领域，人们研制开发出添加合金元素的多种耐热铸铁。这些铸铁按合金元素加入量多少，划分为低合金耐热铸铁和高合金耐热铸铁。低合金耐热铸铁材料费用较低，制造工艺也比较简单，但是其耐热能力相对较低，一般只适用于650℃以下工作环境。零件在更高温度应用时，为了能获得满意耐热效果，需要采用高合金耐热铸铁。

高合金耐热铸铁通常是以主加合金元素种类而分类和命名的。常用的有高硅耐热铸铁、高铝耐热铸铁、高铬耐热铸铁、高镍奥氏体耐热铸铁等。高铬耐热铸铁是其中比较常用的一种。

高铬耐热铸铁属于能够有效抵抗高温损伤的高铬白口铸铁。几种牌号的高铬耐热铸铁可以在不同温度范围内发挥作用。总体上看，这种铸铁适用范围是700～1100℃。如果材料品种选择合适，零件寿命接近高铬耐热铸钢，而制造费用低于高铬耐热铸钢。

在力学性能、铸造工艺性能方面，高铬耐热铸铁均优于高硅耐热铸铁、高铝耐热铸铁，容易制成健全铸件。在高铬耐热铸铁中加入镍，还可制成应用范围更广泛、耐热性能更好的奥氏体耐热铸铁。

7.1 铸铁在高温下的性状变化

当铸铁零件加热到高温时，材料的内部组织、力学性能、表面状态以及外部尺寸都可能发生一些变化。这些变化主要有：

（1）由铸件表面开始，向内部扩展的持续性氧化；

（2）材料的静载强度随温度上升而相应降低；

（3）在高温环境中承受低于屈服应力而产生低速率塑性变形（蠕变），材料的持久强度下降；

（4）铸件温度持续循环升降情况下，零件发生热疲劳损伤（变形或开裂）。

7.1.1 氧化

空气中由氧分子分解而产生的氧原子与铸件表面的金属发生反应。氧原子吸附于铸件金属表面并产生离子化现象，氧离子通过金属界面以及碳化物分解而产生的少量二次石墨，或碳化物与基体之间因胀缩量差异或相变应力而产生的细微空隙进一步渗入金属内部，并与金属结合形成氧化物，产生金属氧化现象。

氧化后铸件重量增加。这种现象称为氧化增重。如果氧化物的摩尔体积大于铁的摩尔体积，在氧化层厚度不大的情况下，可以稳定地存在于铸件表面。但当温度增高，氧化层厚度超过某一临界尺寸时，氧化层内发生晶格重组并产生较大内应力。氧化膜与母体表面间结合力受内应力影响而减弱。最终两者可能分离，出现氧化起皮现象。表面氧化皮脱落后，铸件重量又会减轻。

铸铁组织中碳化物（包括先共晶碳化物、共晶碳化物、共析碳化物以及二次碳化物）在高温下都可能发生分解，分解出二次石墨。二次石墨出现会使铸件出现不可逆体积膨胀。碳化物每分解出1%碳，铸件体积大约增加2.0%～2.2%。铸件外形尺寸相应增大。这种现象称为热生长。

由于金属氧化物体积通常大于金属原有体积，铸铁件反复加热到高温，或是在温度反复变化的环境中工作（例如铸件交替加热、冷却并通过相变点）时，也会使铸铁件尺寸增加，发生热生长。

7.1.2 高温下静载强度下降

静载强度是指试棒在高温下进行力学性能试验所得到的强度值，常将此值称为短时间高温试验强度值。此值是衡量耐热铸铁高温力学性能的重要指标。

一般情况下，以高温抗拉强度表示高温静载强度。铸铁的高温抗拉强度随温度升高而下降，其他力学性能也在高温下发生明显变化。产生这些变化的因素有：

（1）高温下铸铁内部原子间结合力减弱，热激活作用增强，导致塑变所需能量减小；

（2）基体的晶界强化和固溶强化作用在高温下减弱；

（3）共析渗碳体分解。

7.1.3 蠕变

金属材料在高温环境中承受低于屈服应力而产生低速率塑性变形的现象称为蠕变。发生蠕变的内在原因有：

（1）晶体滑移。高温下金属晶体发生滑移所需驱动力减小，易于产生晶体滑移。晶体滑移是导致蠕变发生的主要原因。

（2）高温下，金属内的热激活作用促进交滑移和形变带的产生。滑移阻力更低的新滑移系出现，显著增强蠕变发生倾向。

（3）高温下，金属内部有亚晶粒形成、晶界空位扩散、晶界滑动等现象出现。这些现象也是促使金属材料出现蠕变的原因。

蠕变现象在持续渐进的过程中发展。

蠕变初始阶段，对零件施加载荷后，即时发生弹性变形，并可能伴有少量塑性变形。此时变形速率较高。达到一定应变量以后，转入变形速率低但变形速率比较稳定的蠕变阶段（第二阶段）。这个阶段持续时间较长。持续时间的长短直接影响零件使用寿命。蠕变后期，变形速率急剧提高，在外力作用下，内部晶粒交会点（一般是三个晶粒交会点）出现应力集中效应，这种效应会使裂口在该处形核。随着变形量增加和裂口扩展，有些局部裂口互相连接，最终发生断裂。

工程上通常以条件蠕变极限作为金属抗蠕变的强度指标。即在某一温度及规定时间内导致材料产生限定的总变形量（或第二阶段达到规定的变形速率）时的应力值。此应力表示零件在高温下能够长时间有效抵抗断裂的能力，称为持久强度。蠕变率（%/h）和持久强度是耐热零件工作性能的一项指标。

图 7-1 表示在 350℃温度下承受不同应力的材料所显示的时间-应变曲线。可以看出在相同的承受应力时间内，蠕变量和蠕变率随应力的增加而增加。提高工作温度则保持相同蠕变量的应力值显著降低。

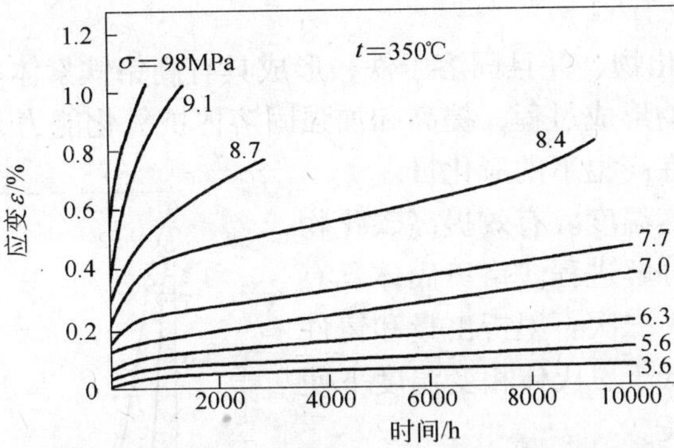

图 7-1 350℃温度下承受不同应力的时间-应变曲线

7.1.4 热疲劳

有些铸铁件在温度持续不断起伏变化的条件下工作。如果温度变化使铸件产生的尺寸和体积改变受到自身或外界的约束，或者零件内部不同部位存在温度差别，将会产生大小和方向不断变化的热应力。经过一定的应力循环后，热应力使铸铁件出现裂纹。裂纹扩展可导致铸件断裂。发动机排气歧管、涡轮增压器外壳、汽车刹车轮、玻璃模具等都是能够产生热疲劳现象的实例。

热应力大小与金属受热产生的热膨胀量有直接关系。特别是在零件尺寸受限情况下加热铸件时，铸铁的线膨胀系数对热疲劳寿命的影响更为明显。线膨胀系数大的材料产生较大的热应力，由此产生的热疲劳将使铸件在较少的热循环次数后发生裂纹。

热疲劳裂纹在温差大、有外力作用、温度变化频繁、线膨胀系数不同的组织共同存在情况下扩展速度很高。裂纹一般是穿晶扩展。温度较高时也可能沿晶扩展，显示脆性断口特征。因而热循环的最高温度与最低温度差别较大时，零件热疲劳寿命缩短。加热与冷却过程在铸件中形成的温度梯度比较陡峭时，会提高热应力，导致铸件提前失效。

导热性好、弹性模量低、室温强度和高温强度较高、抗氧化能力较强、组织稳定性良好的耐热材料有较好的热疲劳寿命（失效前的热循环次数多）。具有闭式结构的铸件比具有开式结构铸件更容易产生热疲劳损伤。降低铸件温度对弹性模量和蠕变产生的影响有利于改善铸铁抗热疲劳性能。

热应力不仅产生于宏观体积变化过程中，也可能因材料内部含有线膨胀系数不同的组织（如铁素体、珠光体、碳化物）、第二相以及晶体各向异性的影响都会使相邻晶粒之间产生交变热应力，容易导致热循环过程中产生较大应力。这种微观应力可能在晶界产生很强的应力集中，从而影响热疲劳寿命。

单相铁素体组织在一定温度范围内加热和冷却时不发生相变，有较好的抗热疲劳能力。但是高铬耐热铸铁组织内含有大量合金碳化物，这些合金碳化物与基体金属（铬铁素体）的线膨胀系数差别较大，因此高铬白口铸铁件耐热疲劳性能较差，一般不宜用于铸件温度循环交变的工况。

7.2 铬在耐热白口铸铁中的作用

铬是高铬耐热铸铁中的主加合金元素。铬对白口铸铁耐热性能所起的作用主要有以下几方面：

（1）铬与碳形成碳化物，并且固溶于铁，形成具有高铬铁素体基体的高铬铸铁。基体中的铬抑制和延缓氧化物形成过程，提高和加强固溶体抗氧化能力，使氧化物形成温度提高，因此能抑制铸铁件在高温下的氧化量。

铬能提高固溶体相变温度。有效提高碳化物分解温度，延缓碳化物分解进程。铬奥氏体具有非常良好的高温稳定性，二次石墨析出量和铸件热生长量相应减少。在低于奥氏体相变温度下使用，可以有效控制热生长。

铬对防止或消减白口铸铁件在高温下脱碳起皮很有效。图7-2显示含铬白口铸铁含铬量对工作于700～1000℃范围内铸件氧化起皮现象的影响[1]。可以看出，36h高温保温后铸件质量因脱碳产生的减失随铸件含铬量提高而减少。

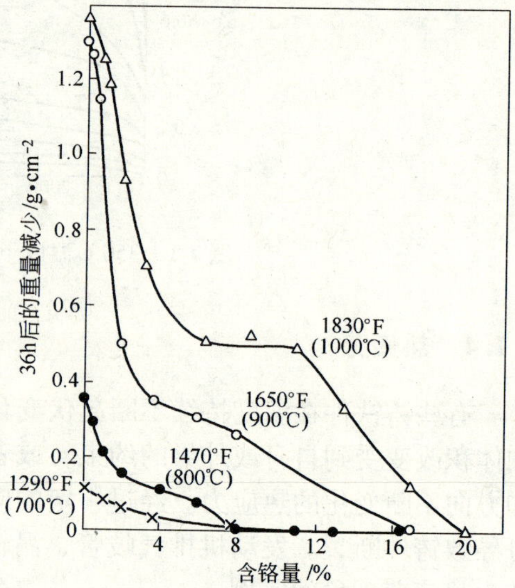

图7-2 铬含量对铬白口铸铁氧化失重的影响

w(C)＝2.5%高铬耐热铸铁在450℃以下组织是稳定的，铸铁件可以在这个温度下安全使用。环境温度达到540～650℃后，才开始出现轻微的热生长。环境温度超过700℃，才能比较明显地显现热生长。

（2）铬在高温下与氧化合，形成Cr_2O_3。Cr_2O_3是铬氧化物中唯一具有良好高温热力学稳定性的固态化合物。铸件表面的这种氧化物与铁的氧化物结合，形成FeO·Cr_2O_3复化合物。FeO·Cr_2O_3以膜体形式附着于铸件表面。这种膜体致密坚实，高温下化学稳定性良好，与母体金属有比较接近的线胀系数，膜体在室温和高温都能牢固附着于铸件，即使温度骤变也很少开裂、脱落，因此能有效地阻隔氧离子侵入母体金属，减轻母体金属的氧化，从而提高铸铁的抗氧化性能。高铬白口铸铁件表面存在富铬氧化膜是使它成为耐热铸铁的一个重要原因。

（3）铬对耐热白口铸铁件产生高温强化的作用，提高材料高温静载强度。从微观角度分析，铬提高白口铸铁高温静载强度的主要原因是：

1）耐热高铬铸铁的基体组织通常是单相铁素体或奥氏体。大量铬在高温下溶入基体金属后，金属原子间的结合力随之增强。一方面固溶体被铬所过饱和，晶格发生畸变，加强了基体金属滑移阻力；另一方面是使固溶体中铬原子扩散能力弱化，抑制了由扩散引导的形变过程。这都使金属在高温下进行滑移变形所需应力增加。

2）基体中的铬，大量存在于晶界。晶界上原子排列紊乱、晶格扭曲变形、杂质和晶体缺陷大量存在。进入晶界的铬原子，改善了晶界结构，使晶界得到强化。但是晶界强度受温度影响很大，对白口铸铁来说，温度增高使晶界强度下降。白口铸铁高温变形时，超过某一临界温度后，晶界强度将低于晶内强度。因此在高于此临界温度受力断裂时，总是出现晶间断裂。铬能使晶界强度提高到临界温度以上，使晶间断裂改变为沿晶断裂，其结果是改善了铸铁高温力学性能。

从以上几点来看，铬在高铬铸铁中提高高温力学性能实质上是固溶强化和晶界强化的综合结果。铬对铁素体基体高铬铸铁的强化效果（指高温力学性能提高率）优于奥氏体基体高铬铸铁。

铬改善高温力学性能的程度与铸铁中铬的质量分数以及铬、碳比的大小有关。提高铬碳比，不但改善碳化物高温力学性能，而且溶入基体的铬量增多，相应提高固溶体的过饱和度，从而使铸铁高温强度有更大改善。

（4）在高温下工作的铸件，除了氧化、热生长以及强度下降外，还会发生蠕变现象并导致持久强度下降。在温度持续不断起伏变化的条件下工作，铸件可能出现热疲劳损伤以及应力松弛现象（应力松弛现象表现为总变形不变情况下，零件之间的紧固力随时间增长而自发趋于下降，逐渐失去紧固作用），使零件寿命缩短。

蠕变是耐热铸铁件重要失效原因之一。对于尺寸稳定性要求高的铸铁件更是如此。金属或合金的蠕变过程是在特定环境下发生的塑性变形过程。在高温下，金属晶粒滑移阻力低，容易发生滑移变形。在外力作用下，晶粒滑移可导致晶界移动，使位错塞积群松弛，促进蠕变加速进行。另外还有亚晶粒形成，晶界空位扩散等机制，都是蠕变过程的推动力，有助于蠕变形成。

高铬耐热白口铸铁含有共晶碳化物和热处理后的二次碳化物。基体组织是高铬铁素体，晶粒较为粗大。这些都是抑制晶粒滑移、晶界移动、亚晶界形成的因素。因此在相同的温度和外力下，高铬耐热铸铁的蠕变量比非合金白口铸铁低得多，材料的持久强度相应高于非合金白口铸铁和高铬合金灰铸铁。

改善铸铁抗蠕变能力的一项可行措施是适当添加合金元素。在铁素体基体高铬铸铁里添加钼可以提高基体组织的热稳定性，添加镍可以降低奥氏体转变临界温度和 M_s 点，促使铁素体基体转变为奥氏体基体，晶界和晶粒都得到强化。通过这些途径都能够有效地改善铸铁抗蠕变能力。

高温下这些性状变化表现方式虽不相同，但是导致这些变化的原因和机制都有一些内在联系。导致零件失效的因素，除了材料本身的化学成分、相组分性质、物理和力学性能外，也应考虑零件工作温度、温度变化速率和幅度、零件运行状态和应力状态、环境介质性质等因素的影响。这些因素对于制造和选用耐热金属材料都是很重要的。

7.3 几种高铬耐热铸铁化学成分

高铬耐热铸铁含铬量15%～35%，并以铬含量多少分档。我国国家标准《耐热铸铁件》中所列的三个高铬耐热铸铁牌号是RTCr16、RTCr25、RTCr34。牌号中的数字表示该种耐热铸铁的名义含铬量。表7-1列出这些牌号的耐热铸铁化学成分、常温抗拉强度和硬度[2]。表中未列出除铬以外其他合金元素，这些元素通常是为了特定目的加入耐热铸铁中。

表 7-1 几种耐热高铬铸铁化学成分、常温力学性能

牌号	化学成分(质量分数)/%						抗拉强度	硬度
	C	Si	Mn	P	S	Cr	σ_b(不小于)/MPa	HBS
RTCr16 高铬耐热铸铁	1.0~2.4	1.5~3.2	1.0	0.10	0.05	15.0~18.0	340	400~450
RTCr25 高铬耐热铸铁	1.2~2.5	1.0	1.0	0.10	0.05	23.0~26.0	480	420~500
RTCr34 高铬耐热铸铁	1.6~2.6	1.2	1.0	0.10	0.05	32.0~35.0	540	450~550

注：表中所列单个数字均为该成分最大值。

高铬耐热铸铁显微组织由碳化物和基体金属构成。RTCr16 为 $w(\mathrm{Cr})>15\%$ 的高铬耐热铸铁。含有 $(\mathrm{Fe, Cr})_7\mathrm{C}_3$ 型合金碳化物，铸态基体组织为铁素体、珠光体（或马氏体）+ 少量二次碳化物。Cr25 高铬耐热铸铁和 Cr34 高铬耐热铸铁中含有 $(\mathrm{Fe, Cr})_{23}\mathrm{C}_6$ 合金碳化物。基体为 α 铁素体并含有少量二次碳化物。当铸铁含碳量处于规格上限附近时，基体中还可能含有奥氏体，并会出现 $(\mathrm{Cr, Fe})_7\mathrm{C}_3$ 碳化物，常常显示 $(\mathrm{Fe, Cr})_{23}\mathrm{C}_6$ 和 $(\mathrm{Cr, Fe})_7\mathrm{C}_3$ 共存的组织。

高铬耐热铸铁也可按其基体组织分为两类，即铁素体高铬耐热铸铁和奥氏体高铬耐热铸铁，形成所要求的组织，需要合适的铬碳比，加入适量合金元素以及采用正确的热处理工艺。

Cr34 高铬耐热铸铁含碳量 1.6% ~2.6% 之间。随含铬量提高，可选用的含碳量也可相应适当提高，以求获得较好的室温和高温力学性能。但过多增加含碳量会对高温抗氧化性能有些影响。

加入 1.5% ~3.2% Si，有助于产生铁素体基体。由于铬具有缩小奥氏体相区的作用，含铬量很高的 Cr25 和 Cr35 高铬耐热铸铁都具有稳定的铁素体组织。

奥氏体组织比铁素体组织的高温力学性能更好，组织更稳定，耐热性能更优越。在 Cr25 和 Cr35 耐热高铬铸铁中加入相当于铬质量分数 40% ~50% 的镍元素，可以获得奥氏体基体。含镍奥氏体高铬耐热铸铁是耐热性能最好的高铬耐热铸铁品种。

7.4 高铬耐热铸铁的应用

对高铬耐热铸铁零件性能的要求随工况不同而会有所侧重。例如，有些零件需要能够抑制氧化和热生长，有些需要具有预期的高温强度，还有的零件要求高温下尺寸比较稳定。因此选择耐热材料时应该了解该材料在使用温度下的性状，是否能满足使用要求。然后采用能切实满足工况要求的耐热材料。

（1）根据抗氧化能力选择高铬耐热铸铁。零件的氧化程度直接取决于该零件本身的工作温度。通常以最高使用温度来衡量耐热材料是否能满足零件抗氧化能力的要求。最高使用温度是指在该温度下铸件材料氧化损伤不超过以下限度：

耐热铸件的氧化平均速率不大于 $0.5\mathrm{g/(m^2 \cdot h)}$；

耐热铸件的热生长率不大于 0.2%。

图 7-3 显示 $w(C)=1.0\%$、$w(Si)=1.0\%$ 高铬耐热铸铁含铬量与铸件最高使用温度的关系。可以看出：以上三种高铬耐热铸铁使用温度都在 900℃以上。特别是 Cr35 铸件的工作温度可达到 1100℃。试验表明，铸件加热到 1000～1100℃，高铬铁素体不发生相变，在组织中只有极少数二次碳化物析出。组织上的这种稳定性确保了 Cr35 高铬耐热铸铁具有非常优良的耐热性能。Cr35 高铬耐热铸铁件使用可靠性远优于其他两种牌号高铬耐热铸铁件。

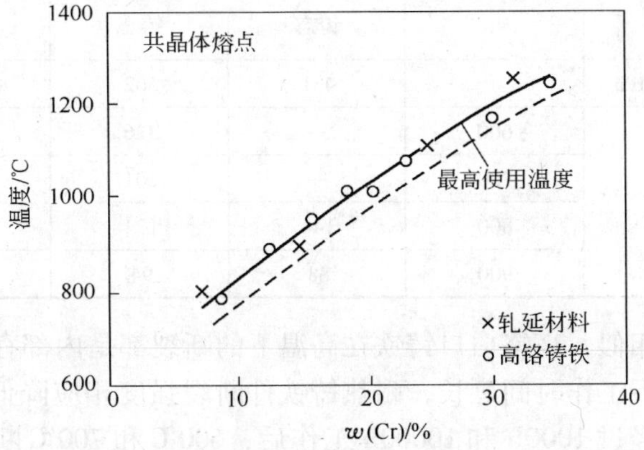

图 7-3 $w(C)=1.0\%$ 高铬铸铁件含铬量与最高使用温度的关系

表 7-2 列出三种高铬耐热铸铁最高使用温度。

表 7-2 高铬耐热铸铁最高使用温度

高铬耐热铸铁品种	最高使用温度/℃	性 能
Cr16 $w(C)=1.0\%\sim2.4\%$	900	工作温度：≤900℃ 耐热、耐磨、抗氧化、抗热生长
Cr25 $w(C)=1.2\%\sim2.5\%$	1000	工作温度：900～1000℃ 耐热、耐磨、抗氧化
Cr35 $w(C)=1.6\%\sim2.6\%$	1100	工作温度：1000～1100℃ 耐热、耐磨、抗氧化、有一定强度

（2）根据铸件的高温强度要求选择耐热铸铁。高温强度是耐热铸铁的一项重要指标。

从实际应用的角度来说，耐热铸铁对高温强度的要求是：在预期的工作温度下，材料强度虽然明显下降，但各项强度性能仍能保持铸件正常工作，铸件变形也能保持在设计允许范围内。

在一些耐热铸铁标准中，尚未见到有关高铬耐热铸铁高温力学性能的标准。许多可供应用的数据都来自个别单位实验室的试验数据。表 7-3 列出 $w(Cr)=17\%$、$w(Cr)=24\%$、$w(Cr)=34\%$ 高铬耐热铸铁室温抗拉强度和高温抗拉强度比较数据。从表中数据可以看出，与常温强度相比，高铬耐热铸铁的高温强度是随温度下降而急剧降低的。例如，$w(C)=2\%$ 的 Cr17、Cr24、Cr34 高铬耐热铸铁 900℃ 铸态抗拉强度分别只有 20℃ 时的 20%、17%、20%。温度提高到 1000℃以上，Cr34 还能保持较好的高温抗拉强度，Cr17

大约只有20℃时的5%～10%。

表7-3 w(Cr)=17%、w(Cr)=24%和w(Cr)=34%高铬耐热铸铁室温抗拉强度和高温抗拉强度比较数据

铸件成分(质量分数)/%	试验温度/℃	w(Cr)=17%	w(Cr)=24%		w(Cr)=34%
C		2.06	1.0	2.0	2.1
Cr		17.8	24.3	24.5	34.1
Si		2.27	1.0	1.1	1.2
热处理		铸态	铸态	铸态	铸态
室温(20℃)抗拉强度/MPa		431	502	666	560
高温抗拉强度/MPa	600	—	326	508	377
	700	—	201	251	251
	800	144	124	163	163
	900	88	94	113	113

与其他白口铸铁相似，高铬白口铸铁在高温下的断裂都是内部存在裂纹长时间扩展的结果。因此，在高温下工作时间延长，耐热铸铁件断裂强度相应降低。表7-4列出几种成分的高铬耐热铸铁件经过1000h和10000h工作后，600℃和700℃断裂强度。可以看出高温保持时间由1000h延长到10000h后，材料断裂强度显著降低。

表7-4 几种铬白口铸铁的断裂强度

项目	铁素体基体		奥氏体基体			
	A	B	C	D	E	F
成分/%						
C	0.98	1.88	0.99	0.92	0.98	0.95
Si	0.73	0.39	0.64	2.23	0.66	2.55
Mn	0.29	0.39	0.29	0.48	0.29	0.47
Cr	33.7	34.8	31.2	32.0	30.2	31.4
Ni	—	—	15.2	14.9	15.2	15.2
Al	—	—	—	—	1.0	0.90
1000h断裂强度/MPa						
600℃	92	107	—	—	247	205
700℃	50	62	154	—	136	92
10000h断裂强度/MPa						
600℃	69	81	—	—	239	174
700℃	23	50	108	—	65	72

表7-4还显示了含镍高铬奥氏体耐热铸铁比高铬铁素体耐热铸铁有较高的断裂强度。无论高温保持时间长或短都是如此。10000h保温时，两者的差别更为明显。这是因为含镍高铬奥氏体基体比高铬铁素体基体的稳定性和高温强度更高，抗氧化能力更强，导致断裂强度提高。

高铬耐热铸铁件在我国一些行业中已经使用了多年。相对而言，Cr25和Cr34的应用比Cr16更为广泛，积累了不少使用经验。据了解，大部分应用是成功的。下面介绍高铬耐热铸铁件使用方面的一些情况。

铸件温度在较长时间保持稳定，不承受热冲击的场合，适宜使用高铬耐热铸铁件。

高铬耐热铸铁含有大量共晶碳化物，本身有一定抗磨能力。用于制造高温下承受固体粒子冲刷的铸件，也就是既需耐热、又需耐磨的零件，如装于锅炉炉膛内壁的煤粉喷嘴，工作寿命和经济效益都会很好。

高铬耐热铸铁件性质较脆，用于不受或少受机械撞击的耐热件比较安全。Cr34 高铬耐热铸铁用于高温电阻炉底板，耐热效果很好，但是装卸零件时，经常会受到碰撞，容易破碎。因此底板必需有足够厚度。115kW 电阻炉底板厚度由 50mm 改为 80mm 后，两年使用期间没有发生碎裂。

工作中铸件温度变化幅度较小的场合，例如锅炉热交换器采用铁素体高铬耐热铸铁制造，寿命比球墨铸铁提高数倍。

以下列举一些比较适宜应用高铬耐热铸铁的零件：

Cr16 高铬耐热铸铁：锅炉预热器、锅炉炉箅、炼油厂加热炉中间管架。

Cr25 高铬耐热铸铁：锅炉煤粉喷嘴、水泥烧结炉冷却板、渗碳罐。

Cr34 高铬耐热铸铁：矿石烧结机箅条、锅炉侧密封板、厚度超过 60mm 的高温电阻加热炉底板。

国外有人对高温下高铬耐热铸铁应力对断裂影响以及组织的稳定性进行了系统研究试验，证实 $w(\mathrm{Cr})=30\%\sim34\%$ 铁素体高铬耐热铸铁与奥氏体高铬耐热铸铁的高温断裂强度与基体组织相近的不锈钢差别很少，但是断裂时的伸长率较低。一些工厂的使用经验表明，可以在许多工况下代替基体相同的不锈钢。根据有关工厂统计，制造同一耐热件时，高铬耐热铸铁的制造成本只相当于耐热性能相近的耐热钢、不锈钢成本的 55% ~65%，而使用寿命没有很大差异，经济效益很好，受到用户的广泛好评。

7.5 高铬耐热铸铁中的σ相

铁铬合金平衡相图（图 7-4）显示，在相图中部 $w(\mathrm{Cr})=30\%\sim65\%$ 的铁铬合金温度降低到低于 820℃时，有σ相析出。

σ相是过渡族金属构成的致密度很高的中间化合物，平均含铬量约为 45%，化学式大致相当于 FeCr。σ相可溶解大量的铬和铁，它的固溶度是在一个范围内变化，因此形成σ相区。σ相具有复杂四方点阵。当 $w(\mathrm{Cr})=44.7\%$ 时，点阵常数 $a=0.87995\mathrm{nm}$，$c=0.45442\mathrm{nm}$，$c/a=0.52$。σ相也溶有少量碳原子。当铸件镍、碳含量较高时，σ相中铬含量相应提高；与锰、钼同

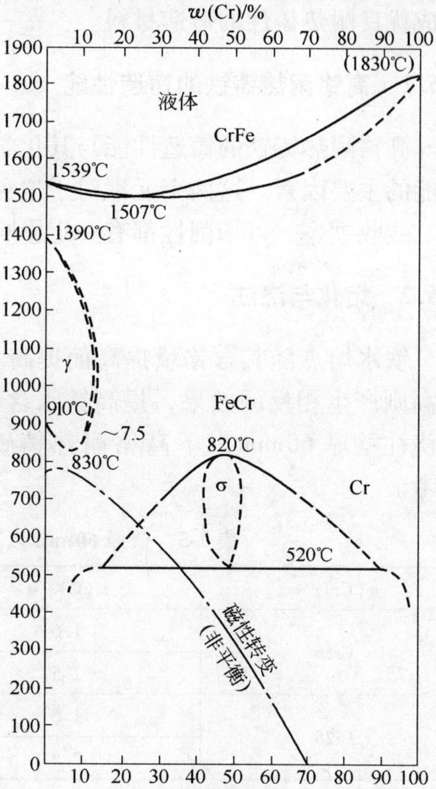

图 7-4 铁铬二元相图

时存在时，铬含量相应降低。

一般情况下，σ 相由铁素体转变而形成。在铁碳铬合金 700℃ 等温截面图（图 2-6）也显示出 σ 相的存在。但在高铬镍含量高的基体中，也可由奥氏体直接形成。σ 相析出的主要温度范围是 600～820℃。析出过程非常缓慢。温度由 800℃ 降低到 500℃ 并在此温度范围内作较长时间保温后快速冷却，σ 相最容易在基体中析出。这是因为保温过程中，碳化物周围出现富铬区，为 σ 相的析出提供了条件。急速冷却时 FeCr 来不及分解而保留到室温组织中。

σ 相性质硬而脆，高铬耐热铸铁中的 σ 相分散存在于基体中。其主要危害一方面在于显著增加基体常温脆性和高温脆性，使铸件变脆。另外，σ 相析出还会增加铸件内部残余应力，一旦铸件残余应力与其他相变应力或热应力叠加，铸件可能在使用中突然开裂。因此高铬耐热铸铁中的 σ 相是一个对铸件性能有害的相。特别是在 500～800℃ 温度范围长期工作的高铬耐热铸铁件，更应注意 σ 相存在所产生的潜在危险性。

已经含有 σ 相的高铬耐热铸铁件需要进行适当热处理将 σ 相消除。在较低温度下 σ 相组织不很稳定，它在 440℃ ±20℃ 发生分解，分解为富铁相和富铬相。高铬铸铁在这个温度较长时间回火，可以消除已经存在的 σ 相。

7.6 高铬耐热铸铁件制造

高铬耐热铸铁的铸造性能优于高硅耐热铸铁与高铝耐热铸铁，是耐热铸铁中比较容易制成优良耐热铸件的铸造材料。

7.6.1 高铬耐热铸铁的铸造性能

高铬耐热铸铁的铸造性能与其化学成分有关。化学成分中的铬和碳含量更是影响铸造性能的主要因素。这两个元素对于这种铸铁的熔点、流动性、冷裂和热裂倾向、凝固收缩率、线收缩率、可切削性都有一定影响。

7.6.2 熔化与浇注

铁水熔点随其含铬量提高而提高。铁水就需要在较高的温度熔化和浇注。而含碳量提高则产生相反的效果，提高铁水含碳量则所需的熔化温度和浇注温度降低。表 7-5 列出浇注壁厚 60mm 以下高铬耐热铸铁件的铁水出炉温度及浇注温度，可供铸造工厂参考。

表 7-5 壁厚 60mm 以下高铬耐热铸铁的出炉温度及浇注温度

w(Cr)/%	w(C)/%	出炉温度/℃	浇注温度/℃
Cr16	1.6	1460	1380～1420
	2.5	1440	1350～1400
Cr25	1.6	1480	1400～1440
	2.5	1460	1380～1420
Cr35	1.8	1500	1420～1450
	2.5	1480	1400～1440

7.6.3 铸造性能

铸造性能具体如下：

(1) 铁水流动性。在合适浇注温度下高铬耐热铸铁铁水可以浇注10mm以下的薄壁件。但是铁水在熔炼过程中容易氧化，浇注时经常含有膜状氧化物。因此，浇注系统应该具有较好的撇渣功能。

应注意合理设置浇注系统。薄壁铸件浇口断面积应比灰铸铁增大25%，保证顺利充型。内浇口的位置应能使铸件各部分温度分布符合铸件顺序凝固要求。

(2) 铸件收缩率。高铬耐热铸铁凝固收缩率较高。含碳量低时，凝固收缩率接近铸钢。铸件容易产生缩孔、缩松、开裂。缩孔与冷热裂倾向都比灰铸铁和球墨铸铁高，但是低于高硅与高铝耐热铸铁。设计铸造工艺时需要注意采取防裂措施。补缩系统可参照铸钢件铸造工艺设计原则设计。

线收缩率为1.6%~2.0%，与高铬耐蚀铸铁相近。

高铬耐热铸铁热导率低，弹性模量大，容易产生局部应力偏高现象。为了避免铸件发生热裂、变形，适当改善铸件结构，加大铸件内外圆角，避免铸件厚度悬殊部位直接相连，从各方面减少内应力。

铸件不宜在更高温度浇注，因为浇注温度越高铸件收缩率越大。铸态高铬耐热铸铁件性质比较脆。浇注温度过高，铸件容易发生冷裂和热裂缺陷。浇注温度太低，铸件又容易产生冷隔缺陷。尽量减少铁水中形成渣膜以及保持铁水平稳充型，有助于避免铸件出现渣孔和冷隔缺陷。

7.6.4 造型和清理

在造型方面，型、芯砂应该有合适的强度、溃散性和退让性。同时要尽量减少箱挡、冷铁、浇冒口对铸件收缩的阻碍，避免或减少铸件在凝固冷却过程中可能产生的内部收缩应力。

铸件在砂箱中完全凝固后，要及时松开箱卡，适当松动铸型，减少铸件收缩阻力。然后在较低温度开箱。清理铸件和去除浇冒口时，不要猛力击打铸件，防止铸件损伤。

高铬耐热铸铁组织由共晶碳化物和高铬铁素体组成。这两个相都是性质较脆的相。因此高铬耐热铸铁件热态和冷态整体上都是比较脆的。在生产过程中，要特别注意铸件脆性带来的铸造缺陷。

7.6.5 可切削性

铁素体高铬耐热铸铁是各种高合金耐热铸铁中切削加工性能最好的品种。一些耐热机械零件因需要机械加工而选用铁素体高铬白口铸铁。这可能是近些年来高铬耐热铸铁的应用范围日见扩大的原因之一。

铁素体高铬耐热铸铁的可切削性主要取决于其所含碳化物量，而碳化物量又取决于铸件含碳量。但是含碳量高的铸件切削性能比较差，而且加工后的表面粗糙度也不理想。含碳量低于1.5%的零件大部分都可以进行切削加工。

如果基体组织中含有铁素体以外的组织，例如珠光体、贝氏体，切削加工前必需进行退火处理以改善切削性能。按合理工艺退火后铸件宏观硬度不低于 HRC35 时，应该适当提高铸件的铬和碳的质量分数比。在不降低铬含量情况下，减少铸件含碳量。

7.6.6 热处理

铁素体高铬耐热铸铁件的热处理包括消减铸造应力处理和软化退火。铸件的内应力主要来自凝固和冷却过程中铸件收缩产生的应力。消除这类应力需要把铸件加热到略高于材料开始发生塑性变形的温度，保持一定时间，使铸铁能在自由伸缩状态下发生恢复性变形，释放出内部残存的应力。

消减应力处理的具体工艺过程是：铸件以 75℃/h 的速度加热到 600 ~ 620℃，保温 1 ~ 3h，然后在低于 50℃/h 的降温速度降低到 100℃以下出炉。

也可以采用震动法消减铸件内应力。

软化退火应把铸件加热到 A_{c_3} 以上温度。由于铸件含铬量很高，提高了 A_{c_3} 温度。高铬耐热铸铁件退火温度比一般铸铁要高些。铸件需加热到 920 ~ 950℃，根据铸件厚度保温 1 ~ 4h，然后进行阶梯式缓慢降温，冷却到 250℃出炉空冷。如果需要进一步降低铸件硬度，还可以进行球化退火。

参考文献

[1] Walton C F, Opar T J. 铸铁件手册[M]. 北京：清华大学出版社，1990.

[2] 中国机械工程学会铸造专业委员会. 铸造手册（第 1 卷）[M]. 北京：机械工业出版社，1993.

8 镍铬白口铸铁

20世纪50年代初期，一种以镍和铬为主加合金元素的白口铸铁注册了美国专利。(U. S. Patent No. 2，662，011. Dec. 8，1953)。注册化学成分为：$w(C)=3.0\%\sim3.7\%$，$w(Ni)=5\%\sim7\%$，$w(Cr)=8\%\sim10\%$和$w(Si)=0.5\%\sim0.3\%$，成分组合是$(\%C)+(\%Ni)/28+(\%Cr)/24+(\%Si)/4=4.2\sim5.0$。该铸铁组织由碳化物+奥氏体与回火马氏体基体构成。国际镍公司是国际上最早研制开发这种抗磨合金白口铸铁的公司。该公司将这种铸铁定名为“Ni-Hard”，国内常见译名为“镍硬铸铁”。由于其主加合金元素为镍和铬，在国内被称为“镍铬白口抗磨铸铁”，简称“镍铬白口铸铁”。

镍铬白口铸铁与高铬抗磨铸铁组织中都含有高硬度合金碳化物，并以马氏体为基体主要组分。高硬度合金碳化物作为材料的抗磨骨架，基体硬度也很高并富有一定韧性，因此这两种抗磨铸铁都具有很强的抗磨料磨损能力和相对良好的抗冲击能力，是当代铬白口铸铁的主流品种，广泛应用于工农业的抗磨场合。

8.1 镍铬白口铸铁化学成分

几十年来，国际镍公司根据使用中发现的问题，曾对 Ni-Hard 的4个牌号化学成分作过调整。当前该公司公布的各牌号 Ni-Hard 化学成分如表8-1所示。

表8-1 国际镍公司的镍硬铸铁化学成分（质量分数,%）

牌 号	C	Si	Mn	S	P	Ni	Cr	Mo
Ni-Hard1	3.0~3.6	0.3~0.5	0.3~0.7	≤0.15	≤0.03	3.3~4.8	1.5~2.6	0~0.4
Ni-Hard2	≤2.9	0.3~0.5	0.3~0.7	≤0.15	≤0.03	3.3~5.0	1.4~2.4	0~0.4
Ni-Hard3	1.0~1.6	0.4~0.7	0.4~0.7	≤0.05	≤0.05	4.0~4.75	1.4~1.8	—
Ni-Hard4	2.6~3.2	0.4~0.6	0.4~0.6	≤0.10	≤0.05	5.0~6.5	8.0~9.0	0~0.4

镍铬白口铸铁作为优良抗磨材料，在世界各国已获得广泛应用。许多国家都已在本国抗磨铸铁标准中，参照 Ni-Hard 标准制订了相应的镍铬白口抗磨铸铁标准，如美国 ASTM-A532M—1993，英国 BS4844：1986，德国 DIN1695—1981，法国 NFA32-401—1980，俄罗斯 ГОСТ1585—1985 等标准中都列有类似的合金白口铸铁。

我国抗磨铸铁国家标准（GB/T 8263—1999）中所列的抗磨铸铁牌号中，KmTB-Ni4Cr2-GT、GTKmTBNi4Cr2-DT 以及 KmTBCr9Ni5 三个牌号属于镍铬白口铸铁，其化学成分列于表8-2。表中所列 KmTBNi4Cr2-GT 和 KmTBNi4Cr2-DT 化学成分分别近似于 Ni-Hard1、Ni-Hard2。前者含碳量较高（GT），后者含碳量较低（DT）。KmTBCr9Ni5 的化学成分近似 Ni-Hard4。

表 8-2 镍铬白口铸铁化学成分（质量分数,%）

牌 号	C	Mn	Si	Ni	Cr	Mo	P	S	近似牌号
KmTBNi4Cr2-GT	3.0～3.6	≤2.0	≤0.8	3.3～5.0	1.5～3.0	≤1.0	≤0.15	≤0.15	Ni-Hard1
KmTBNi4Cr2-DT	2.4～3.0	≤2.0	≤0.8	3.3～5.0	1.5～3.0	≤1.0	≤0.15	≤0.15	Ni-Hard2
KmTBCr9Ni5	2.5～3.6	≤2.0	≤2.0	4.5～7.0	7.0～11.0	≤1.0	≤0.15	≤0.15	Ni-Hard4

8.2 各元素在铬镍白口铸铁组织中的作用

镍铬白口铸铁显微组织由合金碳化物、基体（马氏体+奥氏体+贝氏体）、弥散分布于基体中的二次碳化物（常在厚壁件中出现）组成。合金碳化物类型根据铸铁中铬含量和铬碳比而定，或为 M_7C_3 型，或为 M_3C 型。

在镍铬白口铸铁中，碳、硅、镍、铬对铸件组织产生主要影响。其他元素包括锰和钼也有一定影响。这些元素通过合理组合，构成了镍铬白口铸铁组织。下面简单介绍各元素在铬镍白口铸铁中所起的作用。

8.2.1 碳的作用

在各种镍铬白口铸铁中，碳与铬构成合金碳化物，也存在于基体金属中。碳对镍铬白口铸铁的组织和性能都有重要影响。

（1）碳是构成镍铬白口铸铁中碳化物的主要元素。碳的质量分数在很大程度上决定镍铬白口铸铁中碳化物体积分数（CVF）。例如 w(Cr) = 3.2%、w(C) = 3.6%、w(Si) = 1.0% 的 KmTBNi4Cr2-GT 镍铬白口铸铁中碳化物体积分数为 44%。KmTBCr9Ni5 镍铬白口铸铁中碳对碳化物体积分数的影响如式 2-8 所示。碳对碳化物体积分数的影响远大于铬。

影响碳化物体积分数的因素，除了铸件含碳量以外，还与所生成的碳化物类型有关。M_3C 型碳化物中碳的质量分数约为 6.5%，M_7C_3 型碳化物则为约 8.7%；因此铸件含碳量相同时，形成 M_3C 型碳化物的体积分数要大于 M_7C_3 型碳化物。例如，前述 w(Cr) = 8.4%、w(C) = 3.4%、w(Si) = 2.2% 的 KmTBCr9Ni5 镍铬白口铸铁含碳量与某一 KmTBNi4Cr2-GT 铸件的含碳量相差不多，但是后者碳化物为 M_7C_3 型，碳化物体积分数只有 27%。

碳化物体积分数是影响铸件硬度的重要因素。体积分数大，铸件硬度高，但是抗冲击能力和断裂韧性都相应下降。上述 KmTBNi4Cr2-GT 镍铬白口铸铁的碳化物虽然是 M_3C 型，但铸件的铸态硬度也能达到 HB780。

在 KmTBCr9Ni5 铸件中，碳化物类型与铸件含铬量和铬碳比有关。当镍铬白口铸铁的含铬量一定时，镍铬白口铸铁的铬碳比由碳的质量分数决定。第 4 章已经讨论了铬碳比对碳化物类型的影响。提高铸件含碳量导致铬碳比下降，一部分 M_7C_3 型碳化物可能成为 M_3C 型碳化物。使 M_3C 型碳化物相对含量增加，M_7C_3 型碳化物相对含量降低。铸件耐磨性和硬度随之相应下降，因此确定镍铬白口铸铁含碳量时，需要根据铸件性能要求认真权衡碳化物体积分数与碳化物类型之间达到合理匹配。

（2）镍铬白口铸铁基体含碳量随铸件含碳量增加而提高。溶入奥氏体中的碳与奥氏体含铬量、铬碳比有关（图 4-15）。铸态下镍铬白口铸铁基体金属一般为过共晶成分。在铸件还含有其他合金元素情况下，过共晶成分基体使奥氏体变得比较稳定。马氏体开始转变温度（M_s）随基体含碳量提高而下降，因此铸件含碳量增加会因使马氏体转变量减少，奥氏体含量增加。镍铬白口铸铁铸态组织中奥氏体体积分数通常是很高的，例如，KmTBCr9Ni5的铸态奥氏体体积分数通常在50%～80%。铸态组织抗磨能力受到影响。铸件需要经过热处理才能充分发挥抗磨潜力。

(3) 碳、硅、镍等都是石墨化元素。这些元素都能提高镍铬白口铸铁的石墨化倾向。甚至可能产生游离石墨，降低材料抗磨料磨损能力。而且石墨体积分数随碳的质量分数提高而增加。

决定镍铬白口铸铁件含碳量时，建议考虑下面一些相关因素：

(1) 铸件承受磨料磨损，冲击负荷较小时，应采用较高含碳量。例如，气流输送煤粉管件内衬金属，即属此类材料。

(2) 铸件含碳量较高会使基体含碳量上升，从而导致残余奥氏体量增加。这不应是限制铸件含碳量的因素，因为铸件经过二次热处理可以显著降低残余奥氏体量，达到预期水平。

(3) 为了防止组织中出现游离石墨，需要增加碳化物形成元素（铬、锰、钼）含量。以抵消碳和其他石墨化元素的影响。例如提高铬硅比、铬镍比，都是有效措施。至于提高到何种程度，必需根据铸件具体情况而定。

根据镍铬白口铸铁多年来的使用经验，推荐采用表8-3所列铸件含碳量。

表8-3 镍铬白口铸铁的推荐含碳量

铸铁牌号	碳化物类型	铸件含碳量（质量分数）/%	碳化物的体积分数/%	铸件用途举例
KmTBNi4Cr2-GT	M_3C	3.0～3.6	40～45	矿物溜槽内衬，轻微冲击
KmTBNi4Cr2-DT	M_3C	2.5～2.9	33～39	杂质泵过流件
KmTBCr9Ni5(GT)	M_7C_3，M_3C	3.0～3.4	26～29	辊式磨煤机辊套，高应力凿削磨损
KmTBCr9Ni5(DT)	M_7C_3	2.5～2.8	20～25	大中型球磨机衬板

考虑到碳对镍铬白口铸铁中的作用，我国抗磨铸铁标准中，把KmTBNi4Cr2镍铬白口铸铁分为高碳（KmTBNi4Cr2-GT）和低碳（TKmTBNi4Cr2-DT）两个牌号。类似国际镍公司中一直沿用的Ni-Hard1（高碳）和Ni-Hard2（低碳）两种牌号。主要失效于磨料磨损而冲击负荷小的铸件可采用KmTBNi4Cr2-GT（Ni-Hard1）制造；承受较高冲击载荷的耐磨铸件则推荐采用KmTBNi4Cr2-DT（Ni-Hard2）制造。

除了表8-3所列牌号外，近年国际镍公司又推出高碳Ni-Hard4铸铁。高碳Ni-Hard4的化学成分：$w(C)=3.2\%\sim3.6\%$、$w(Si)\approx1.5\%$、$w(Cr)=9\%\sim11\%$、$w(Ni)=5.0\%\sim6.5\%$、$w(S)\leqslant0.12\%$、$w(P)\leqslant0.25\%$。其含碳量下限是取原Ni-Hard4含碳量上限。含碳量上限则为镍硬铸铁含碳量的最高值。这种材料的碳化物量和奥氏体量都显著增加。这种镍硬铸铁含碳量增加会使铸件抗磨能力显著增强，但冲击韧性和抗疲劳强度却因奥氏体量增加而部分抵消碳化物的影响。这种类型的镍硬铸铁在我国使用尚不普遍，需要更多的积累使用经验。

8.2.2 硅的作用

硅对镍铬白口铸铁的组织和性能有多方面的影响。既影响碳化物的形成，也影响基体组织的转变性质和转变产物。在讨论镍铬白口铸铁成分时，应该注意硅的作用。

镍铬白口铸铁凝固过程中，硅不进入碳化物，而是全部溶入先共晶奥氏体和共晶奥氏体。由于碳化物占有一定的体积分数（CVF），奥氏体中硅的质量分数要超过铸铁原有的质量分数。例如，镍铬白口铸铁碳化物体积分数为44%，铸件含硅量（质量分数）为1.0%时，基体中硅的质量分数为1.8%。碳化物体积分数分别为23%、27%，铸件含硅量（质量分数）分别为2.0%、2.2%时，基体中硅的质量分数为2.5%、3.2%。

（1）共晶碳化物形成过程中，硅被排除于共晶体周围的液相中，使共晶体周围出现高硅区。硅通过降低碳在γ-Fe中的溶解度而使一部分碳转移到碳化物中。碳在低碳区的质量分数降低，成为基体中的局部低碳区。低碳区的 M_s 温度提高，马氏体转变量增加，有助于提高基体硬度，改善材料抗磨性能。

（2）硅含量在一定范围内，有助于改变共晶碳化物结构和类型，从而影响铸件耐磨性和一些力学性能。硅的这些作用，将在本章讨论KmTBCr9Ni5镍铬白口铸铁时，作比较详细的介绍。

（3）硅强烈提高铁水中碳的活度，是促进石墨化元素。过高含硅量会导致镍铬白口铸铁中石墨析出。为了防止这种情况发生，应增加反石墨化元素含量。例如，镍铬白口铸铁件中铬和硅质量分数比至少应超过2.7。

8.2.3 镍的作用

镍是镍铬白口铸铁的主加合金元素。加入铁水中的镍不与碳直接化合，而是与铁互相溶解，以互溶形式存在于基体的α相和γ相中。少量镍随铁进入铁、铬的碳化物中。镍在碳化物中的含量，由于铬对镍在铁中溶解度的影响，随含铬量提高而减少。KmTBCr9Ni5铸铁碳化物中所含镍量低于KmTBNi4Cr2-GT碳化物中含镍量，因此镍在影响镍铬白口铸铁组织方面的作用，主要表现在影响基体金属组织和性能方面。

镍在基体金属中的浓度与碳化物体积分数有关。碳化物体积分数大，则使镍在基体金属中的浓度相应增加。例如，KmTBNi4Cr2-GT铸件含镍为4.1%时，基体含镍量将增加到6.1%。KmTBCr9Ni5铸件含镍为5.8%时，基体含镍量将增加到6.9%。

基体中的镍从以下几个方面对镍铬白口铸铁组织产生影响。

（1）固溶于奥氏体中的镍，扩大奥氏体相区，降低共析转变温度；对镍铬白口铸铁化学成分研究证实，硅和镍共同控制着镍铬白口铸铁中奥氏体转变。当两元素含量比合适时，可降低残余奥氏体量，增加马氏体转变量。

（2）镍降低珠光体转变速度，延长珠光体转变孕育期，促使奥氏体等温转变曲线向右移动，奥氏体转变临界冷却速度降低。

（3）镍有稳定奥氏体的作用，其能力比锰低些，但是也十分有效。镍的这种作用主要表现在降低马氏体开始转变温度（M_s）。镍铬白口铸铁基体的 M_s 点虽然较低，但仍在室温以上。铸件温度降低到室温以前，含镍奥氏体一直发生马氏体转变，其余部分则成为残余奥氏体。例如，$w(\mathrm{Ni})=3.4\%\sim4.2\%$ 并与铬含量相配合的38～50mm厚镍铬白口铸铁砂型铸件，开箱空冷后能获得含 30% ~60% 残余奥氏体的组织，其余则转变为马氏体。为在更厚铸件获得类似组织，则需提高镍的加入量。例如，KmTB-Cr9Ni5 铸件采用表 8-2 规定含镍量的偏上限成分时，适用于厚度超过 200mm 的铸件。

镍稳定奥氏体和促进马氏体转变的能力与基体含碳量有关。图 8-1 显示碳和镍对镍铬白口铸铁硬度的影响[1]，也反映了这两个元素对马氏体转变量的影响。在含碳量相同情况下，为了获得最高硬度值，加镍量应处于一个最佳值范围内。按含镍量递增顺序，铸铁的组织变化是：珠光体（含镍低于临界值）→细珠光体和贝氏体（含镍低于临界值）→马氏体 + 贝氏体→马氏体（90% 以上）→马氏体 + 奥氏体→奥氏体。

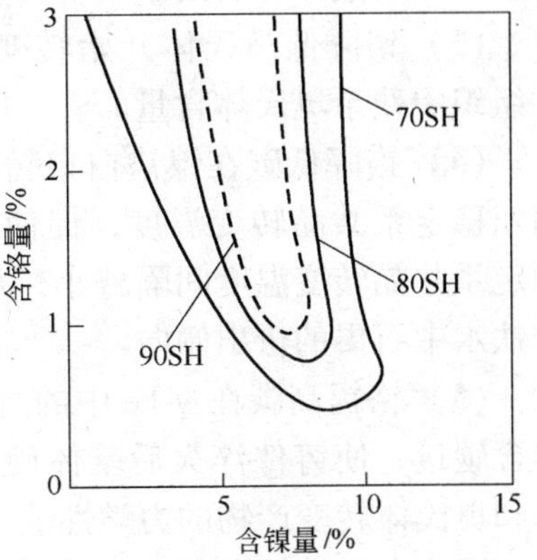

图 8-1 碳和镍对镍铬白口铸铁硬度的影响

在空冷条件下，提高含碳量则使避免珠光体转变所需的加镍量减少。相反地，铸件含碳量采用表 8-2 规定含碳量的偏下限成分时，则镍的加入量应取上限。需要注意的是碳与镍都取上限时，组织中可能出现过多残余奥氏体，马氏体量相对减少，铸件硬度和耐磨性下降，但有助于提高材料韧性，尤其较薄铸件更容易发生这种情况。

国家标准规定镍铬白口铸铁的最低含镍量为 3.3%。曾经在现场试验避免珠光体转变的最低含镍量。试验结果表明，含镍量为 2.5% ~3.0% 时，无论碳和铬怎样调整，也无法完全避免珠光体生成。生产 KmTBNi4Cr2-GT 铸件时，铁水含镍量超过 3.5%，一般认为是比较安全的。

镍铬白口铸铁件需要进行热处理。本书将在 8.5 节讨论热处理工艺。由于镍的存在，铸件在空冷条件下即可实现深度硬化甚至是整体硬化。与高铬铸铁相比，镍铬白口铸铁热处理工艺相对简化，成本较低，而且比较容易保证硬化质量。

和在其他铁碳合金中一样，镍在镍铬白口铸铁中提高稳定系共晶转变温度，使稳定系共晶和亚稳定系共晶转变温度间隔增大，起促进石墨化的作用。作为抗磨材料，石墨的存在对抗磨性能是不利的。因此在含镍较高的白口铸铁中必需同时含有一定数量抑制石墨生成的元素，例如，需要按一定比例加入铬，抑制镍的石墨化倾向。如果抑制石墨化元素不足，也可能出现碳化物和石墨共存的组织。

8.2.4 铬的作用

铬在镍铬白口铸铁和高铬铸铁中的行为与作用相似。大部分存在于碳化物中，其余的铬溶入奥氏体。

铬在镍铬白口铸铁中所起的作用主要有：

（1）与碳化合形成合金碳化物。镍铬白口铸铁中的铬碳化合物是高硬度的抗磨相。形成抗磨骨架，是镍铬白口铸铁具备良好的抗磨能力的主要原因之一。KmTBNi4Cr2 中的碳化物为 M_3C 型碳化物，KmTBCr9Ni5 则含有 M_7C_3 型碳化物，或者 M_7C_3 和 M_3C 两种碳化物共同存在。

（2）溶入奥氏体中的铬，影响奥氏体转变性质。主要是降低避免奥氏体向珠光体转变的临界冷却速率，有助于改善材料的硬化性能。

（3）铬降低马氏体开始转变温度（M_s），增加铸件组织中残余奥氏体含量。

（4）铬降低碳在镍铬白口铸铁液相中的活度，提高亚稳定系共晶转变温度，促使铸铁稳定系共晶和亚稳定系共晶转变温度间隔减小，从而抑制富含碳、镍、硅铁水中石墨的析出倾向。

（5）铬提高碳在γ-Fe中的溶解度，相应增加马氏体含碳量，使铸件淬火后基体硬度提高，并改善奥氏体和奥氏体转变产物的力学性能。

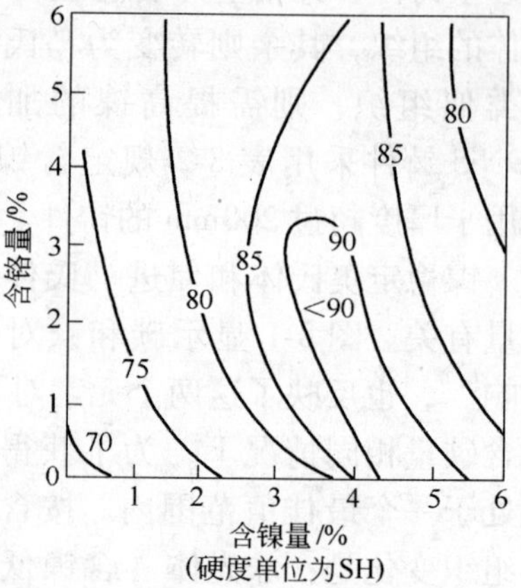

图 8-2 铬和镍含量对镍铬白口铸铁硬度的影响

镍铬白口铸铁含碳量一定时，铬和镍含量的变化使铸件硬度随之发生变化。并可看到铬、镍含量变化产生的峰值硬度。图 8-2 显示 $w(C)=3\%$ 镍铬白口铸铁铬、镍含量变化时铸件硬度的变化[2]。图中显示一些以肖氏硬度（HS）标注的等硬度曲线。这些曲线显示，当含镍量为3.5%～4.5%、含铬量为1.5%～3.3%时，铸件处于最高硬度范围。含铬量超过最高硬度范围上限时，铸件中残余奥氏体量增加，硬度降低。

8.2.5 锰的作用

锰在镍铬白口铸铁中的凝固分配系数为1.5左右，进入碳化物也溶入基体金属中。锰与碳化合倾向低于铬，因此在镍铬白口铸铁组织中只能见到少量碳和锰的化合物（Mn_3C）。碳锰化合物虽然也有一定的抗磨能力，但是由于抗磨能力更优越的碳化铬存在，组织中少量 Mn_3C 并不能显示出明显的抗磨效果。

锰降低奥氏体转变临界冷速，有助于改善铸铁的淬硬性；但是锰扩大奥氏体相区，明显降低马氏体开始转变和转变终了的温度，稳定奥氏体的作用很强，因此含锰量高会增加镍铬白口铸铁件中残余奥氏体含量，对各牌号镍铬白口铸铁抗磨性产生不利影响。

锰和铬同样是反石墨化元素，在镍、碳、硅含量较高的镍铬白口铸铁铁水中有助于防止石墨析出并有改善基体力学性能的作用。

全面权衡锰的有利和不利影响，一般认为镍铬白口铸铁含锰量不宜过高。控制在0.4%～0.8%范围内比较合适。厚大铸件可以增加到1%。

8.2.6 钼的作用

钼虽然强烈降低镍铬白口铸铁的奥氏体转变临界冷速，但由于铸件含有镍，已经显著延长了珠光体孕育期，因此生产一般铸件时，无需依靠钼在这方面发挥作用。但是对于特别厚大而且含碳量较高的铸件（例如，铸件厚度超过250mm），完全依靠提高镍含量来增加马氏体转变量还存在一些问题。因为铸件含镍量过度增加，残余奥氏体量相应增多，对铸件耐磨性产生不利影响。在这种情况下，适当加入一些钼来提高铸件淬透性是必要的。加钼能有效提高铸件淬透性而不会增加厚壁铸件中残余奥氏体量，相反地，能使经过热处理的铸件，淬硬区硬度明显提高，硬化深度增加。并且由于钼细化组织的作用，还能有效改善铸件抗冲击能力。

钼本身是降低马氏体转变开始温度的元素。但是钼与碳结合，消耗了一部分碳，反倒使镍铬白口铸铁的马氏体转变开始温度有所提高。

钼是比较贵重的合金元素，应合理确定加入量，在厚大镍铬白口铸铁铸件中，加入0.5% ~1.0% Mo 即可。加入量过多，反倒增加铸件空冷时发生开裂的风险。厚度小于100mm 的铸件，如果碳、铬、镍相对含量合适，不需要加钼提高淬透性。

8.3 KmTBNi4Cr2 镍铬白口铸铁

KmTBNi4Cr2 镍铬白口铸铁是 Fe-Ni-Cr-C 系铸造抗磨合金中合金元素含量相对较低的品种。它具有较好的抗磨能力，可用于制造矿石破碎筛分、水泥搅拌、煤粉碾磨、金属辊轧等设备中的耐磨零件。虽然近些年已经开发出多种抗磨铸铁，但由于这个品种的性价比较高，并且已有多年使用经验，当前仍是常被采用的产品。

8.3.1 KmTBNi4Cr2 镍铬白口铸铁组织

KmTBNi4Cr2-GT 镍铬白口铸铁是亚共晶白口铸铁。铁水凝固过程中，首先析出先共晶奥氏体，然后在共晶转变温度区产生奥氏体 + 碳化物共晶。继续冷却，部分奥氏体在不同温度区转变为贝氏体、马氏体。未转变部分成为残余奥氏体。

图 8-3 显示具有下列化学成分的 KmTBNi4Cr2-GT 镍铬白口铸铁铸态显微组织：$w(C)=3.6\%$，$w(Si)=1.0\%$，$w(Cr)=3.2\%$，$w(Ni)=4.1\%$，$w(Mn)=0.5\%$。

图 8-3 KmTBNi4Cr2 镍铬白口铸铁的铸态显微组织

由于铸件的含铬量较低，铬碳比也只有 0.5 ~1.2，组织中的共晶碳化物为 M_3C 型碳化物，呈相互交连的块状分布状态。基体由片状马氏体、奥氏体和贝氏体组成，并含有铸件在铸型中降温时析出的二次碳化物。基体含碳量约为 1.1%。

从图 8-3 可以看出，马氏体均为片状高碳马氏体。马氏体在基体中分布不均匀。相邻碳化物之间空间狭窄处以及块状碳化物边缘马氏体比较密集，奥氏体相对较少。这是因为铸件是在生产条件下冷却，冷速较高，元素未进行充分扩散，导致上述部位碳含量较低，促使马氏体密集转变。

这种类型的镍铬白口铸铁，共晶碳化物体积分数一般是很高的，通常都在35%～45%之间。铸件硬度主要受共晶碳化物体积分数和硬度的影响。KmTBNi4Cr2-GT 铸铁中 M_3C 共晶碳化物硬度在 HRC50～55 之间，而随铸件含碳量减少（KmTBNi4Cr2-DT 铸铁），铸件中碳化物体积分数降低，基体金属硬化性能增强，热处理后铸件硬度比高碳铸件有所提高。

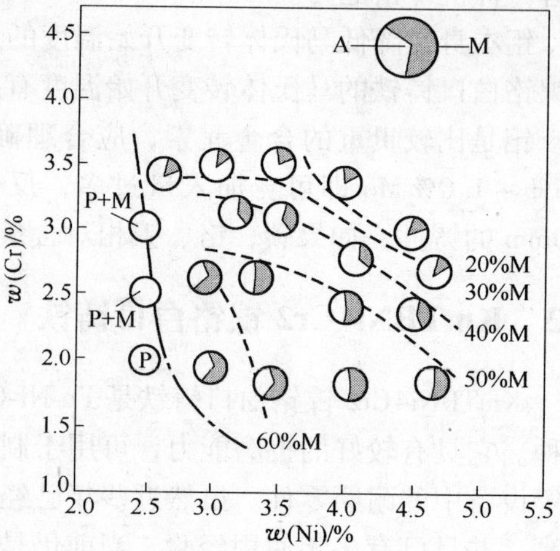

图 8-4 镍铬相对含量对镍铬白口铸铁马氏体量的影响

调整镍和铬的相对含量，可以改变镍铬白口铸铁基体中的马氏体含量。图 8-4 显示了这种情况[2]。这是在经过热处理、厚度为 40～50mm 的铸件上进行试验得到的结果。当镍含量为2.5%，含铬量在2.0%～3.0%之间时，组织中都存在珠光体。镍含量提高到3.0%，出现马氏体和奥氏体共存的基体组织。随着铬量提高，奥氏体量逐渐增加。这是因为有镍存在的情况下，M_s 点随铬含量提高而显著下降。镍含量超过 3.0% 以后，铬对奥氏体量仍有类似影响。基于这种情况，不推荐 KmTBNi4Cr2 镍铬白口铸铁中镍和铬含量超过标准规定。

KmTBNi4Cr2 镍铬白口铸铁的镍、铬元素加入量应视铸件壁厚以及铸型冷却能力而定。以较快速度冷却的铸件，可以适当减少镍、铬的加入量。表 8-4 列出在砂型和金属型中浇注的各种厚度 KmTBNi4Cr2 铸件避免产生珠光体组织推荐的镍、铬含量，可供生产人员参考。

表 8-4 铸件壁厚与 KmTBNi4Cr2 镍铬白口铸铁所需镍铬含量

铸件壁厚/mm	砂型铸造		金属型铸造	
	w(Ni)/%	w(Cr)/%	w(Ni)/%	w(Cr)/%
<12	3.8	1.6	3.3	1.5
12～25	4.0	1.8	3.6	1.7
25～50	4.2	2.0	3.9	1.9
50～75	4.4	2.2	4.2	2.1
75～100	4.6	2.4	4.5	2.3
>100	4.8	2.6	4.8	2.5

国际镍公司公布的试验结果表明，在 w(Ni)=4.00%～4.75% 的低铬型镍铬白口铸铁中，要避免厚壁件析出石墨，应控制铸件中铬与硅的相对含量。此相对含量与铸件含碳量和铸件壁厚有关。铸件含碳量高、厚度大则需较高的铬硅含量比。例如，w(C)=2.75%时，25mm 壁厚的铬硅含量比为2.0～2.3，100mm 壁厚的铸件，比值应增加到 3.5～4.5；

而 $w(C)=3.50\%$ 时，25mm 及 100mm 壁厚的相应铬硅含量比应分别为 4.0～4.5 以及 7.0～7.5。

镍铬白口铸铁件常常因为铁水中含有过量的镍和铬，或者铸件在铸型中冷却时，没有足够时间从基体金属中析出二次碳化物，导致基体金属处于碳和合金元素过饱和状态，这些都将降低奥氏体发生马氏体转变的温度，抑制奥氏体在马氏体转变温度范围内发生马氏体转变。因此铸态基体组织中马氏体和贝氏体含量很少。此类铸件，硬度一般不超过 HRC50，难以成为优良抗磨材料。厚壁铸件（厚度超过 200mm）冷速低，二次碳化物能够析出，铸态硬度和热处理后硬度反倒都比较高。

铸型材料通过改变镍铬白口铸铁件冷却速度可以改变铸件组织和性能。金属型中浇注的含碳量较低的镍铬白口铸铁件，在镍、铬含量相同情况下，铸态奥氏体体积分数相对较小，铸件硬度和力学性能高于砂型铸件。金属型铸造的小型 KmTBNi4Cr2-DT 铸件，铸态硬度一般不低于 HRC53（HB550），这样的铸件只需加热到 250～300℃，保温 10～16h，进行等温处理。处理后硬度不低于 HRC56（HB600），而且消减了铸件中的相变应力。

近些年国外公司对 Ni-Hard2 铸件的成分进行了调整，研制出被称为“优质镍硬铸铁”新品种。这种铸铁金相组织如图 8-5 所示。其成分特点是降低了铸件含锰量，并把含硅量提高到 1.3%，为了避免石墨析出，Cr/Si 比控制在 2.7 以上。铸件按上述规范进行热处理：铸件加热到 275℃并进行较长时间保温，然后在空气中冷却。处理后基体中奥氏体量减少到20%左右，在不超过75mm 断面中最低硬度值为 HRC61～63。用其制造辊式磨煤机辊套，使用寿命比普通 KmTBNi4Cr2 镍铬白口铸件增长 30%。也记录到 ϕ55mm 磨球在 6.4m 落球试验中断裂前落下次数为 11954 次，为普通 Ni-Hard2 的 7.8 倍。这种材料已取得英国专利[3]。

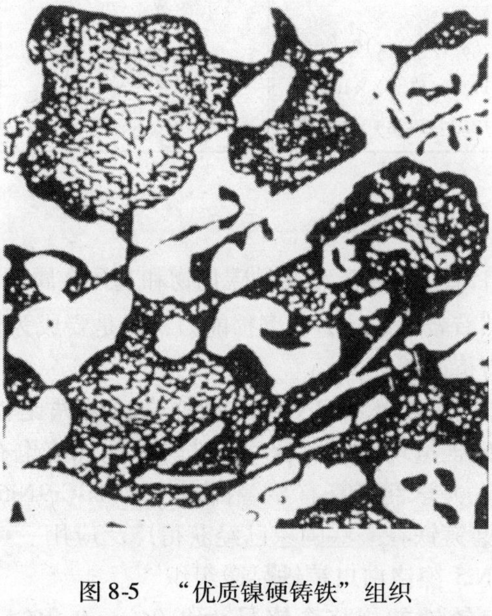

图 8-5 “优质镍硬铸铁”组织

KmTBNi4Cr2 镍铬白口铸件浇注后不宜过早开箱。因为铸件在砂箱内冷却过程中已经发生马氏体相变，铸件内部已存在可能导致发生断裂的相变应力。此外，铸件热处理时也要注意缓慢均匀加热，避免产生热应力。铸造热应力与相变应力叠加后，常会使铸件开裂或变形。

8.3.2 KmTBNi4Cr2 镍铬白口铸铁的力学和物理性能

表 8-5 列出国际镍公司早先宣布的 Ni-Hard1（KmTBNi4Cr2-GT）和 Ni-Hard2（KmTB-Ni4Cr2-DT）的力学性能数据。由表中数据可以看出，Ni-Hard2 的抗弯强度抗拉强度艾氏冲击吸收功等指标高于 Ni-Hard1。但是 Ni-Hard1 的硬度高于 Ni-Hard2。金属型铸件和砂型铸件力学性能相比，显示出比较明显的差别。金属型铸件力学性能指标均高于同一牌号的砂型铸件力学性能指标。

表 8-5 Ni-Hard1 和 Ni-Hard2 铸铁力学性能

牌 号	铸造方法	硬 度		抗弯强度/MPa	挠度/mm	抗拉强度/MPa	弹性模量/MPa	艾氏冲击吸收功/J
		HB	HRC					
Ni-Hard1	砂型铸造	550 ~ 650	53 ~ 61	500 ~ 620	2.0 ~ 2.8	280 ~ 350	169000 ~ 183000	28 ~ 41
	金属型铸造	600 ~ 725	56 ~ 64	560 ~ 850	2.0 ~ 3.0	350 ~ 420	169000 ~ 183000	35 ~ 55
Ni-Hard2	砂型铸造	525 ~ 625	52 ~ 59	560 ~ 680	2.5 ~ 3.0	320 ~ 390	169000 ~ 183000	35 ~ 48
	金属型铸造	575 ~ 675	55 ~ 62	680 ~ 870	2.5 ~ 3.0	420 ~ 530	169000 ~ 183000	48 ~ 76

表 8-6 列出 Ni-Hard1 和 Ni-Hard2 铸铁的物理性能。两种铸铁的物理性能没有显著差别。

表 8-6 Ni-Hard1 和 Ni-Hard2 铸铁的物理性能

物理性能	Ni-Hard1 和 Ni-Hard2	物理性能	Ni-Hard1 和 Ni-Hard2
密度(20℃)/g·cm^{-3}	7.6 ~ 7.8	电阻率(25℃)/μΩ·cm	80
线膨胀系数/℃$^{-1}$		热导率/W·(m·K)$^{-1}$	
10 ~ 93℃	(8.1 ~ 9) × 10^{-6}	20℃	2.98
10 ~ 260℃	(11.3 ~ 11.9) × 10^{-6}	200℃	17.17
10 ~ 430℃	(12.2 ~ 12.8) × 10^{-6}	400℃	19.68
		600℃	22.19
		800℃	23.86

8.4 KmTBCr9Ni5 镍铬白口铸铁

KmTBNi4Cr2 镍铬白口铸铁由 M_3C 型共晶碳化物和基体金属组成。基体含有片状马氏体和奥氏体。这样的铸铁虽然有较好的抗磨料磨损能力，但是要成为优良抗磨金属材料，其抗磨性能和冲击韧性都仍然有待改善。

KmTBCr9Ni5 镍铬白口铸铁与 KmTBNi4Cr2 镍铬白口铸铁比较，在化学成分方面的差别主要是前者的镍、铬、硅含量均高于后者。铸件热处理规范也有变化。这使镍铬白口铸铁的显微组织、抗磨性能、力学性能都有显著提高。KmTBCr9Ni5 镍铬白口铸铁成为档次更高的抗磨材料。这种耐磨铸铁在一些国家已经获得广泛应用。

图 8-6 显示 KmTBCr9Ni5 镍铬白口铸铁显微组织[4]。

KmTBCr9Ni5 镍铬白口铸铁的规格含铬量为 8.0% ~ 9.0%，比 KmTBNi4Cr2 含铬量（2.0% ~ 3.0%）高 3 ~ 4 倍。提高含铬量的目的有以下几点：

（1）含铬量提高后，铬的凝固分配系数也比 KmTBNi4Cr2 提高近一倍，达到 9% 左右。

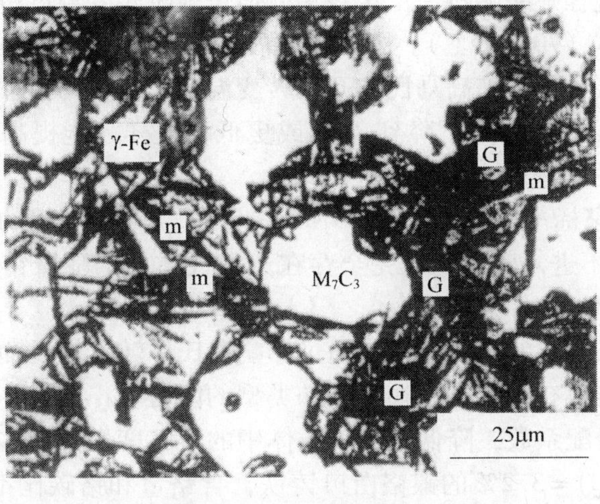

图 8-6 KmTBCr9Ni5 镍铬白口铸铁显微组织

虽然铸铁的铬含量和铬碳比并没有达到完全生成 M_7C_3 型碳化物的水平，但是在硅和镍的综合作用下，KmTBCr9Ni5 镍铬白口铸铁中的碳化物大部分都是 M_7C_3 型的。因此 KmTB-Cr9Ni5 镍铬白口铸铁的硬度、耐磨性、韧性都远超过 KmTBNi4Cr2，成为镍铬白口铸铁中应用最广泛的主流品种。

（2）铸件含镍量和含硅量增加后，石墨生成倾向显著提高；为了抑制石墨生成，必需含有足够的反石墨化元素。铬在铸铁中具有较强的反石墨化作用，加入量足够时，可以避免石墨出现。这里需要提到的是，当铸件含碳量偏于标准规格上限时，即使含铬量在成分规定范围内，组织中也常常出现石墨；避免石墨析出，KmTBCr9Ni5Si2 镍铬白口铸铁的铬-硅含量比不应低于 4.0。厚度大于 200mm 的铸件，此比值应提高 4.5～5.0。还可以采用金属型激冷铸造或在抗磨面上安放外冷铁进行局部激冷以避免石墨析出。

（3）含碳量相同情况下，KmTBCr9Ni5 的碳化物含铬量高于 KmTBNi4Cr2，但是碳化物的体积分数却小于 KmTBNi4Cr2。奥氏体的含铬量也高于 KmTBNi4Cr2，而体积分数大于 KmTBNi4Cr2。在此情况下，有效地提高了铸件淬透性，使 KmTBCr9Ni5 镍铬白口铸铁可以应用到更厚的铸件。

（4）改善铸件特别是基体金属的力学性能。

KmTBCr9Ni5 镍铬白口铸铁的规格含镍量为 4.5%～6.5%，高于 KmTBNi4Cr2 镍铬白口铸铁的 3.0%～6.5%。镍在 KmTBCr9Ni5 中的凝固分配系数为 0%～0.1%（凝固分配系数随含镍量增加而减小），说明这个元素绝大多数（90%以上）固溶于奥氏体，只有极少量溶于铁中的镍，随铁一起进入碳化物。

提高加镍量的主要目的是进一步促进马氏体转变，增强铸件淬透性，使这种材料更能适用于厚壁抗磨铸件。生产实践证明，KmTBCr9Ni5 镍铬白口铸铁件硬度受铸件壁厚的影响较小。经过热处理的厚壁铸件硬度也能超过 HRC60。

KmTBCr9Ni5 镍铬白口铸铁的镍、铬含量都比较高。为了增加碳化物体积分数，有时也选用较高含碳量（基体含碳量相应增加）。镍、铬、碳三个元素都降低马氏体开始转变温度，这个牌号铸铁的 M_s 点一般都会在室温到 100℃之间。虽然镍强烈促进马氏体转变，而且高镍铸铁在冷却过程中能够析出二次石墨，但是限于转变温度范围，铸态基体中仍然会出现大量残余奥氏体（70%以上）。因此铸件在使用前必需经过热处理，力求在脱稳过程中减少基体的铬、碳含量，提高马氏体开始转变温度，扩大马氏体转变温度范围，增加基体中马氏体量，使残余奥氏体下降到20%或更低，这样才能提高铸件硬度，使KmTB-Cr9Ni5镍铬白口铸铁的抗磨能力得到充分发挥。

抗磨白口铸铁国家标准规定KmTBCr9Ni5镍铬白口铸铁中硅的质量分数为1.5%～2.2%。前已述及，硅不进入碳化物，完全存在于奥氏体中。随着铸件中碳化物体积分数增加，基体含硅量将超过铸件含硅量。

长期以来，人们认为硅的作用主要是通过影响奥氏体转变性质而发挥它的作用。然而经过不断研究，发现硅还有影响碳化物结构和类型的能力。

硅影响铬的凝固分配系数，降低铬在奥氏体中的溶解度，使更多的铬进入碳化物。例如，$w(\mathrm{Cr})=9\%$、$w(\mathrm{C})=3.2\%$的镍铬白口铸铁，含铬量和铬碳比都达不到生成M_7C_3型碳化物的条件。但当把溶液含硅量提高到1.8%～2.0%时，铬的凝固分配系数显著提高，溶入奥氏体的铬相对减少，液相中铬元素浓度可能达到生成M_7C_3型碳化物程度，M_7C_3型碳化物得以生成。凝固组织中可以看到$M_7C_3+\gamma$共晶组织。而按普通白口铸铁确定含硅量（例如小于1%），转移到碳化物中的铬量少得多，M_3C型碳化物量将会随之增加。曾对一些中小型镍铬白口铸铁件进行检测，证实硅含量达到1.8%以上时，确实有助于提高M_7C_3与M_3C型碳化物含量比，增强镍铬白口铸铁件抗磨能力。

另一项研究显示，当$w(\mathrm{Ni})=5\%$、$w(\mathrm{Cr})=8\%\sim10\%$、$w(\mathrm{C})=3\%$、$w(\mathrm{Si})<1.2\%$镍铬白口铸铁缓慢冷却，在所形成的碳化物中，发现了双重结构。碳化物心部为M_7C_3型晶体结构，而在碳化物近表面层为M_3C型晶体结构。组织中还含有许多$M_3C+\gamma\text{-Fe}$构成的莱氏体组织。对萃取的碳化物进行了显微硬度检测，结果表明，其硬度与M_3C型碳化物相近似，而远低于M_7C_3型碳化物的硬度。含有这种碳化物的镍铬白口铸铁远未达到应有的抗磨性能。

将这种铸铁中的含硅量由1%提高到2.2%，情况发生了变化。碳化物的双重结构基本消失，整体变成了M_7C_3型晶体结构，碳化物硬度达到了应有的水平。这种变化应归因于硅对于两种碳化物形成过程的影响。

当化学成分达到形成M_7C_3型碳化物的水平时，共晶反应为：

$$L \longrightarrow M_7C_3 + \gamma\text{-Fe}$$

合金含硅量在1%左右的水平时，碳在液相中的溶解度足以使反应继续按下述方式在U_3点温度（参见图2-1）进行：

$$L + M_7C_3 \longrightarrow M_3C + \gamma\text{-Fe}$$

这个包共晶反应产生的M_3C将出现在碳化物近表层区，从而形成双层碳化物结构。

合金含硅量提高到2.2%，最显著的现象是压低了上述共晶反应和包共晶反应的温度。从而抑制了产生M_3C型碳化物的包共晶反应。最终效果是M_7C_3型碳化物共晶整体形成以前，M_3C型碳化物不会通过包共晶反应而生成。

如果铸铁中的$w(\mathrm{Ni})=6\%$、$w(\mathrm{Mn})=1\%$，形成M_7C_3所需含硅量下降到约1.8%。即使铸件冷速变化，硅的这种作用也不改变。硅量再降低些，M_7C_3和M_3C型铬的碳化物同时出现。

当铸件含硅量达到 1.5% ~2.0% 时，硅对碳化物还产生变质作用，使 KmTBCr9Ni5 一类的镍铬白口铸铁中生成许多尺寸为 10 ~20μm 的近似球状碳化物。这种作用与在共晶白口铸铁中加 0.2% ~0.4% B 后熔液瞬间过冷，促使碳化物大量形核而延缓生长，产生大量细小碳化物颗粒的情况相似。据试验，这种细小的颗粒状碳化物能够提高镍铬白口铸件的抗磨能力。

由于碳化物的存在，硅在基体中实际质量分数超过原铁水中硅的质量分数。例如，$w(C)=2.9\%$、$w(Cr)=8.4\%$、$w(Ni)=5.8\%$、$w(Si)=1.8\%$ 的 KmTBCr9Ni5 镍铬白口铸铁中奥氏体枝晶平均含硅量达到 2.5%。如果碳、硅含量同时提高，高碳高硅溶液可能处于过共晶成分，提高石墨析出倾向，这点需要加以注意。

硅对于 KmTBCr9Ni5 镍铬白口铸铁马氏体开始转变温度的影响类似于对 KmTBNi4Cr2 镍铬白口铸铁的影响。硅提高碳在奥氏体中的活度系数而降低碳的溶解度，导致 M_s 温度上升。因此硅能产生增加基体中马氏体转变量的作用。

根据以上所述，为了提高 KmTBCr9Ni5 镍铬白口铸铁中 M_7C_3 碳化物体积分数，增加马氏体含量，提高铸件硬度和抗磨能力，使碳化物趋于球状化以及奥氏体适量存留以改善材料冲击韧性和冲击疲劳强度，KmTBCr9Ni5 镍铬白口铸铁含硅量最好选在 1.9% ~2.1% 范围内。特别应当注意，当硅量超过此限度时，基体内析出石墨的倾向将随含硅量增加而显著提高。

由于硅的这些有利影响，生产 KmTBCr9Ni5 镍铬白口铸铁件时，应把硅含量提高到 2% 左右。这种白口铸铁牌号可写为 KmTBCr9Ni5Si2。

KmTBCr9Ni5Si2 镍铬白口铸铁的含碳量最好选在镍铬白口铸铁含碳量的中下限，以 2.8% ~3.2% 之间比较合适。在含铬量不变时，含碳量越高，铬碳比越低，越容易出现 M_3C 碳化物。从一些单位使用镍铬白口铸铁的经验来看，为了提高铸件硬度和耐磨性而过度提高含碳量和碳化物体积分数往往得不到预期效果。

为控制奥氏体体积分数，KmTBCr9Ni5 镍铬白口铸铁中含锰量不宜过高。一般铸件，锰含量可选 0.6% ~0.8%。厚壁铸件可提高到 0.8% ~1.0%。

锰稳定奥氏体的作用，也能被有效利用。当需要改善铸件抗冲击疲劳能力时，适当增加铸件含锰量会有效果。

厚大铸件中的合金元素已证实不能满足铸件对淬透性的要求时，可考虑添加钼。长期应用 KmTBCr9Ni5 镍铬白口铸铁件的经验证实，成分符合 KmTBCr9Ni5 国家标准的耐磨件（厚度小于 100mm），淬透性已能满足要求，无需添加这种贵重合金元素。只当含镍量处于规格低限的厚壁铸件，才应根据铸件厚度以及铸件硬度要求，添加不超过 1% Mo。

综上所述，一般 KmTBCr9Ni5 镍铬白口铸铁件，推荐采用以下化学成分：

$w(C)=2.8\%\sim3.1\%$，

$w(Si)=1.8\%\sim2.1\%$，

$w(Mn)=0.5\%\sim0.6\%$，

$w(Cr)=8.0\%\sim9.0\%$，

$w(Ni)=5.5\%\sim6.5\%$，

$w(P)\leqslant0.06\%$，

$w(S)\leqslant0.1\%$。

8.5 KmTBCr9Ni5 镍铬白口铸铁的力学性能和物理性能

8.5.1 KmTBCr9Ni5 镍铬白口铸铁的力学性能

表 8-7 列出 KmTBCr9Ni5 镍铬白口铸铁的力学性能。金属型铸造的镍铬白口铸件基本力学性能高于砂型铸件。

表 8-7 KmTBCr9Ni5 镍铬白口铸铁的力学性能

铸造方法	硬度		抗弯强度/MPa	挠度/mm	抗拉强度/MPa	弹性模量/MPa	艾氏冲击吸收功/J
	HB	HRC					
砂型铸造	550~700	53~63	600~750	2.0~2.8	560~600	196000	35~42
金属型铸造	600~725	56~64	680~870	2.0~2.8	—	—	48~76

8.5.2 镍铬白口铸铁的物理性能

除了力学性能和抗磨性能以外，物理性能指标也是金属材料的重要技术指标。物理性能常是铸件在特定工况下获得优良耐用性的重要因素。例如，铸件在受约束条件下的热疲劳寿命与铸件材料线胀系数大小关系密切。热导率与质量热容对金属铸型的使用性能有很大影响。

表 8-8 列出原由国际镍公司公布的镍硬铸铁部分物理性能的一些数据。

表 8-8 镍硬铸铁的部分物理性能

物理性能		Ni-Hard1	Ni-Hard2	Ni-Hard4		
密度(20℃)/g·cm^{-3}		7.6~7.8	7.6~7.8	7.6~7.8		
线胀系数/℃$^{-1}$	10~93℃	(8.1~9.0)×10^{-6}	(8.1~9.0)×10^{-6}	14.6×10^{-6}		
	10~260℃	(11.3~11.9)×10^{-6}	(11.3~11.9)×10^{-6}	17.1×10^{-6}		
	10~430℃	(12.2~12.8)×10^{-6}	(12.2~12.8)×10^{-6}	18.2×10^{-6}		
电阻率(25℃)/μΩ·cm		80	80	80		
热导率 λ /W·(m·K)$^{-1}$	20℃	2.98	—	12.14~13.40		
	200℃	17.17	—	15.49~17.58		
	400℃	19.68	—	18.84~20.52		
	600℃	22.19	—	21.35~23.03		
	800℃	23.86	—	23.45~24.70		
质量热容 c/J·(kg·K)$^{-1}$				502.4		
磁导率 /H·m^{-1}	磁场强度/A·m^{-1}			20℃	200℃	400℃
	3979	—	—	23.7	20.2	19.3
	7958	—	—	25.4	22.1	21.8
	15915	—	—	22.8	21.8	21.0
	23873	—	—	19.0	18.1	17.1
	31830	—	—	16.2	15.0	14.1
	39789	—	—	14.0	13.0	12.2

（1）20℃密度。镍铬合金铸铁不含石墨，奥氏体含量较高，其密度为7.6～7.8g/cm^3，高于灰铸铁。

（2）线胀系数。镍铬合金铸铁线胀系数与铸件含镍量有关。含镍量低于20%时，线胀系数随含镍量增加而增加。Ni-Hard4（KmTBCr9Ni5）的线胀系数大于Ni-Hard1（KmTBNi4Cr2）和不含镍高铬铸铁，也大于普通白口铁和灰口铁，因此它不宜制作工作温度频繁变化的铸件。

（3）室温电阻率。石墨的室温电阻率高达3000μΩ·cm，不含石墨的白口铸铁电阻率必然较低。两种类型的镍铬合金铸铁的室温电阻率相同，都低于普通灰铸铁。

（4）热导率。铸铁的热导率受其中所含石墨数量、形状的影响很大。白口铸铁不含石墨，其热导率远小于灰口铁。镍铬合金铸铁所含镍和硅越多，热导率越低。Ni-Hard4（KmTBCr9Ni5）的热导率低于Ni-Hard1（KmTBNi4Cr2）。

（5）磁导率。表8-8列出Ni-Hard4在不同磁场强度和不同温度的磁导率。可以看出：磁导率随温度升高而上升；随磁场强度提高而下降。

8.6 镍铬白口铸铁件热处理

镍铬白口铸铁件中含有大量合金元素，而且基体含碳量也很高，M_s 点和 M_z 点都是很低的。一般情况下，铸态组织的 M_s 约在100℃，M_z 更降低到－100℃以下。如果不经过合适的热处理，组织中势必存在大量残余奥氏体，并会使铸件在使用过程中出现以下问题：

（1）铸件硬度达不到要求，抗磨能力低；

（2）铸件在储存或运行中突然断裂。当环境温度变化或持久承受应力情况下，铸件中所含奥氏体发生相变，质量体积随之变化而使内应力骤增，导致铸件断裂；

（3）铸件变形，失去原有尺寸精度。

镍铬白口铸铁不能完全像高铬铸铁那样采用脱稳处理工艺消减残余奥氏体。因为前面介绍的脱稳处理只能减少基体中的碳、铬含量，并不能减少镍含量，而镍是造成残余奥氏体过多的重要因素。

8.6.1 KmTBNi4Cr2镍铬白口铸铁件热处理

图8-7显示 w(C)＝3.4%、w(Si)＝0.35%、w(Mn)＝0.55%、w(Ni)＝4.4%、w(Cr)＝1.85%的KmTBNi4Cr2镍铬白口铸铁的奥氏体等温转变图[5]。该图包括珠光体转变C曲线（上）和贝氏体转变C曲线（下）。

此牌号的镍铬白口铸铁需借助此图确定热处理规范。KmTBNi4Cr2-GT和KmTBNi4Cr2-DT镍铬白口铸铁件可以执行相同的热处理规范。

热处理分两阶段进行：

（1）第一阶段。铸件在炉内加热到430～470℃，保温4～6h，然后出炉空冷或在炉内冷却到室温。然后转入第二阶段。

（2）第二阶段。铸件加热到275℃，在此

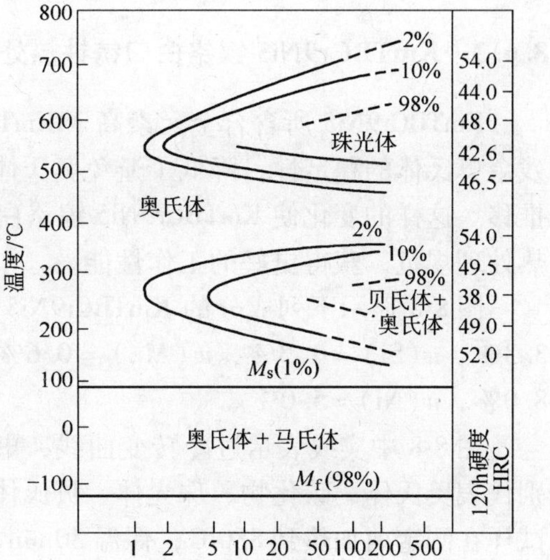

图8-7 KmTBNi4Cr2镍铬白口铸铁的奥氏体等温转变图

温度下保温 10 ~ 16h 后出炉空冷。

为了缩短热处理时间，也可以把两个阶段合在一起：铸件先加热到 430 ~ 470℃，保温 4 ~ 6h 后打开炉门降温到 275℃，在此温度下保温 10 ~ 16h 后出炉空冷。

铸件在 430 ~ 470℃保温后的冷却过程中，一部分残余奥氏体转变为贝氏体，另一些未转变的奥氏体在降温到低于 M_s 点后部分转变为马氏体，并有少量非常细微的二次碳化物从奥氏体中析出。二次碳化物析出减少了奥氏体含碳量，使奥氏体稳定性降低，进一步促使更多奥氏体向马氏体转变。铸件在 275℃保温，实际上是在进行等温处理。部分未转变的残余奥氏体在此过程中进一步转变为贝氏体，残余奥氏体量相应地显著减少。更有意义的是这个等温过程还能使已经生成的马氏体得到回火，成为回火马氏体。在提高镍铬白口铸铁性能方面，回火是重要的。因为回火除了改善马氏体韧性以外，还能有效提高材料的冲击疲劳抗力，有效消减马氏体相变产生的内应力。

经过两阶段热处理后，KmTBNi4Cr2 镍铬白口铸铁件的室温组织中将含有：渗碳体型合金碳化物、贝氏体、马氏体以及未转变的残余奥氏体和少量二次碳化物。砂型铸造的铸件硬度可以达到 HRC53 ~ 58，抗弯强度 500 ~ 600MPa。

金属型铸造的 KmTBNi4Cr2 镍铬白口铸铁件与砂型铸件相比，无论铸态或热处理后，硬度、弯曲强度或冲击韧性，前者都比后者要好一些。主要有两方面的原因：一是金属型铸件铸态组织的晶粒较细；二是基体中残余奥氏体含量较高，而且不含珠光体组织。奥氏体含量高会在热处理过程中转变为更多马氏体。另外，从上述过程可以看出，低温热处理不能改变或消除镍铬白口铸铁中的珠光体组织，而珠光体的存在将使镍铬白口铸铁件硬度降低。

作者曾注意到一些工厂生产的 KmTBNi4Cr2 镍铬白口铸铁件力学性能达不到相关标准所规定的指标。究其原因，大多数是因为组织中存在或多或少珠光体。因此，生产 KmTBNi4Cr2 镍铬白口铸铁件时，要注意避免珠光体组织的出现，合理改变铸件化学成分或适当控制铸件冷却速度都能达到这个目的。

8.6.2 KmTBCr9Ni5 镍铬白口铸铁热处理

KmTBCr9Ni5 所含合金元素高于 KmTBNi4Cr2。铬和镍含量增加显著提高了铸态组织中残余奥氏体的稳定性，降低了避免奥氏体向珠光体转变的临界冷却速率。C 曲线显著向右推移。这样的变化使 KmTBCr9Ni5 镍铬白口铸铁件有可能采取与 KmTBNi4Cr2 铸件不同的热处理规范，获得更好的工作性能。

图 8-8 显示下列成分的 KmTBCr9Ni5 镍铬白口铸铁过冷奥氏体转变曲线[6]：$w(\mathrm{C}) = 3.3\%$，$w(\mathrm{Si}) = 1.3\%$，$w(\mathrm{Mn}) = 0.6\%$，$w(\mathrm{P}) = 0.06\%$，$w(\mathrm{S}) = 0.045\%$，$w(\mathrm{Cr}) = 8.0\%$，$w(\mathrm{Ni}) = 5.0\%$。

图 8-8 中实线表示过冷转变曲线，虚线表示等温转变曲线。字母 A、C、P、B、M 分别代表奥氏体、碳化物、珠光体、贝氏体、马氏体。马氏体开始转变温度（M_s）为 90℃。试样在测定前加热到 880℃，保温 30min，进行奥氏体化并使组织均匀。

由图 8-8 中显示的冷却曲线来看，试样在 5 ~ 5.5h 内由 800℃冷却到 M_s 点即可通过贝氏体区而下降到马氏体相变区。基体将出现马氏体、贝氏体以及少量残余奥氏体。试样淬火硬度可达到 HB750 以上。

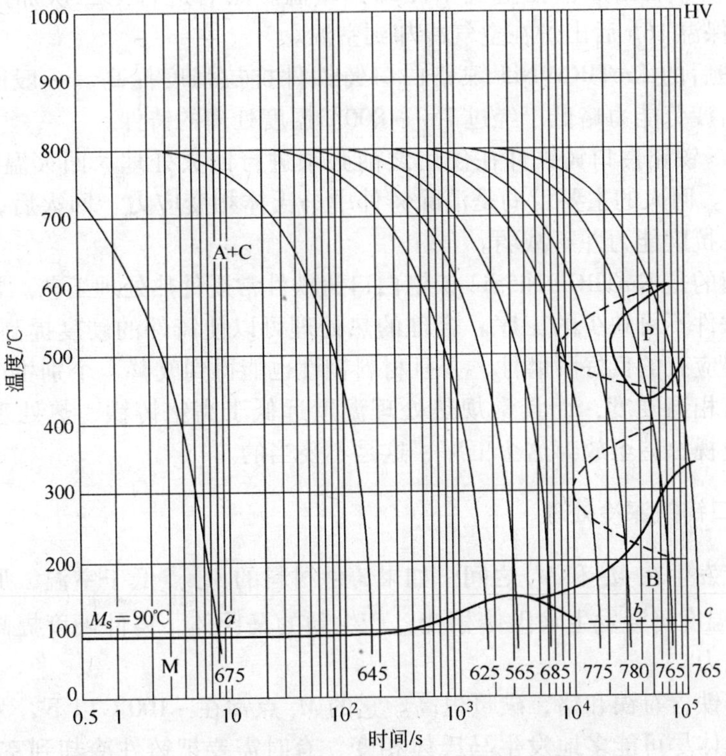

图 8-8 Cr9Ni5 型镍铬白口铸铁过冷奥氏体转变曲线

如图 8-8 所示，试样冷却速度对淬火硬度有显著影响。有的试样以最高速度冷却直接冷却到马氏体相变区的温度，但是并未能获得最高硬度。其原因是试样所含的铸态奥氏体比较稳定，冷却时并未全部发生转变，影响铸件硬度提高。而另外的试样，冷却速度受到控制，避免了珠光体转变并在稍高温度进入贝氏体相变区（曲线 b），最终试样温度下降到马氏体相变温度，将有更多残余奥氏体发生马氏体相变。这样的试验使试样获得试验中的最高硬度（HB780）。试样组织由共晶碳化物 + 马氏体 + 奥氏体 + 贝氏体组成，并含有少量细微的二次碳化物。

以上试验所用试样的尺寸、厚度虽然与实际铸件还有一些差别，但是从试验结果来看，一般 KmTBCr9Ni5 铸件在空冷条件下是可以淬火硬化的。即使是厚大铸件，也可以根据铸件厚度添加 1% ~2% Mo 来提高淬透性，实现空冷淬火硬化目的。这种淬火硬化方式已经被许多生产单位所采用。

KmTBCr9Ni5 镍铬白口铸铁件具体热处理工艺如下：

以分阶段加热方式把铸件加热到 750 ~800℃，在此温度保温 8 ~10h 后，在炉内缓冷或出炉在空气中冷却。残余奥氏体可以降低到 25% 以下。铸件硬度可达 HRC 62 ~64。炉内冷却比空气冷却更有利于获得较高的冲击疲劳寿命。此种工艺适用于合金元素较多、抗磨性能要求高、铸件壁厚均匀、形状比较简单的 KmTBCr9Ni5 镍铬白口铸铁件，有些形状复杂、壁厚不太均匀、重量较大的铸件也可以采用类似 KmTBNi4Cr2 铸件施行的低温等温处理工艺。采用这种工艺时，铸件需分两次加热。第一次在低于 200℃ 温度装炉，加热到

550℃，保温4～6h后出炉，在空气中冷却到室温。然后进行第二次加热，加热温度为450℃，在炉内保温16h后出炉在空气冷却到室温。

二次热处理后的KmTBCr9Ni5镍铬白口铸铁件抗拉强度提高，一般能超过520MPa，但硬度及抗冲击疲劳能力略低于经过750～800℃温度处理的铸件。

KmTBCr9Ni5镍铬白口铸铁件在使用之前必须进行回火处理，回火温度250～270℃，回火时间6～8h。回火的主要目的是消除铸件中马氏体相变应力。回火后，强度和抗冲击能力均有提高，抗磨能力并不减弱。

以上所介绍的是KmTBCr9Ni5Si2镍铬白口铸铁件常规件热处理工艺。常规热处理是生产镍铬白口铸铁件不可缺少的工序。合理的热处理可以使铸件的硬度提高10～15个洛氏硬度单位，获得应有的良好耐磨性，并且材料韧性也能得到改善。个别生产单位认为镍铬白口铸铁件已有相当硬度，而且常规热处理温度远低于高铬铸铁，热处理效果不会很显著，因而不太重视，甚至放弃这个工序，这是不妥当的。

8.6.3 镍铬白口铸铁深冷处理

马氏体相变发生在M_s和M_z之间。如果铸件材料的M_s点低于室温，那么铸件在室温至M_z点之间的温度仍会发生马氏体相变，产生新的马氏体。铸件硬度提高，质量体积增大，产生相变应力。

镍铬白口铸铁含有镍和铬，碳量也高。它的M_z点常在-100℃以下，为了使铸件室温存在的残余奥氏体尽可能多地发生马氏体相变，有时需要把铸件冷却到室温以下接近M_z的温度，促使奥氏体转变。进行深冷处理。

深冷处理时应避免铸件受到热冲击。铸件热处理后必须先冷至室温后再放入低温罐。深冷前不要进行低温回火或以热水清洗零件，以防奥氏体稳定化。深冷处理后，铸件达到室温后，应擦去表面结霜，并及时低温回火以消除应力。如未达到预期硬度，可再进行一次高温处理：760～790℃保温8h，并继之以回火。

镍铬白口铸铁深冷处理过程中，组织上发生的主要变化有：

（1）残余奥氏体密集析出二次碳化物，其本身含碳量显著降低；

（2）残余奥氏体发生马氏体相变。

深冷处理的温度根据M_s而定。碳和合金元素含量越多，M_s越低，铸件应该在更低温度下处理。要使KmTBCr9Ni5Si2镍铬白口铸铁中的残余奥氏体全部转变为马氏体，深冷温度远低于-100℃。但是从技术和经济观点看，没有必要进行如此的深冷。一般冷却到-70～-90℃即能满足要求。

下面介绍一个深冷处理实例[7]。试样成分为：$w(C)=3.02\%$，$w(Si)=1.80\%$，$w(Mn)=0.72\%$，$w(Ni)=6.04\%$，$w(Cr)=8.12\%$，$w(P)=0.023\%$，$w(S)=0.025\%$。

在线切割机上由120mm×120mm×120mm铸块上切取试样。试样分4组，尺寸均为10mm×10mm×10mm。深冷处理前，试样先加热到750℃保温4h，然后出炉空冷，进行淬火。

由表8-9所列处理后硬度值来看，-40℃×20min深冷处理后，硬度增加3.5个洛氏硬度单位，-80℃×20min处理后增加4.7个洛氏硬度单位，-120℃处理硬度不再增加。我们还曾试验-160℃处理，硬度仍在HRC63～64。说明单从提高KmTBCr9Ni5镍铬白口铸铁件硬度考虑，采用 -80℃ ×20min 进行深冷处理比较合适。

表 8-9 深冷试样硬度

试样号	深冷温度/℃	处理后硬度 HRC		
		最 高	最 低	10 点平均
A	仅淬火，未深冷	60.5	59.0	59.7
B	-40	65.5	61.0	63.2
C	-80	66.5	62.0	64.4
D	-120	66.0	61.0	63.0

图 8-9a 为上述经过深腐蚀的 A 试样基体扫描电镜照片[7]。该试样经 750℃ ×4h 淬火，而未深冷处理。基体中存在许多细条状和少量粗针状二次碳化物。图 8-9b 为淬火后再经 -80℃ ×20min 深冷处理的基体组织。细条状二次碳化物量显著增加，针状二次碳化物未发生明显变化（视场中未显现）。看来深冷过程中，基体不断析出二次碳化物，基体金属碳浓度降低，也是助长马氏体生长的一个因素。当温度下降到-80℃以下，二次碳化物析出过程可能急骤减缓或停止，影响马氏体生成。铸件硬度的增长也就相应停止了。

a b

图 8-9 KmTBCr9Ni5 镍铬白口铸铁 -80℃深冷组织
(a) 未深冷；(b) -80℃深冷

深冷处理主要目的是提高镍铬白口铸铁件硬度和抗磨能力，消减残余奥氏体量，稳定零件尺寸。按照正确的处理工艺操作，效果可靠而稳定。以下是一些应注意事项：

(1) 处理前，铸件不宜进行低温回火，也不宜用热水清洗工件表面油污，以免奥氏体发生稳定化而影响深冷处理效果。

(2) 处理后，要及时进行低温回火，消减深冷处理过程中产生的相变应力。

(3) 淬火后零件温度必需降低到室温并在室温停留 1 ~2h 后才能放入低温箱。淬火后未冷到室温的零件直接放入低温箱，会使零件开裂。

(4) 深冷降温过程应分为两阶段进行。零件首先放入不含深冷液的低温箱预冷 1 ~

2h，冷透后再放入盛有液体冷却剂（液氮或酒精干冰混合物）的深冷箱进行深冷处理，以防零件形变开裂。

8.7 镍铬白口铸铁的应用

镍铬白口铸铁是最早出现于抗磨材料领域的耐磨铸铁。在高铬铸铁已经广泛应用的今天，一些公司仍然采用镍铬白口铸铁制造各种耐磨零件。出现这种现象的原因，与公司所在国的资源情况和沿袭传统工艺有关，另外，镍铬白口铸铁作为抗磨材料确实保持着某些优势。例如，它的抗磨能力很强，特别是用于厚大铸件，抗磨能力不低于高铬铸铁。它的硬化性能优良，避免珠光体转变的临界冷速低，只需加热到较低温度后在空气中冷却，铸件硬化层可获得 HRC60 以上硬度和很深的硬化层，特别适合制造厚大的抗磨件。KmTBNi4Cr2 与 KmTBCr9Ni5 镍铬白口铸铁件在许多场合下，性价比高于其他铬白口铸铁件。

镍铬白口铸铁的主要不足之处是抗冲击能力，特别是抗冲击疲劳能力较差，铸件含贵重元素镍量较高。这些因素限制了镍铬白口铸铁的使用范围。

牌号不同的镍铬白口铸铁适用于不同类型的抗磨件。KmTBCr9Ni5 铸件抗磨性能优良，而且抗冲击能力也较强，适用于制造那些对韧性和抗磨性都有较高要求的厚壁抗磨件。图 8-10 所示的输送矿浆的离心泵外壳铸件，重量 9000kg[8]。此外，砂浆泵叶轮、双金属轧辊工作层、水泥搅拌机耐磨件、球磨机衬板、选矿滚筒筛等铸件也常采用这种牌号的铸铁制造。

KmTBNi4Cr2-GT 镍铬白口铸铁的合金碳化物含量高，耐磨性很好，但是韧性较差，不适于制造承受较大冲击负荷的铸件。输送砂浆的直管及弯头、螺旋输送机螺旋片及护板、

图 8-10 输送矿浆的离心泵外壳

分选机导板一类铸件也可用此种材料制造。

曾经采用离心浇注法制造矿井下回填工作面所用输送砂浆的耐磨管。材料为经过热处理的 KmTBCr9Ni5 镍铬白口铸铁，使用寿命约为 50 钢无缝钢管的 5 ~ 8 倍。有些要求较高强度的耐磨管还可以在无缝钢管内浇注镍铬白口铸铁耐磨层，制成耐磨双金属管。

KmTBNi4Cr2-DT 硬度略低于 KmTBCr9Ni5，但是抗冲击能力接近 KmTBCr9Ni5，用于制砖机模具、无润滑销轴套筒、沥青混合料搅拌机搅拌片及搅拌室衬板一类铸件比较合适。国外有些金属选矿厂采用 KmTBNi4Cr2-DT 制造球磨机研磨体（磨球），用户认为材料性价比良好。

镍铬白口铸铁另一特点是在高温下组织比较稳定，用于高温抗磨场合能收到满意效果。例如试验表明，室温硬度为 HB600 的铸件在 480℃ 抵抗金属之间磨料磨损时，硬度能长期保持 HB475。镍铬白口铸铁在不超过 800℃ 的温度下使用时，依然有很好的抗磨能力。只要工件没有急骤的温度变化，零件上温度分布比较均匀。例如水泥烧结机工作温度为 800℃，其筒体衬板采用镍铬白口铸铁制造，使用多年未见损坏。因此有人称 KmTBCr9Ni5 为高温抗磨料磨损材料。

工作于 480 ~ 540℃ 温度下搬运物料的链式提升机，采用镍铬白口铸铁制造的链条连接销轴套（无润滑轴套），正常运行了 14000h 后掉头继续使用同样时间。轴套原始硬度 HRC58，运行 5000h 后，硬度仍保持 HRC56。

参考文献

[1] Roehrig K, Wolter W D. Legiertes Gusseisen, Duesseldorf. 1970.

[2] 郝石坚. 高铬耐磨铸铁[M]. 北京：煤炭工业出版社，1993.

[3] U. K. Patent 2072702B[P].

[4] G Laird Ⅱ. Microstructures of Ni-Hard Ⅰ, Ni-Hard Ⅳ and High-Cr White Cast Irons[J]. AFS Trans. Vol. 91：339 ~ 357.

[5] 铸造技术讲座编委. 特殊铸铁铸物（日刊工业新闻社）. 1970：212 ~ 216.

[6] 张世中. 钢的过冷奥氏体转变曲线图谱[M]. 北京：冶金工业出版社，1993.

[7] 西安胜昔电力科技有限责任公司. 镍硬铸铁深冷处理试验报告（内部文件），1998.

[8] International Nickel Company. Inc. Engineering Properties and Applications of Ni-Hard, 1978.

9 铬白口铸铁的铸造与热处理

铬白口铸铁以其优越的抗磨能力和相对良好的力学性能日益受到人们的重视。已经成为抗磨材料的主流品种。铬白口铸铁件产量逐年增长，质量不断提高，应用范围已经十分广泛，从几百克的磨球到十几吨的复杂铸件都已经应用于工业生产。

本章简要介绍铬白口铸铁的铸造与热处理技术，这是铬白口铸铁件生产中的两个关键工序。考虑到这种类型的铸铁在生产上有相似特点，这里仅以具有代表性的高铬铸铁件的铸造与热处理过程为例进行介绍。

9.1 高铬铸铁熔化与浇注

9.1.1 熔炉

当前高铬铸铁多在无芯感应炉中熔化，也有一部分工厂采用电弧炉。

无芯感应炉装有螺旋状感应器，感应器里面是由耐火材料铸成，用以盛装炉料和铁水的坩埚。交流电通过感应器时，在炉料内产生涡流，涡流的电阻热使炉料加热、熔化。炉料熔化后，涡流在铁水中产生的电磁力不断搅动铁水，这种搅动作用有助于使熔池温度趋于均匀，也促使高铬铸铁所含大量合金元素在铁水中均匀分布，对提高铸件质量十分有益。

常用的无芯感应炉按供电频率可分为：工频感应熔炉（50Hz）和中频感应熔炉（1000～2500Hz）这两种。少数工厂也应用三倍频感应熔炉（150Hz）。

工频感应熔炉由工频电源供电。由于交流电流有趋肤效应，工频炉必须在炉内存有相当数量的铁水（一般占炉子容量1/4～1/3），或加入直径接近坩埚内径启熔块的情况下，才能顺利开始熔化炉料。一般来说，大批量生产、连续熔化时工频炉熔化的经济性比较好；但间断工作时熔化效率较低，能源消耗大。

中频感应熔炉由中频发电机组或采用可控硅变频装置向炉子供电。国内生产的中频炉通常采用1000Hz或2500Hz两种频率。这种炉子不需要启熔块，一般的生铁、废钢、铁合金均可直接入炉熔化，连续熔炼或间断熔炼的铸造车间都可使用。

无芯感应炉熔炼的铁水都是间断出炉的，而一般大批量生产的铸造厂要求造型和浇注连续进行，以获得较高的生产率。为了解决这一矛盾，需要增设大容量的保温炉。出炉铁水在保温炉中保温还可调整成分，不但能使铸造车间实现连续浇注，而且可使产品的成分均匀、浇注温度一致，提高铸件质量。

熔化高铬铸铁的电炉可以采用精制石英砂捣制的酸性炉衬或镁砂捣制的碱性炉衬。如果炉料清洁，熔炼操作正常，两种炉子的寿命相差不多。但由于石英砂价格低廉，很多车间愿意使用酸性炉衬。

9.1.2 炉料

熔炼高铬铸铁水所需的炉料有：生铁、废钢、高铬铸铁回炉料、炭素铬铁、钼铁、锰铁、硅铁、镍锭和铜锭等。炉料质量对高铬铸铁水质量，特别是成分的稳定性有一定影响。采用感应炉熔炼高铬铸铁时，除了要求成批炉料（生铁、废钢）化学成分没有显著波动外，还必须洁净、无锈、尺寸合适。

洁净是指炉料（特别是回炉料）表面没有黏附的型砂、漆渍、油垢、水分和其他杂物。型砂中的石英砂、黏土在熔炼过程中进入熔渣，成为熔渣组成物。在高温下，石英砂（SiO_2）与铁水中的碳发生下列反应：

$$SiO_2 + 2C = Si + 2CO$$

这个反应的热力学平衡温度约为 1466℃（反应的自由能变化 $\Delta G = 102160 - 58.74T$），高于此温度，反应向右进行。$SiO_2$ 还原产生单质硅溶入铁水，使铁水出现“增硅”现象。反应生成的 CO 由铁水中逸出，降低了铁水的含碳量。铁水成分的这种变化随熔炼温度的提高和时间的增长而加剧。这种情况是造成出炉铁水成分波动的常见原因。

石英砂具有较高的熔化潜热。在熔炼过程中，石英砂的熔融不但增加熔炼电耗和延长熔化时间，增加熔渣量。而且含 SiO_2 较高的偏酸性炉渣易于黏附于炉衬表面，增加清理炉衬的工作量。对于碱性炉衬，会显著降低炉衬寿命。

锈蚀严重的金属材料不宜用作感应炉炉料。钢铁表面的锈蚀物（Fe_3O_4）与其他铁的氧化物相比，分解压较低，在高温下最终分解为 FeO。FeO 与铁水中的碳发生反应，使铁水中的含碳量逐渐降低。生产经验表明，采用有锈的废钢及生铁作炉料时，熔化后的铁水减碳量为总碳量的 3% ~7%，使用锈蚀严重的炉料时，减碳现象可能更为严重。

由铁、锰、硅、铬氧化物生成反应标准自由能变化与温度关系可以看出，锰、硅、铬氧化物生成自由能变化均低于 FeO 的生成自由能变化，铁水中溶解的氧化铁不但降低铁水的含碳量，而且也能使铁水中的锰、硅、铬遭到氧化而损失。

FeO、MnO、Cr_2O_3 还与 SiO_2 以不同比例组成黏度不同的炉渣。炉温较低时，促进炉衬内壁“渣瘤”形成。在高温下，炉渣对炉衬有很强的侵蚀作用，使炉衬变薄，降低炉衬寿命。

因此，要求加入感应炉的炉料应该是清洁无锈的。必要时炉料入炉前应该经过清理，如采用抛丸或喷丸处理。对于炉料清理的经济性进行调查结果显示，采用经过抛丸清理的炉料，铬铁和其他铁合金加入量约减少 1.2% ~2.0%，碳的烧损率显著降低，炉渣生成量减少。炉衬寿命显著延长。根据一些工厂的实践经验，预先清理不洁炉料虽然要花费一些人力物力，但是在保证铁水质量和提高熔化率等方面效果都十分显著，总的经济效益良好。

用于配制高铬铸铁的生铁并不要求很低的磷、硫含量。因为高铬铸铁组织中含有相当数量的碳化物，即使存在少量的磷共晶，对于材料的韧性影响并不十分明显。ASTMA532—80 规定高铬铸铁含磷量小于 0.1%。含磷低于 0.15% 的生铁与含磷较低的废钢配合使用后，一般均可达到技术要求。

生铁含硅量应与所用铬铁含硅量一并考虑。生铁可以采用低硅铸造生铁或炼钢生铁。国内生产的 Z14 铸造生铁或炼钢生铁都可用于配制高铬铸铁。炼钢生铁的含硅量均较低，一般在 0.85% ~1.25% 之间，价格也比铸造生铁便宜。在国内生产的炼钢生铁中，可选用含磷为1级（$w(P) \leqslant 0.15\%$）的P08或P10炼钢生铁，或含磷量更低的酸性转炉炼钢生铁（$w(P) \leqslant 0.07\%$）。

高铬铸铁的含锰量范围一般是0.5%～1.0%。锰主要来自生铁和废钢。

碳素铬铁和生铁的含碳量不同，配料中废钢加入量约占总炉料量的35%～70%。废钢最好采用低碳钢，轧制型材或钢板下脚料都可使用。这类废钢含碳小于0.25%，含硅0.2%～0.4%，含锰0.4%～0.8%，磷、硫含量均很低。应该尽可能选用成分接近的材料，并注意区分碳钢与低合金钢。铸钢件作为回炉料使用前应该经过化验。回炉料的尺寸及形状对炉子的熔化效率有影响。采用一些能够密集装入炉内的废钢有利于提高炉子的熔化效率。

经过配料计算后，如果硅、锰含量达不到预期要求时，所缺部分由铁合金补足。

高铬铸铁件的铸造工艺出品率低于灰铸铁件的工艺出品率，一般在55%～75%之间。铸造工厂必须设法将铸件浇口、冒口、浇余材料等作为回炉料使用。由于各炉次的配料成分不尽相同，因此不同炉次的回炉料应该分别堆放。使用前应根据各炉次铸件的成分计算配料。

回炉料在炉料中所占比例受其中所含夹杂物和气体元素的影响而有一定限制。高铬铸铁件中溶有来源于废钢和碳素铬铁的氢与氮。氢与氮在铁中有一定的固溶度，而铬又是促使固溶度提高的元素。氢和氮都会降低材料的冲击韧性。因此，应该限制回炉料的加入比例。铸件冒口中不但含气较多，而且还会有较多的夹杂物，加入量更应控制。一般来说，回炉料在炉料中所占比例不应超过40%。冒口在回炉料中所占比例不应超过50%。

有些工厂以废钢为基本炉料并加入增碳剂使铁水增碳，用于配制高铬铸铁。增碳剂应含较多固定碳，硫、磷、氮含量应较低。常用的增碳剂有石油焦炭（精炼石油中的残留碳，经过1000℃左右温度焙烧而成）或经1100℃焙烧的低硫煤以及块状石墨。石油焦炭含固定碳96%～98%，灰分1%～2%。焙烧低硫煤含有4%～6%灰分，固定碳含量在90%以上。块状石墨的灰分（小于0.3%）、含硫量（0.02%～0.10%）都很低，固定碳大于97%，增碳速率约为0.1%/min，而且燃烧较为缓慢，是一种较好的增碳剂。

增碳剂使用前要经过烘干，尺寸一般为5～10mm。尺寸过大则增碳速率降低。细粒状或粉状增碳剂在铁水表面较快燃烧，降低碳的回收率。

熔铸高铬铸铁的铬铁加入量一般占炉料总量20%～55%。由于铬铁价格较高，在炉料费用中占有很大比重。根据我国一些工厂的统计，铬铁费用约为生铁、废钢总费用的1.2～1.5倍，成为高铬铸铁生产费用中举足轻重的因素。

铬铁是在矿热炉中以碳和硅将铬矿石中的Cr_2O_3还原而制成的铁碳铬合金。铬铁按含碳量分为碳素铬铁（含碳4%～9%）、中碳铬铁（含碳0.5%～4.0%）、低碳铬铁（含碳0.16%～0.50%）、微碳铬铁（含碳小于0.10%）。铬铁中也含有一定数量的硅元素，并按硅含量分级。按照铬铁的工业规格，含碳量低的铬铁含硅量也相应较低。例如，碳素铬铁的含硅量一般在2%～4%，而低碳铬铁含硅量一般只有1%～2%。碳素铬铁直接由铬矿石在电炉中还原而成，因而价格比较低廉。而低碳及微碳铬铁尚需进一步精炼，制造成本较高，因而价格也比较高。

制造高铬铸铁一般使用价格比较便宜的碳素铬铁。市售的碳素铬铁含铬量为55%～

65%。含碳量在4% ~9%的产品都可使用。但是含碳量较高时，配料中需配入较多废钢，延长熔炼时间，提高熔化电耗。例如配制含铬14% ~17%、含碳2.6% ~3.2%的高铬铸铁，以采用含碳4% ~7%的碳素铬铁为宜。如果铸件要求的含碳量更低，宜选用含碳较低的铬铁。铬铁含硅量的选择需与生铁含硅量相适应。两者带入的硅量以能满足铸件对含硅量的要求（应计入硅在熔炼过程中的变化）即可。一般来说，含硅量2%左右的铬铁能够满足配料需要。没有必要选用含硅量很低的铬铁，以免配料中硅量不足而需补加硅铁，增加炉料成本。

加钼采用钼铁。国产钼铁含钼量不小于55%，一般为60%左右。含硅不大于1.5%，含碳不大于0.25%。钼铁价格昂贵，加入量应比较精细计算。

9.1.3 炉料熔化

采用中频感应炉熔炼时，应按一定顺序加入炉料。空炉装料时，首先加入总量50% ~60%的炉料，其余炉料需待炉料熔化一部分后陆续加入。第一批加入的炉料是生铁和回炉料（一般占炉料总量30% ~45%），然后陆续加入铬铁、废钢，待炉料熔化达80%左右时，加入钼铁和铜锭。

采用合成炉料（废钢+增碳剂）时，增碳剂应随第一批炉料加入炉中。使用增碳剂必须掌握好碳在铁水中的回收率，否则容易使成品含碳量超出预定范围。各种增碳剂的回收率是不相同的，一般约为60% ~80%。一种增碳剂正式使用前，需先测定回收率。各种增碳剂在铁水中的增碳速率如图9-1所示[1]。这是在下述条件下实验得到的结果：铁水温度1540 ~1560℃，增碳剂尺寸4 ~8mm，加入量为铁水重量5%。加入铁水的时间已由图9-1上方的箭头表明。

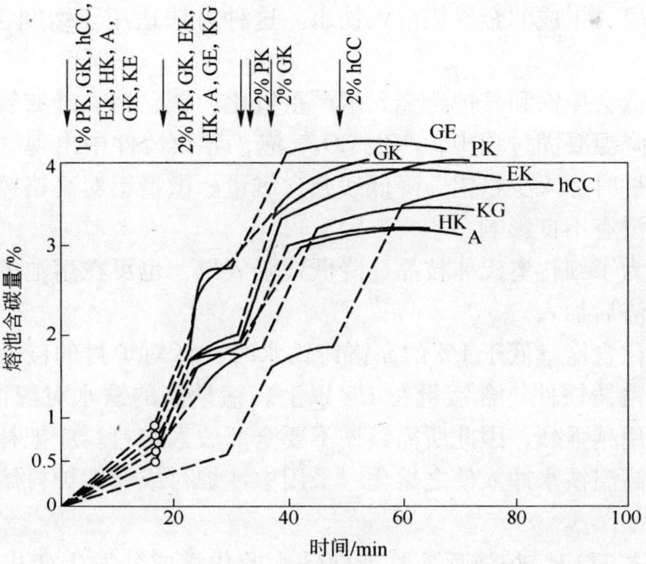

图9-1 各种增碳剂在铁水中的增碳速率

PK—石油焦炭；KG—粒状煤；GK—煤气焦炭；hCC—高碳焦炭；

A—无烟煤；EK—炭素电极；GE—电极石墨；HK—木炭

增碳剂分层装入首批炉料时，碳的回收率较高。如果在已熔化的铁水中加入增碳剂，其上应有足够的废钢覆盖。加入中、小型无芯感应熔炉的增碳剂尺寸一般为3~10mm。如果在已熔清的铁水中补加增碳剂前，必须先清除铁水表面熔渣，并且采用燃烧较缓慢的块状石墨，以提高碳的回收率。

生铁和碳素铬铁是高铬铸铁中碳的主要来源。有时因生铁、硅、磷含量过高而需限制其加入量，此时需要配入较多废钢，并以增碳剂调整碳量。

在熔炼温度下，铁水中的硅比铬更易氧化。硅的氧化物与铁的氧化物进入炉渣而被排出。这样硅就能减少铬的氧化损失。我们知道，在感应炉中，合金元素的氧化主要与铁水中的溶解氧量有关，这部分溶解氧大部分来自炉料表面的锈蚀层。大气中的氧通过熔液界面转移到铁水中的量相对较少，不是合金被氧化的主要因素。因此只要铁水中有足够的硅，就可起到保护铬的作用。如果按上述顺序加料，生铁、回炉料、碳素铬铁全部熔化后，铁水中的含硅量必然高于成品含硅量，这样就能有效地减少铬的氧化损耗。

首先在炉中加入熔点较低，易于熔化的炉料（生铁、回炉料），然后陆续加入熔点较高的炉料，有利于缩短熔化时间，降低熔炼电耗。比较难熔化的铬铁在生铁和回炉料熔化过程中置于炉料上面，能使铬铁预热。铬铁开始熔化前已预热到一定程度，能够有效地加快其熔化速度，减少电耗。

大部分炉料（80%以上）熔化后加入钼铁。钼铁的块度不宜过小，一般以每块0.5~1kg为宜。细小的钼铁表面积较大，烧损率较高；而且容易与炉渣粘混在一起，在除渣时被撇除，造成贵金属元素的额外损失。

采用碳素氧化钼代替钼铁可望得到较高的钼回收率，降低炉料费用，碳素氧化钼的熔点约为800℃，气化温度也远低于铁水的熔化温度，因此需注意它的加入方法。碳素氧化钼一般应破碎成细小颗粒，使用前预热，然后放入铁水包内，用铁水冲化。在碳和硅的作用下，氧化钼被还原，生成的金属钼溶入铁水。这种方法适用于熔制含钼小于1%的高铬铸铁。

铁水含硅量过低会使铁和其他合金元素严重氧化。铁、铬、硅的氧化物与铁水中的碳发生反应，在铁水降温凝固过程中，产生CO气泡，导致铸件中出现气孔。如果铁水含氧量较高，可以在出炉时加入少量铝，降低残余含氧量。微量铝对高铬铸铁件的健全性、抗磨能力和力学性能没有不良影响。

有资料报道，为了细化奥氏体枝晶、降低残余氧量，也可在熔池中加入少量钛。钛在炉料熔清并扒除熔渣后加入。

在酸性炉中熔化含锰量低于1%的高铬铸铁水时，锰对炉衬的侵蚀不严重。有些铸态直接应用的厚壁高铬铸铁件，含锰量在1%以上。锰量高的铁水对酸性炉衬有侵蚀作用。锰量越高，侵蚀作用越强烈，因此所需锰铁不要全部放入炉料。应把补加的锰铁预热后放置包中，出铁时以高温铁水冲入使之熔化。采用中性炉衬或碱性炉衬熔化时允许铁水中含有较多锰。

氧化作用、炉衬反应、炉渣反应均能使铁水的化学成分发生变化，变化的总体倾向是多数元素含量减少。各种元素的熔化损耗率不尽相同，即使同一元素的损耗也因熔化温度、加料顺序、熔化操作、炉衬种类、元素含量、炉料表面氧化程度的不同而有差异。

由碳素铬铁、纯净生铁和废钢组成的炉料按正常加料顺序在感应炉中熔制的高铬铸铁熔液中，铬的熔化损耗率为1%~2%。如果钢铁炉料锈蚀较重或熔化时间增长，铬的损耗逐渐增加。最高的损耗率可能达到3%~5%。高铬铸铁铸件回炉重熔时，其中的铬元素损耗率一般为回炉料中含铬量的2%~3%。钼铁在感应熔炼过程中氧化损耗很少，不超过1%。在有炉渣的铁水中加入小尺寸钼铁，钼铁可能黏附于渣中而增加损失。

生铁、碳素铬铁、废钢、高铬铸铁回炉料中碳的平均熔化损耗率与熔化温度及高温保持时间有密切关系。1350℃保温时，即使保温时间长达2h，碳量基本无变化。1450℃保温1h，含碳3.2%的铁水中碳量将降到3.0%左右。超过1500℃保温30min，碳的损耗率将达到8%左右。

硅在熔化过程中有损耗。损耗率与炉衬反应、熔化温度和氧化条件有关。铁水中的硅受到氧化以及酸性炉衬反应产生的二氧化硅存在铁水中。熔炼温度在1460℃以下，铁水的含硅量因 SiO_2 被碳还原，反应产生的单质硅重新进入铁水，使硅量有所增加，称为“回硅”现象。即使熔化温度高于1460℃，硅的损耗率一般也只有2%~3%。碱性炉衬与铁水不能发生导致回硅现象的炉衬反应，因此，铁水中硅的损耗高于酸性炉铁水。使用氧化锈蚀比较严重的炉料，硅的熔化损耗明显提高。

在酸性炉中，锰的氧化物与炉衬发生强烈的炉衬反应，生成较稀的熔渣。锰将随炉渣的除去而损耗，锰的损耗可能达到10%左右。在高温下保温的时间越长，炉衬反应越严重，铁水中的锰不断转入炉渣，它的损耗率不断增加，最高可达15%。

在碱性炉中熔炼时，MnO与炉衬（MgO）之间的反应微弱。与酸性炉熔炼相比，铁水中锰的损失相对降低，在含锰较高的铁水中，这种现象尤为明显。锰在碱性炉中损耗率为3%~5%。

高铬铸铁熔化开始温度与铬含量有关。12% Cr合金的温度为1170~1180℃，15% Cr合金的温度为1200~1220℃，20% Cr合金的温度则上升到1240~1260℃，图9-2显示含铬12%~16%及19%~21%的铬钼白口铸铁液相线温度与其含碳量的关系[2]。图9-2中各成分点的铬钼镍含量示于表9-1。

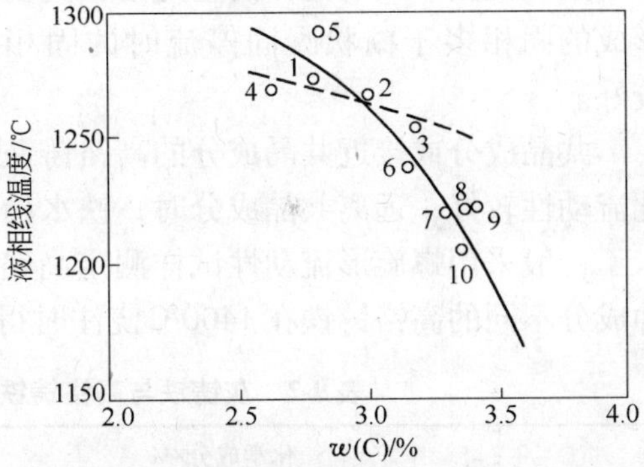

图9-2 两组高铬钼铸铁的液相线温度与其含碳量的关系

表9-1 图9-2中各成分点的铬钼镍含量

代 号	1	2	3	4	5	6	7	8	9	10
w(Cr)/%	14.5	19.7	20.1	21.0	14.0	14.0	13.9	14.7	12.0	13.7
w(Mo)/%	2.6	1.4	1.6	2.5	0.6	0.8	—	2.1	0.8	0.3
w(Ni)/%	—	0.7	0.7	0.9	—	4.2	0.7	1.1	2.2	1.7

图9-2表明19%~21% Cr合金液相线温度受含碳量的影响较小，而14%~16% Cr合金的液相线温度受含碳量的影响比较显著。含碳量减少，液相线温度明显上升。

为了使铁水能在铸型中顺利浇注成形，铁水应该在炉中过热至液相线以上200~

250℃。浇注温度可在1350～1480℃范围内根据铸件壁厚、铸件化学成分选取。为使特别厚大铸件获得细晶粒组织，浇注温度应尽可能低一些。

9.2 高铬铸铁件铸造工艺

铸件的铸造工艺与合金的铸造性能密切相关。因此讨论高铬铸铁件铸造工艺之前，需要了解它的铸造性能。下面介绍高铬铸铁的两项主要铸造性能：铁水流动性能和铸件收缩性能。

9.2.1 高铬铸铁铁水流动性

铸造合金流动性反映合金熔液的流动能力，是影响液态合金能否充满铸型、浇注成外形完整、轮廓清晰铸件的重要因素，也影响铸件补缩系统的补缩效果以及一些铸造缺陷的生成。

影响合金熔液流动性的主要因素有：熔液温度、合金成分、凝固温度范围以及凝固方式。浇注温度低则熔液黏度增大，流动能力下降。合金化学成分可改变液相线温度以及合金的凝固温度范围。凝固温度范围窄的共晶合金和近共晶合金呈现层状凝固方式，凝固时首先形成外壳，逐渐向内增厚并有固相析出，直到流动通道过于狭窄，迫使熔液停流。凝固温度范围宽的合金表现为糊状凝固方式，在凝固过程中不断析出固相，熔液黏度不断增大。固相将会聚集、熔合，形成网络，阻止熔液流动。

层状凝固形成的壳体内壁光滑，流动阻力小，而且对内部熔液有保温作用，停流时已形成的固相多于糊状凝固停流时的固相。因此以层状凝固方式凝固时，熔液的流动性较好。

共晶成分或接近共晶成分的高铬铸铁铁水，以层状方式凝固，而且固相线温度低，因此流动性较好；远离共晶成分时，铁水趋向于以糊状方式凝固，流动能力显著下降。

一般采用螺旋形流动性试样测定高铬铸铁铁水的流动性。表9-2列举了灰铸铁以及5种成分不同的高铬铸铁在1400℃浇注时得到的螺旋形流动性试样长度。

表9-2 灰铸铁与高铬铸铁铁水的螺旋形流动性试样测定结果

试 样	化学成分/%				其他成分/%	螺线长度/mm	相对流动性	其 他
	C	Cr	Si	Mn				
灰铸铁	3.22	—	1.52	—	P：0.125	1120	—	—
Cr15	2.82	14.90	0.48	0.69	—	982	0.88	—
	3.03	15.21	~	~	—	1020	0.91	—
	3.58	14.84	0.55	0.80	—	1092	0.98	共晶成分
Cr20	2.45	19.85	0.44	0.60	—	1010	0.90	—
	2.89	21.05	~	~	—	1080	0.96	—
	3.21	20.15	0.63	0.80	—	1100	0.98	共晶成分
Cr25	2.30	26.15	0.61	0.60	—	1070	0.96	—
	2.65	25.70	~	~	—	1125	1.00	—
	2.95	24.25	0.87	0.80	—	1140	1.02	共晶成分

续表 9-2

试样	化学成分/%				其他成分/%	螺线长度/mm	相对流动性	其他
	C	Cr	Si	Mn				
Cr15 + Ni	2.92	14.85	—	—	Ni：1.10	990	0.88	—
	2.75	15.09	—	—	Ni：2.34	920	0.82	—
	3.01	15.25	—	—	Ni：3.72	1015	0.91	—
Cr20 + Mo	2.84	20.08	—	—	Mo：0.59	1092	0.98	—
	2.80	21.09	—	—	Mo：1.02	998	0.89	—
	2.71	19.20	—	—	Mo：2.39	985	0.88	—

从表 9-2 的数据还可以看出，高铬铸铁的流动性接近亚共晶灰铸铁，但两者相差不是很大。

5 组流动性试样长度均与共晶度有关。共晶成分试样具有最佳流动性。亚共晶成分试样的共晶度较高时，螺旋形试样长度相应增长。

高铬铸铁的流动性与铁水的化学成分有关，特别是铬（以及钼和锰）的含量影响液相线温度和凝固终了温度。铬本身降低碳在铬白口铸铁熔液和奥氏体中的活度系数，降低液相线温度。含铬量越低，液相线温度也越下降。与此同时，共晶反应温度也相应下降。从图 2-1 中可以看出含铬量对共晶反应温度的影响趋势（由 U_1 点经 U_2、U_3 达到 U_4，共晶反应温度连续下降）。合金元素对共晶凝固温度范围的影响示于图 9-3[3]。

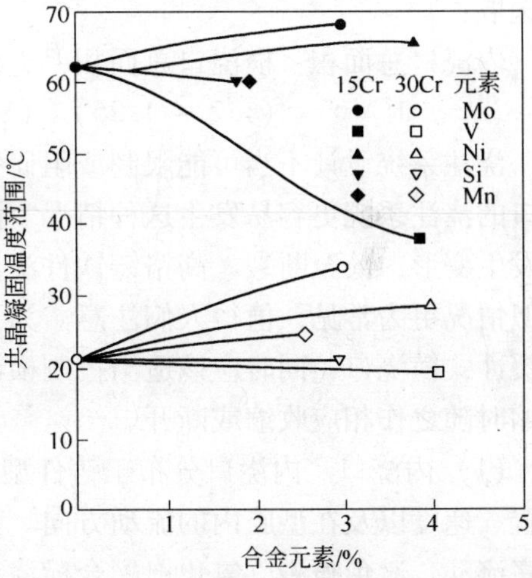

图 9-3 合金元素对共晶凝固温度范围的影响

表 9-3 列出含铬量不同的几种高铬白口铸铁液相线和固相线温度，可供选择铸件浇注温度时参考。

表 9-3 几种高铬铸铁的液相线和固相线温度

化学成分（质量分数）/%			温度/℃	
Cr	C	其他元素	液相线	固相线
12	2.8	Mo 1	1280 ~ 1295	1220 ~ 1225
17	2.8	Ni 3，Mn 3	1280 ~ 1300	1240 ~ 1265
28	2.8	Ni 2	1290 ~ 1300	1255 ~ 1275
30	2.3	Mn 3	1290 ~ 1300	1270 ~ 1280
普通珠光体白口铸铁			1290 ~ 1340	1145 ~ 1150

9.2.2 高铬铸铁件的浇注系统

高铬铸铁的流动性和充型能力接近灰铸铁，因此设计高铬铸铁件浇注系统时可以借鉴大部分灰铸铁浇口设计原则。

一般高铬铸铁件，建议采用半封闭浇注系统。半封闭浇注系统横浇口断面积最大，阻流截面在内浇口，浇注过程中铁水能够充满浇注系统，充型比较平稳，对铸型的冲刷力较小。由于铁水在横浇口流速减缓，有一定挡渣能力。浇注系统各部分横断面积可按以下比例选取：

内浇口总面积 < 直浇口断面积 < 横浇口总面积

1 : (1.1 ~ 1.2) : (1.3 ~ 1.5)(中、小型铸件)

1 : 1.2 : 1.4(大、中型厚壁件)

有些厚壁铸件需要在接近液相线的温度实行低温浇注，还有一些远共晶成分的高铬铸铁件，由于其凝固温度范围宽，呈现糊状凝固，铁水停流较早，这两类铸件应该采用封闭浇注系统，以便能以较高流速和较短浇注时间充满铸型。系统各部分横断面积可按以下比例选取：

内浇口总面积 < 横浇口总面积 < 直浇口断面积

1 : (1.2 ~ 1.25) : (1.4 ~ 1.5)

浇注系统设计不当可能限制或阻碍铸件收缩，特别是截面厚大的横浇口上分布多个内浇口的浇注系统更容易发生这种情况。限制或阻碍铸件收缩可能导致铸件产生内应力，铸件发生变形，甚至断裂。高铬铸铁件浇注系统造成的铸件变形、开裂缺陷比铸钢件出现的类似情况更为常见，值得人们注意。为了避免出现这种情况，可以采用具有少量伸缩能力的缓冲式横浇口，同时应该适当控制横浇口和内浇口的断面积，使浇口能在铸件发生固态收缩时随之作相应收缩或断开。

(1) 内浇口。内浇口分布于铸件型腔周边，引导铁水进入型腔，控制铁水进入型腔的位置、速度以及在型腔内的流动方向。其主要作用是：保证铁水充满铸型；在型腔内平稳有序流动，避免喷溅、氧化；配合横浇口挡除熔渣；调节铸件凝固过程中各部分的温度分布，形成顺序凝固或均衡凝固状态，配合补缩系统发挥补缩作用。

高铬铸铁件内浇口设计原则如下：

1) 铸件较薄（例如壁厚小于15mm）而且壁厚均匀的铸件（例如板类铸件），应促使铸件均衡凝固，提高工艺出品率。此类铸件应布置较多内浇口，平均分布于薄壁周边，以避免热量过于集中，产生局部缩松。内浇口可在接近铸件处（距铸件8 ~ 10mm）适当增加厚度，使内浇口起些补缩作用，避免与铸件连接处产生缩孔。铸件较薄但壁厚不均匀的铸件，如在厚壁处放置冒口，内浇道应开在冒口附近，促使铸件顺序凝固。

2) 中等厚度的铸件（例如厚度50 ~ 80mm），但壁厚较均匀的铸件，内浇口应开在冒口附近，或通过冒口进入铸件，在铸件内形成温度梯度。并使铁水流速适当降低，增加浇注时间，使铸件温度梯度变陡，有利于提高冒口补缩效率。

3) 内浇口尺寸及布置方案应参照高铬铸铁件的成分而定。原则上应造成顺序凝固的温度分布；近共晶成分铸件内浇口尺寸应小于远共晶成分铸件内浇口尺寸。

4) 内浇口不宜放置在抗磨面上。因为这样会使内浇口与铸件相连接部位温度较高，抗磨面显微组织粗大，影响铸件的抗磨能力。

表9-4 列出高铬铸铁件内浇口总截面积的经验数据，这些数据在生产中曾经长期使用，效果良好。

表 9-4 高铬铸铁内浇口总截面积（cm^2）

重量/kg	铸件壁厚/mm				
	10~15	15~25	25~40	40~60	60~100
15~20	3.5~4.0	3.3~3.7	3.0~3.1	—	—
20~40	4.4~5.5	4.0~4.6	3.5~4.4	—	—
40~60	6.2~7.0	5.7~6.6	4.6~5.5	—	—
60~100	7.2~8.1	6.8~7.2	5.5~6.5	—	—
100~150	8.8~11	8.8~9.5	6.5~8.4	6.2~6.6	—
150~200	9.9~13	10~11	7.7~8.7	8.0~8.3	—
200~250	13~15	11~12	10.0~11.0	8.0~9.0	—
250~300	13~16.5	12~13	11.0~11.5	8.5~9.5	—
300~400	14~17.0	13~14	11~13	9.0~10.0	—
400~500	15~20.0	14~15	12~14	9.5~11.0	—
500~600	20~24	16~18	14.0~15.0	12~13	10~11
600~700	21~25	18~20	16~18	15~17	12~13
700~800	24~26	19~22	19~20	17~18	13~14
800~900	26~29	22~24	21~23	19~20	15~16
900~1000	27~30	26~27	23~25	21~22	16~18
100~1500	30~39	29~33	25~27	22~30	20~22
150~2000	34~53	31~44	29~33	27~33	23~28
200~3000	59~66	37~55	33~37	31~35	26~31
300~4000	—	38~41	37~42	31~40	30~32
400~5000	—	39~42	40~46	33~42	31~33

（2）横浇道。横浇道功能主要是把直浇口注入的铁水输送到内浇口，通过内浇口引入铸件。输送过程中有撇除熔渣和控制铁水流速的作用。

水平分型的铸型，横浇道一般放在上箱。断面设计成窄而高的梯形。可与内浇道同在一箱，也可将内浇道放在下箱，两者在分型面处连接。同在一箱时，横浇道高度应为内浇道高度的3~5倍，以防铁水流过内浇道时产生的吸动作用使横浇道挡除的熔渣流入铸件。横浇道断面积应按前述的浇注系统断面比例选取。

（3）直浇道。直浇道连接浇口杯与横浇道，直浇道需有足够高度，使铁水在一定压头下进入横浇道和内浇道，保证铁水完美充型，并迫使铁水中可能存在的气体排出。直浇道断面积也应按前述的浇注系统各部分断面积比例选取。

9.3 高铬铸铁的收缩性

液态合金由浇注温度经过凝固过程降低到室温，要发生一系列体积变化。液态合金温度下降过程中空穴数量随之减少，近程有序的原子集团之间距离也要缩减。液相体积随之减小。这种现象称为液态收缩。当合金由液相线温度继续下降时，液相逐渐转变为固相。由开始凝固直到铸件内部已经形成足以保持铸件固定形态的固相骨架，在这个温度范围内要发生更大的体积收缩，即凝固收缩。合金的液相-固相转变完成后进一步降温期间，内部原子的间距进一步缩小，表现为固相的轮廓尺寸减小，这种固态尺寸减缩现象将一直持续到室温，被称为固相收缩。

液态收缩、凝固收缩、固相收缩都是合金的物理现象。铸件成形过程中，必然发生此三种收缩。

液态收缩率主要决定于铸件浇注温度与凝固温度之间的温度差。因此，影响液态合金收缩量的因素有：铸件浇注温度、与铁水成分密切相关的液相线温度、合金成分与液相收缩性质等。浇注温度与凝固温度之间的温度差越大，液态收缩量越大。在浇注温度相同情况下，高铬铸铁越接近共晶成分，液相线温度越低，液态收缩量越大，直到共晶成分时产生最大液态收缩量。

高铬铸铁因液态收缩而产生的体积变化率一般不超过1%，厚壁铸件进行低温浇注时，体积变化率更小。与凝固收缩量相比，液态收缩率并不大，对铸件质量的影响并不十分显著。

高铬铸铁在凝固过程中产生的收缩量占铸件总体积收缩量的85%～90%。采用目前常用测定方法得到的高铬铸铁凝固收缩率为7.5%～7.7%。需要指出这些数据是以液态收缩和凝固收缩的总量为基数而计算出来的，因此得到的凝固收缩率与浇注温度有关。浇注温度较高时，测得的凝固收缩率相应较大。

高铬铸铁的凝固收缩率远大于灰铸铁而相当于铸钢的收缩率。这是因为灰铸铁凝固时产生大量石墨。石墨密度只有2.2g/cm^3，它的存在补偿了大部分凝固体积收缩量。而高铬铸铁不含石墨，体积收缩得不到补偿，凝固收缩率相应增大。

为了避免凝固体积收缩会导致铸件产生缺陷（缩孔、缩松、表面凹陷），需要由铸件自身以外的熔液补充缩减的体积，即通常所说的铸件补缩。

铸件在固态下发生的收缩被称为线收缩。线收缩造成铸件轮廓尺寸小于模型尺寸。如果线收缩过程中遇到阻碍，将会使铸件产生内应力。

9.3.1 凝固收缩现象与铸件补缩

铸件凝固通常可能以两种方式进行：层状凝固方式和体积凝固方式。共晶成分或近共晶成分高铬铸铁水浇入铸型后，铸件表层首先形成凝固壳体。壳体内铁水继续收缩，使壳体增厚，在没有充分补缩情况下将在铸件内形成缩孔。当铁水化学成分远离共晶成分，凝固的温度间隔加大，凝固范围变宽，熔液将以体积凝固方式（糊状凝固方式）进行凝固。凝固产生的晶粒呈分散分布，枝晶遍及整体，逐渐形成固相骨架。型腔内各部分几近同时凝固，熔液难以补充这种收缩形成的空间，最终产生分散性孔洞或细小缩松现象。铸件凝固方式与铸件化学成分（共晶度）以及由化学成分决定的铸件凝固温度间隔密切相关。

前面已经谈到，高铬铸铁件和其他铬白口铸铁件的铸造收缩率比较大，接近铸钢凝固收缩率。因此有必要在工艺上采取措施，把足够的高温铁水在铸件凝固结束之前不断填充进可能产生缩孔部位，避免出现凝固收缩产生的孔洞。具体措施就是在铸件适当部位做出存储补缩用铁水的冒口，并从铸造工艺上保证补缩铁水温度高于热节（铸件最后凝固部分）的温度。

9.3.2 冒口补缩

冒口发挥补缩作用的首要条件是其中铁水温度始终高于铸件被补缩部分的温度，并且在合金凝固时具有向铸件填充熔液的能力。冒口和铸件被补缩部分的温度和凝固时间可以实际测定，也可以通过计算来决定。通常采用“凝固模数”概念来近似计算冒口尺寸，判断冒口的补缩效果。计算冒口尺寸所采用的凝固模数是指铸件被补缩范围内及冒口本身各自的体积与表面积比值。体积大小体现金属蓄热量多少，表面积大小则体现在相同时间内散热量的多少。此比值较小表示液相降温较快，反之则表示液相降温较慢，液相保持时间长。体积（重量）相同但散热表面积不同的凝固体，凝固模数不同，与凝固模数呈正比的凝固时间也不相同。

冒口的模数应该大于铸件被补缩部位的模数。铸件被补缩部位通常是铸件最厚部分或多个铸壁相交连而构成热节部位。

简单凝固体积和复合凝固体凝固模数的计算，可参阅有关文献和铸造手册。

根据多年设计高铬铸铁件及铬白口铸铁件补缩系统积累的数据，这类白口铸铁件的冒口模数（M_r），应该是被补缩铸件最大热节部位模数（M_c）的 1.15 ~ 1.25 倍。即 $M_r = (1.15 \sim 1.25)M_c$，对于形状简单的铸件，控温浇注（温度较低）时可取下限值。冒口模数（M_r）、冒口颈模数（M_n）、铸件最大热节部位模数（M_c）应该是：$M_r > M_n > M_c$。但是冒口颈模数与浇注系统安排密切相关，采用侧冒口时，如果铁水首先进入冒口，再通过冒口颈进入铸件，铁水使冒口颈周围的型砂加热到高温，冒口内铁水散热较慢，致使冒口颈内的铁水凝固时间延长，即使冒口颈模数小于铸件，也可能不会使铸件产生缩孔。例如，ϕ100mm 高铬铸铁磨球补缩系统中，铁水流经侧冒口后进入铸件，其 M_c : M_n : M_r = 1.67 : 0.90 : 2.05，经过多次剖析检查，虽然冒口模数小于铸件模数，但是磨球心部都能得到铁水充分补充，从未发现缩孔，就是这个道理。

冒口直接放在热节部位上与热节直接连通会增加热节尺寸，使更多热量集中于热节处，不利于冒口补缩。因此冒口颈一般应该避开热节，冒口颈中心与热节中心的水平距离至少应大于冒口颈半径 + 热节圆半径，这样不会降低冒口补缩效率。

高铬铸铁件及其他铬白口铸铁件补缩系统，不但应使铸件得到充分补缩，铸件内部不存在破坏金属连续性的缩孔、缩松等缺陷，而且也需注意到铸件工艺出品率应保持在合理的水平。

表 9-5 列出一些高铬铸铁件的工艺出品率，是经过对几十家工厂调查后得到的数据。可供有关工厂人员参考。

表 9-5 高铬铸铁件工艺出品率

铸件类型	补缩系统工艺特征	铸件工艺出品率/%
厚壁简单铸件	压边明冒口	66 ~ 70
厚壁结构件	缩颈冒口	62 ~ 65
板类铸件（厚度 >40mm）	侧暗冒口	62 ~ 70
杂质泵泵壳、叶轮	缩颈冒口	62 ~ 70
ϕ100mm 磨球	侧暗冒口，砂型一箱多铸	65 ~ 68
大型球磨机衬板	侧明冒口，倾斜浇注	64 ~ 68
中小型球磨机衬板	侧暗冒口，倾斜浇注	62 ~ 66
抛丸机叶片	压边暗冒口	60 ~ 62

高铬铸铁件以及其他铬白口铸铁件的凝固收缩率与铸钢相差不多，冒口设计可以参考铸钢件的设计原则。但是它与铸钢的凝固方式不完全相同，设计补缩系统时应该注意以下几点：

高铬铸铁水流动性远优于铸钢，因此冒口的补缩距离大于铸钢，补缩效率也优于铸钢。铸钢件普通明冒口和侧冒口的补缩效率一般在0.14%～0.16%范围。而高铬铸铁冒口补缩效率的实验测定值为0.18%～0.22%，这表明，高铬铸铁可采用比铸钢件尺寸较小、数量较少的补缩冒口，铸件工艺出品率也相对较高。

浇注后的高铬铸铁件是与冒口连在一起的。铸件清理时需要把冒口去除。高铬铸铁件不能像铸钢件那样采用氧乙炔焰切除冒口。一般需用人力击断冒口颈。但是冒口颈直径大于ϕ75mm 的冒口，人力就难以击断，或击断后伤及铸件。这是厚壁高铬铸铁或铬白口铸铁生产中的一个问题。

高铬铸铁件及其他铬白口铸铁件采用的冒口应该是有足够补缩能力但冒口颈断面尺寸相对较小、容易去除的冒口。常用的有侧冒口、易割冒口、缩颈冒口、压边冒口等。

(1) 易割冒口。在铸件和冒口之间放置一个耐火隔片（常称“易割片”），隔片中间留有直径小于冒口直径的补缩孔，当铁水浇入铸型后，隔片被加热到接近铁水温度。铸件凝固过程中，铁水通过补缩孔补入铸件。铸件成形后，冒口与铸件只由相当于补缩孔尺寸的铁水相连，冒口颈尺寸显著减小，冒口易于清除。这种冒口称为易割冒口。冒口易割片如图9-4所示。

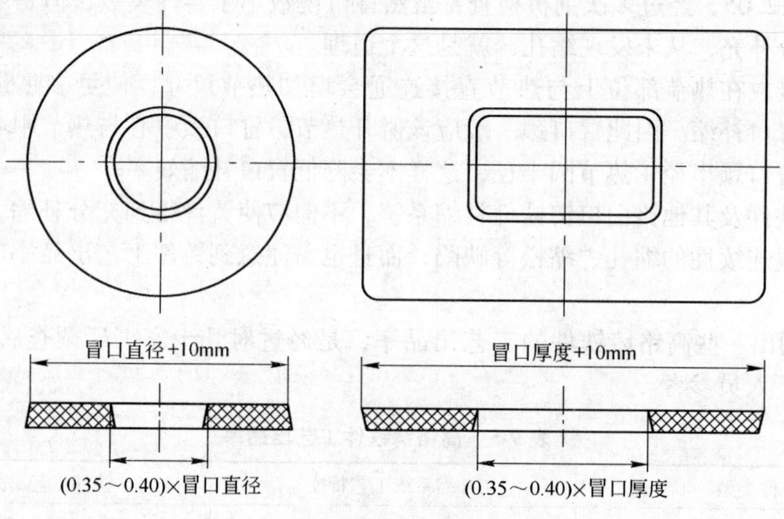

图9-4 冒口易割片

易割冒口可以是明冒口也可以是暗冒口。有些高铬铸铁件还采用带有易割片的侧冒口。不论是何种形式的易割冒口，冒口尺寸计算均与普通的冒口计算方法相同。也就是说，普通冒口的各种计算方法均适用于易割冒口。

易割片不能做得太厚，以便在浇注过程中尽快被加热到接近铁水温度，但是它又必需能够承受高温铁水压力，因此需要具有良好的高温强度。较大的易割片采用黏土耐火砖原料制造，经过高温烧制而成。较小易割片可采用树脂砂制造。高铬铸铁件应用的耐火材料烧制的圆形易割片参考尺寸列于表9-6。补缩孔直径一般为冒口直径的35%～40%。

表9-6 高铬铸铁件圆形易割片参考尺寸

冒口直径/mm	易割片尺寸/mm	
	厚　度	补缩孔直径
100	7～8	35～40
120	7～8	42～50
150	8～10	54～60
180	10～12	62～70
250	12	80～95

易割冒口不仅可以放置在铸件的顶面，而且可以放置在侧面和曲面。放置在侧面时，一般采用暗冒口。冒口与隔片连接部分为平面。

(2) 缩颈冒口。缩颈冒口的作用类似易割冒口。常用的缩颈冒口及其尺寸如图9-5及表9-7所示。这种冒口的优点是造型比较简单，无需装设易割片。但是补缩效果不如易割冒口。采用这种冒口时，应在浇注过程中向冒口补加热铁水，避免冒口颈提前凝固。

在高铬铸铁件的圆形冒口中，常用的冒口缩颈部分尺寸范围为ϕ50～90mm，冒口直径范围为ϕ80～300mm。缩颈部分的长度是需要注意控制的尺寸，一般应选表9-7所列尺寸，缩颈部分长度过大，补缩过程中可能提前凝固，从而导致补缩通道堵塞，补缩失败。

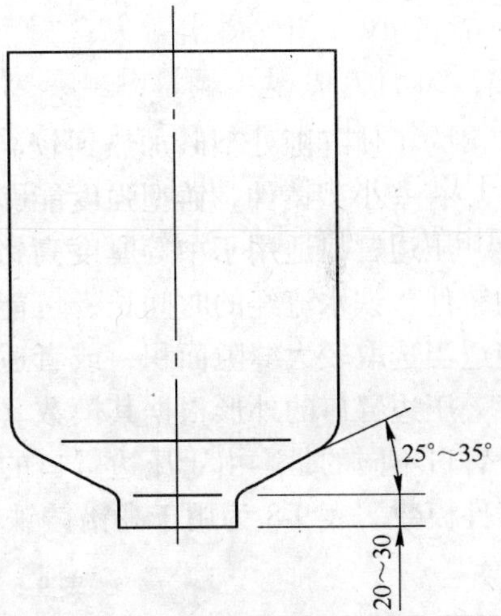

图9-5 缩颈冒口简图

这里只列出圆形缩颈冒口的数据，也可根据所需模数，做成矩形或腰形断面的冒口。

表9-7 缩颈冒口尺寸

缩颈直径/mm	冒口直径/mm	缩颈长度/mm	冒口高度/mm
50	80～100	20	≤250
60	90～180	20	≤250
65	100～200	25	≤300
70	110～250	25	≤350
75	120～250	30	≤350
80	130～300	30	≤450
90	150～350	30	≤450

(3) 压边冒口。压边冒口是冒口底部与铸件上表面的一部分面积重合，铸件与冒口之间以缝隙相连。浇注铁水由内浇口经过此缝隙流入铸件型腔，把缝隙附近的型砂加热，使缝隙周边的铁水凝固时间延长。缝隙虽然狭窄，但其封闭时间晚于铸件，因此冒口铁水可以通过缝隙对较厚铸件进行补缩。图9-6为压边冒口设置简图。

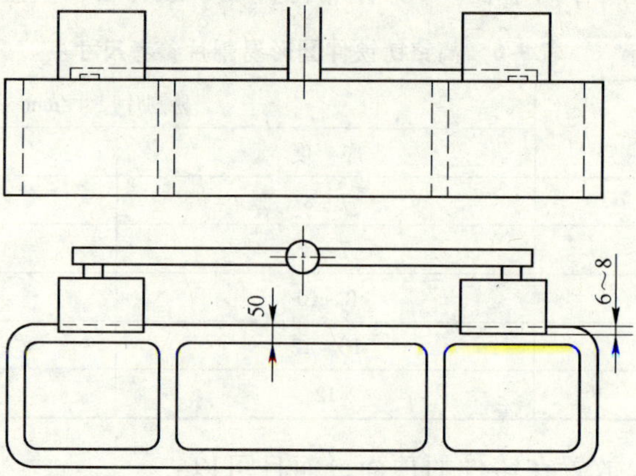

图 9-6 压边冒口设置简图

为了使缝隙处型砂加热到较高的温度，铁水必须首先流经冒口，再通过缝隙进入铸件。有些小型铸件，铸型强度能够抵抗铁水冲刷，也可以直接将铁水浇入压边冒口。

压边冒口适用于中等厚度高铬铸铁件及其他铬白口铸铁件（50～100mm）。过于厚大的铸件，铁水流经的时间长，可能使铸铁产生气孔、粘砂。设计此类铸件的压边冒口时，应适当选取较大缝隙面积，或者适当增加冒口数量。

压边冒口的外形根据其模数（M_r）而定，而 M_r 则需根据铸件模数（M_c）而定。与一般冒口不同的是，由于压边冒口的缝隙有强烈的集热作用，冒口模数可以选用小于被补缩铸件模数。表 9-8 为用于高铬铸铁件的压边冒口模数与铸件模数关系。

表 9-8 压边冒口模数与铸件模数关系

铸件模数 M_c	M_r/M_c	铸件模数 M_c	M_r/M_c
0.5～1.0	1.00	2.0～5.0	0.73
1.0～1.5	0.85	5.0～10.0	0.70
1.5～2.0	0.78		

确定高铬铸铁压边冒口的重量和尺寸前，可以首先进行冒口重量预估。预估重量可按下式计算：

高铬铸铁压边冒口重量(kg) = [铸件缩孔体积 × 铁水密度 / 冒口补缩效率(%)] × 1.15

冒口补缩效率与铸件形状、厚度、模数等因素有关，一般可取 15%～25%。然后根据预估重量、浇注系统重量等参数核算铸件的工艺出品率，如果铸件工艺出品率符合表 9-9 所列数据，表明压边冒口的重量合适。最后，根据此重量及所需的冒口模数（M_r），确定压边冒口形状及尺寸。

表 9-9 采用压边冒口时合理的铸件工艺出品率

铸件重量/kg	工艺出品率/%	铸件重量/kg	工艺出品率/%	铸件重量/kg	工艺出品率/%
<25	60～70	25～100	65～72	>100	70～75

压边冒口缝隙是铁水流入铸件的唯一通道。缝隙宽度是这种冒口设计的重要参数。对于高铬铸铁，这个宽度可取5~15mm。铸件重量较小时，流经缝隙的铁水较少，对缝隙加热程度低，宜采用较小缝隙宽度。例如重量不超过100kg的铸铁，缝隙宽度一般不超过8mm。缝隙的断面积与进入冒口的浇道断面积相等或略小一些。

高铬铸铁体积收缩率大，铁水流动性良好，比较适合采用压边冒口。由于冒口补缩效率较高，往往会获得满意的铸件工艺出品率，而且冒口易于除去，又能提高铸件外观质量。值得推荐用于高铬铸铁的冒口。

（4）保温冒口。采用热导率很低的保温材料制成的套筒在冒口周围形成保温层，则冒口内的铁水凝固时间将会延长。以这种冒口补缩铸件时，所需冒口尺寸减小，冒口重量也相应减轻。

制造保温套的保温材料需要具有合适的容积密度和热导率。容积密度和热导率越小，保温性能越好。通常用于制造保温套的材料有硅酸铝、空心飘珠（经过水洗并干燥的燃煤电厂烟囱沉降物）、膨胀珍珠岩等。将这类材料与水玻璃或矾土水泥混合后，经过成形、干燥后制成保温套。其中空心飘珠容积密度小于400kg/cm^3，热导率低，耐火度超过1600℃，是较好的保温套材料。

保温套的保温性能还与保温套的厚度和冒口上部（明冒口）的热辐射量有关。理想的保温套厚度应等于热透距离。明冒口顶部的热辐射损失是决定冒口补缩效率的重要因素。冒口表面不覆盖任何保温材料时，比保温冒口凝固时间缩短20%~30%，这是一项不小的损失。为了减少这项损失，需要在铁水进入冒口约1/3时就把覆盖剂撒入冒口。覆盖剂可用膨胀珍珠岩、空心飘珠、烟道灰或配制好的冒口保温覆盖剂等，加入量约为冒口重量的1%~1.5%。在凝固过程中，覆盖剂不断烧失，体积不断缩减，需要根据情况陆续补充。

保温冒口的补缩效率为25%~45%，高于模数相同的普通冒口。因此，冒口尺寸可相应减少，提高铸件的工艺出品率，并大大简化了冒口清理的工作。保温冒口用于厚大铸件，效果更为显著。

在铸件上增加补衬是改善铸钢件冒口补缩效率的有效措施。但是在高铬铸铁件及其他铬白口铸铁件上增加补衬并不合适，主要因为清理时难以去除。

9.3.3 冷铁

铸件生产中常常使用冷铁与冒口配合控制铸件凝固顺序，提高冒口有效补缩距离，或加速局部热节点的冷却速度，实现均匀凝固。冷铁的这些作用都有助于消除收缩产生的缺陷，提高铸件质量和工艺出品率。高铬铸铁件和其他铬白口铸铁件都是凝固收缩率很高的铸造合金，常常需要利用冷铁控制铸件的凝固过程，特别是铸造一些厚大而壁厚不均的铸件，冷铁更是不可缺少。

高铬铸铁件和铬白口铸铁件通常使用钢制外冷铁。与铸铁相比，钢制外冷铁更能多次反复使用。为了延长使用寿命，使用前表面应刷耐热涂料。冷却比较厚大断面时，可采用隔砂冷却方式。

高铬铸铁件一般不宜使用内冷铁，更不宜使用钢制内冷铁。钢的浇注温度很高，碳钢内冷铁可以与浇入铸型的钢水熔为一体或形成熔合层，而高铬铸铁件一般需控制在较低温度浇注，如果使用钢制冷铁，高铬铸铁水仅能渗入钢制冷铁表面一层，形成很薄的钢和高铬铸铁熔合层。这种熔合层含碳量和含铬量都低于高铬铸铁件而且成分不稳定、力学性能也偏离（降低）高铬铸铁应有的指标。铸件冷却时，两种成分的固相之间由于收缩率的差异，会产生内应力，甚至在铸件承受负荷时在铸件内形成沿冷铁表面的细微裂口，伤害了铸件的整体强度。

如果必需使用内冷铁，则应选用与铸件成分比较接近的、具有近共晶成分的高铬铸铁内冷铁。这种内冷铁熔点较低。例如 $w(C)=3.6\%$、$w(Cr)=13.1\%$ 高铬铸铁的液相线温度为1210℃；易于与浇入的高铬铸铁水熔合，而且冷铁熔化后的成分和性能比较接近铸件成分，可以避免铸件与冷铁之间的分层现象。

高铬铸铁外冷铁和内冷铁重量可参照铸钢件冷铁计算方法进行计算。单面冷却的外冷铁厚度约为热节直径的70%～90%，厚度不够时，铁水浇入后冷铁很快加热到高温，失去激冷作用；厚度过大时甚至能使铸件出现裂纹。

9.3.4 线收缩

铸件的线收缩量需要在专用仪器上测定。从铁水凝固后的某一温度（一般是液相线温度以下30～50℃）测量试样的线性尺寸，再与该试样室温尺寸相比较，两者的尺寸差即为线收缩量。线收缩量能反映合金固相收缩的大小，但是更有意义的参数是线收缩率。线收缩率（ε）由下式表示：

$$\varepsilon = [(L_{开始} - L_{室温})/L_{开始}] \times 100\%$$

式中，$L_{开始}$和$L_{室温}$分别表示低于液相线30℃及室温（25℃）时试样长度。

仪器测定的固态线收缩率与铸件在铸型实际发生的线收缩率还有一些差别。铸件是在铸型中形成的，铸型内尺寸与铸件冷却到室温的尺寸变化量才是编制铸件生产工艺的有用参数。铸件在铸型实际发生的线收缩率即为“铸件收缩率”。

铸件收缩率一般小于实验室测得的线收缩率，这是因为存在着一些阻碍收缩的因素。例如：

（1）铸型和泥芯没有足够的退让性。退让性良好的铸型和泥芯会增加铸件收缩率。树脂砂、油砂退让性良好。湿砂型退让性优于干型砂，都使铸造收缩率增加。砂箱带和外冷铁阻碍铸件收缩，减少铸造收缩率。

（2）铸件结构复杂，厚度不均匀。冷速较高，首先凝固的部位限制其他部位自由收缩，会产生不均匀的铸造收缩率。

（3）铸造合金收缩时与铸型表面的摩擦阻力也是抑制收缩的因素。树脂砂、油砂比水玻璃砂、干型砂的摩擦阻力小，因而可获得较高的铸造收缩率。使用粗粒石英砂，铸型紧实度较高时，铸件内空腔尺寸较大时都会限制铸件收缩率。

我们曾经在收缩率测定仪上测定高铬铸铁由液相线温度以下30℃至室温（25℃）之间的无阻碍固态收缩率（埋入式热电偶测温），得到的结果是2.25%～2.50%，40个试样平均值为2.30%，个别试样测定值可以达到2.80%。

但是长期生产统计资料表明，高铬铸铁件的铸造收缩率一般在1.8%～2.2%范围内，泥芯阻力较小的铸件接近2%。镍铬白口铸铁铸造收缩率稍低，为1.8%～2.0%。泥芯阻力较大时，可取1.8%，砂型铸造高铬铸铁磨球的直径尺寸收缩率为2.05%～2.15%。采用快干砂泥芯及铸型静止浇注的 $\phi150mm \times 20mm$（套筒外径 × 筒体厚度）高铬铸铁耐磨套筒，径向铸造收缩率测定为 1.90%，而长度方向则为 2.05%。

生产中小型高铬铸铁件可以根据铸件结构和浇注条件采用 1.8%、2.0%、2.2% 缩尺制造模型。精度要求较高的铸件，特别是尺寸较大的零件还需首先通过工艺试验，确定了实际铸造收缩率后再据以确定模型尺寸。一个铸件的不同方位上，收缩程度可能出现很大差异，因此不同方向上常需选用不同的铸造收缩率。各方向尺寸收缩率完全相同的铸件是很少见的。

9.4 铸造应力

高铬铸铁件在砂箱内或开箱后的冷却过程中，不同部位因冷速不同而出现温度差异，导致铸件整体的不均匀收缩。部分断面的热应变受到铸型、泥心、冷铁的限制和阻碍，不能正常收缩，从而产生热应力。这部分热应力是铸件铸态内应力的一部分。这些内部应力在生成和释放过程中都可以导致铸件形状、尺寸发生变化，如果内应力超过材料的强度极限时，还会使铸件开裂。高铬铸铁的弹性模量高于一般灰铸铁和球墨铸铁；组织中含有较多奥氏体和碳化物形成元素，使高铬铸铁具有较大的线胀（缩）系数、较低的热导率，因而不同厚度断面上的温差较大，这些都促使高铬铸铁件产生比一般灰铸铁更大的热应力。

高铬铸铁件的变形大部分来源于热应力。壁厚不均匀、形状较复杂、薄而长的铸件最容易发生变形。铸件的造型工艺对内应力的产生显著影响。控制好铸型、泥芯的硬度和溃散性，消减阻碍铸件在型内均匀收缩的工艺因素，合理布置浇注系统，控制好开箱温度都有助于降低热应力水平。

高铬铸铁件的马氏体转变发生在固态收缩阶段，产生相变应力。发生在高铬铸铁弹性变形温度范围内的冷裂主要来源于相变应力，特别是当铸态残余奥氏体量较多的铸件时，更易于发生冷裂。

热应力和相变应力叠加而使铸件内应力显著增加。内应力处于不稳定状态，力求获得释放，因此铸件有自发变形甚至开裂趋势。为了避免内应力造成的损伤，高铬铸铁件铸出后，应及时进行消减内应力处理，淬火后及时进行回火。

9.5 铸件开箱和清理

9.5.1 开箱

高铬铸铁件凝固收缩率和固态收缩率都比较大，铸件在砂箱内凝固后应该及时松开箱卡，防止因铸型阻碍而使铸件发生变形，甚至开裂。开箱以及随后的铸件清理都是需要重视的生产环节。开箱和清理工作中产生的缺陷往往是不可修复的，在高铬铸铁件总废品量中占有相当的比例。

高铬铸铁件凝固后应尽可能在铸型中缓慢冷却。这是因为：

（1）避免冷速过快产生较大热应力，导致铸件变形，降低铸件开裂倾向。

（2）铸件（特别是厚壁铸件）在高温停留时间长，有机会析出更多二次碳化物。二次碳化物从奥氏体中析出后，马氏体开始转变温度会提高到 100 ~ 300℃。可以减少热处理过程中脱稳处理所需时间，增加马氏体转变量，减少残余奥氏体数量。

（3）缓慢冷却可使高铬铸铁比较充分地进行共析转变，形成以珠光体为主的铸态基体组织。在随后进行的奥氏体化过程中，珠光体组织易于转变为成分均匀的奥氏体，而且脱稳处理所需时间也比铸态奥氏体脱稳时间短得多。

（4）当铸件温度低于 M_s 时，残留奥氏体发生马氏体转变。马氏体相变应力通常是比较大的。它与已存在的、分布不均匀的热应力综合作用于铸件，常是导致高铬铸铁件低温开裂的重要原因。生产上曾经多次发现过150mm厚的磨煤机扇形衬瓦由于开箱温度较早，铸件在马氏体相变温度范围内冷却过快，以致在接近室温时，铸件内部因应力过大而突然开裂，造成废品。

铸件在铸型中保持到室温，虽然会一直处于比较缓慢的冷却过程中。但是这样做会占用较多厂地面积，并且影响砂箱周转。如果生产条件许可，可在高于 M_s 温度及时把铸件移到保温炉中缓慢冷却。

9.5.2 切除浇冒口

高铬铸铁件通常都需要设置冒口进行补缩。开箱后首先需要清除铸件的浇冒口。直径小于 ϕ75mm 的冒口可以人工击断。但是含碳量低（例如 $w(C)<2.2\%$）的铸件韧性较高，可击断的最大直径一般只在 ϕ65mm 左右。

常用以切割铸钢件的氧乙炔焰不能用来切割去除高铬铸铁件冒口。因为氧乙炔焰切割过程不是依靠高温使被切割金属熔化而切除，而是利用火焰高温先使被切割部位表面局部升温到熔化温度，然后喷嘴射出氧气流，使铁在氧气流中氧化，形成氧化铁熔渣，熔渣随后被氧气流吹散，形成切口。而高铬铸铁含有大量铬和含铬碳化物，在氧乙炔火焰加热时，被切割的金属中铬首先氧化，产生熔点较高的氧化铬熔渣而抑制了铁的氧化燃烧，因而气割过程无法顺利进行。

工厂可以采用下述几种方法切割不能击断的粗大高铬铸铁件冒口：

（1）在供氧气流中均匀地加入细微铁粉或铁粉与其他熔剂材料的混合物。这些粉末氧化后产生很高热量，提高了氧气流的反应温度。所产生的氧化铁稀释了熔渣中氧化铬浓度，使熔渣变稀，易于吹散。消除了氧化铬熔渣对连续切除金属时的阻隔作用，因而能使氧乙炔火焰切割高铬铸铁件。但是利用这种方法切割高铬铸铁件冒口与切割直径相同的铸钢件冒口相比，切割速度低，而且氧气消耗量也较大。

（2）采用了氧弧熔断棒切除冒口。氧弧熔断棒是按国外引进技术生产的产品。这种熔断棒中的氧产生助燃作用，产生高于3000℃的高温，因而可用其对难用氧乙炔焰切割的铸件进行清理和切割。

氧弧熔断棒切口较宽，比较适用于切割直径较大的冒口（$\phi>500$mm）。切割操作比较简单，不产生噪声和弧光，生产效率高，而且切割质量好。切断后经过修整的切口表面平整光洁。只是熔断棒消耗量较大，切割成本偏高。

（3）炭弧气刨切割。采用炭弧气刨装置或等离子切割炬在冒口根部切出一定深度的槽口，然后用锤击断，去除冒口。这是当前比较可行的去除高铬铸铁粗大冒口方法。

炭弧气刨原来主要用于金属结构件的焊缝清根、切割焊接坡口、清理需要修补的焊缝缺陷、刨平焊缝表面等方面。在铸件生产上，可用于切除常规气割难以切除的不锈钢、灰铸铁、高铬铸铁及其他铬白口铸铁件等的浇冒口、披缝或表面结疤等。

炭弧气刨与气割法不同之处是：前者利用与直流电源相连的炭棒与铸件金属间形成电弧而产生6000℃左右高温，可将被切割部分加热熔化。同时利用压缩空气将熔融金属吹散以实现切割。而不是利用铁的氧化热形成熔渣的方式去除金属。炭弧气刨产生的切口表面质量不低于钢的气割面质量，而且设备简单、易于操作、生产效率较高。下面对碳弧气刨装置简单加以介绍（图9-7）。

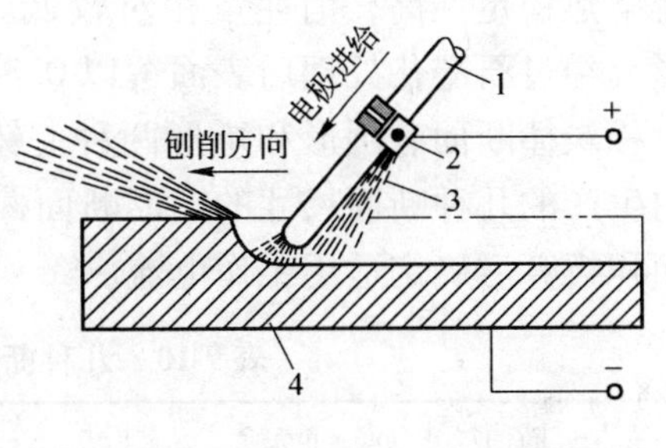

图9-7 炭弧气刨工作示意图

1—电极；2—刨钳；3—压缩空气；4—铸件

炭弧气刨装置由电源、空气压缩机、切割炬、炭棒、电缆、气管等组成。通常采用直流电弧焊机作电源。由于碳弧气刨连续工作时间较长，工作电流大，为了能稳定切割，选用焊机时需考虑其额定输出电流应大于切割工作电流30%以上。例如使用4mm×12mm矩形炭棒切割高铬铸铁冒口颈时，工作电流约为200～350A，此时需选用额定输出电流为500A的直流焊机，例如A×1-500型、Z×5-500型焊机。切割厚大铸件需采用更大工作电流时，可把两台直流电焊机并联使用。电源极性一般采用反接方式，即工件接负极，炭棒接正极。与正接方式相比，反接可使电弧较为稳定。

切割炬是碳弧气刨装置的主要部分。它担负着夹持炭棒、输送电流和喷射压缩空气的多重任务。按照压缩空气喷射方式，有侧喷射（钳式或旋转式）和圆周喷射两种式样的切割炬。切割铸件冒口一般采用钳式侧喷射切割炬，其结构如图9-8所示。

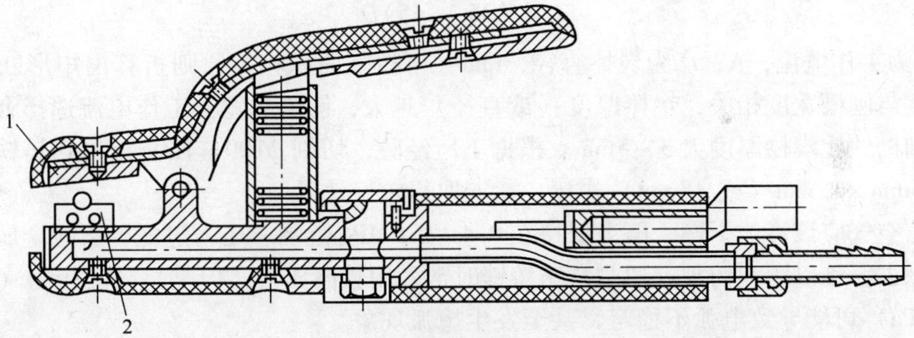

图9-8 钳式侧喷射切割

1—夹钳；2—铜质钳口

这种切割炬前端装有用以夹持炭棒的夹钳1，以及表面钻有多个喷射压缩空气小孔的铜质钳口2。工作电流通过这个钳口流入炭棒，压缩空气则通过小孔喷射至电弧后侧，并对钳口产生冷却作用。切割炬内部装有既能导电、又能输送压缩空气的导管，其结构相当紧凑。

旋转式侧喷射切割炬与前者的主要不同之处在于炭棒夹持于可进行360°旋转的喷射套中，因此每种尺寸的炭棒都需与相应的喷射套配套使用。切割炬可按切割方位旋转成不同位置，使用比较灵活方便。

炭棒是碳弧气刨作业中的主要消耗材料，要求电阻率低，有优良导电性，在高温大电流下热稳定性高，消耗量相对较低。用于碳弧气刨的炭棒由石墨、炭粉和黏结剂混压成形，经过石墨化处理后表面覆以0.3~0.4mm厚镀铜保护层。

炭棒断面有圆形和矩形两种。铸件冒口切割主要采用矩形断面炭棒。表9-10列出国内生产的几种断面尺寸的矩形断面棒及相应的适用工作电流。使用圆断面炭棒时，可按断面积折算后确定适用工作电流。

表9-10 几种断面尺寸的矩形断面棒及适用工作电流

断面尺寸/mm×mm	炭棒长度/mm	适用工作电流/A
4×8	305	180~270
4×12		200~400
5×10		300~400
5×12		350~450
5×15		400~500
5×18	355	450~550
5×20		500~600

炭棒断面尺寸应当根据刨切所需的工作电流来选择，而工作电流主要取决于所切割的浇冒口直径或厚度。厚大的浇冒口需采用较大的刨切电流。工作电流过小，电弧不够稳定，甚至不能顺利切割。选用适当的电流，可使电弧稳定，提高切割速度，割口表面平整，但是炭棒质量减失速率增加。可以参照下式确定工作电流（A）

$$I = (35 \sim 45)D$$

式中，I为工作电流，A；D为炭棒直径，mm（可按断面积相等原则折算出矩形断面积）。炭棒厚度与刨槽宽度相关，炭棒厚度（或直径）越大，刨槽越宽。工作电流选择合适的情况下，刨槽约比炭棒厚度大3~5mm。根据工厂经验，切割ϕ100~150mm高铬铸铁冒口颈时采用4mm×12mm（或ϕ8mm）炭棒一般能取得较好效果。

压缩空气应该清洁干燥，压力保持在0.4~0.6MPa范围。压力过低，熔融金属不能从割缝中除去，难以顺利切割。切割高铬铸铁时常采用较高压力。但是过高的压力（例如超过0.6MPa）可能导致电弧不稳定，甚至发生熄弧现象。

切割炬移动速度（刨削速度）对切割表面质量、切割过程稳定性以及形成的刨槽尺寸有一定影响。合理的刨削速度应该保持在0.6~1.2m/min范围内。刨削速度过快常使炭棒与被切金属相接触，发生短路，致使电弧突然消失，已熔化金属显著增碳，切割表面质量下降。操作过程中应注意保持均匀而适当的切割速度。

炭棒外伸量与电弧长度都是影响切割质量和工作效率的重要因素。炭棒外伸量是指切割炬钳口前沿至电弧起弧点的距离。这个距离确定了压缩空气向已熔金属喷射的距离以及炭棒上电阻值。距离过大，炭棒温度升高，烧损增大，消耗量上升，而且易于折断。另外，压缩空气喷射距离延长，不利于吹除熔渣。

电弧过长容易导致电弧不稳定。因此，刨削时以维持1~2mm短电弧操作为宜。这样做除能保持电弧稳定外，还可以提高切割效率和炭棒的利用率。冒口切割后的表面难以避免出现残根或凸起不平之处，可以在粗切后进行一次表面刨平作业。刨平后的表面质量优于一般气割后的表面。而且由于刨切的同时，及时移除熔融物以及压缩空气的冷却作用，被切割表面能保持避免产生相变的温度。

(4) 等离子切割。等离子切割也是利用电弧高温使高铬铸铁件被切割部位熔化而除去金属的方法。

等离子切割的热源来自割炬内利用热效应和磁动力效应压缩强化而产生的等离子电弧热。这种电弧范围小于一般自由电弧，热量集中，弧柱中心温度高达10000℃以上，足以熔化高铬铸铁中的各组成物。

在电极与铸件之间产生电弧的钨极位于割炬的喷嘴内（图9-9）。切割工件时，向喷嘴内通入可电离气体（通常是氩气、空气），强迫所产生的电弧通过钨极前面的小孔，形成导电面积缩小的弧柱，能量密度急剧增高。电弧加热气体并使之电离，所产生的高温使热等离子体发生膨胀，并加速向外喷射。喷射的气流成为迫使熔融金属排出割缝的动力，从而产生切割作用。

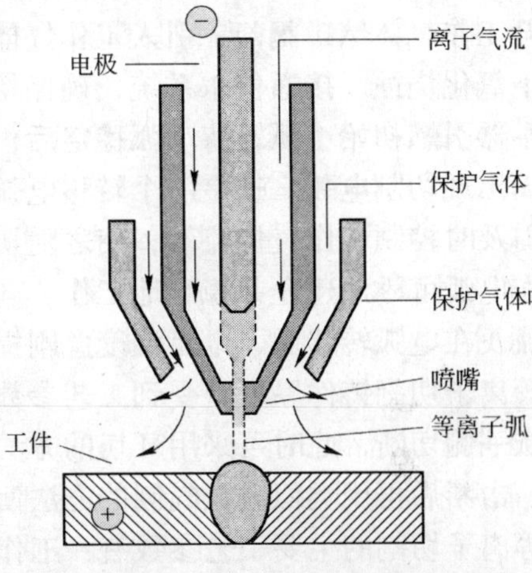

图9-9 等离子弧形成示意图

等离子切割装置主要由电源、高频发生器、供气装置、切割炬、控制装置、水冷却装置（用于水冷切割炬）等部分组成。

通常采用具有较高空载电压（150～400V）的直流电源。切割高铬铸件冒口时，电源功率一般需100～200kW，切割电流100～500A，高频发生器用于引燃等离子弧。需能产生3～6kV，2～3MHz高频电流。切割炬是等离子切割装置的核心部件，由切割炬壳体、电极、喷嘴、压帽等组成，其结构由工作电流决定。60A以下的切割炬采用风冷结构，利用高压气流冷却喷嘴及壳体，并对电弧进行压缩。工作电流超过60A的切割炬一般采用水冷结构。

喷嘴属于厚壁（2～3mm）密封件，要求尺寸精确、表面粗糙度低。另外还需要具有优良的导热性能，以便于冷却。因此通常采用切削性优良、导热性好的纯铜制造。其尺寸精度及设计结构直接决定等离子弧的压缩质量和稳定性，而且影响到切割炬的切割能力、切口质量和喷嘴工作寿命。

电极是切割炬内的一个需要与喷嘴精确配合的元件。电极质量和配合是否良好对于切割质量与效率都有直接关系。电极是在高温下工作，必须具有优良的耐热性和较高熔点以及良好的导电、导热能力，并能长时间发射电子，产生稳定电弧。

电极是在很高温度下工作，必须采用熔点高、抗高温氧化的材料。通常是由金属钨棒、钍钨合金或铈钨合金制造。有些喷嘴为镶嵌结构，把钨极、铪极、锆极镶嵌在铜座内制成电极。以压缩空气作为离子气的切割炬内，由于空气对电极有较强的氧化作用，使用钨电极一般只能工作两三个小时，寿命太短，因此只能使用镶嵌式铪电极或锆电极。

等离子弧切割所用的工作气体是形成等离子弧的导电介质，并在膨胀压力下喷射至切口内以排除熔融金属。使用的气体有氮气、氩气等单一气体或氮气+氩气、氮气+氢气等混合气体以及压缩空气。

单纯使用一种气体作为工作气体的效果不如混合气体。例如，单纯使用氮气往往由于纯度不高（空气分离产生的氮气含有少量氧和其他杂质气体），提高了钨极的烧损速率，降低切割质量。工业纯氩价格较高，而且限制切割厚度（一般小于30mm），一般不常使用。使用混合气体的切割质量和经济效果都比单一气体好。切割高铬铸铁冒口采用氮气+氢气混合气体作为工作气体，切割效果比较明显。但应注意，氢是可燃气体，与空气混合可能发生爆炸，储存和输送都应注意安全。

等离子切割工艺包含三个过程：引弧、转移弧和切割。首先，调整好切割参数后，首先打开工作气体储罐阀门，引入工作气体，提前引入工作气体的目的是保护电极，避免在高温下氧化烧蚀。接通供水系统，确保切割炬能得到良好的冷却。然后接通主电源，由高频发生器引燃初始小弧，待小弧稳定后，使切割炬逐渐移向被切割铸件冒口，小弧随之熄灭，而出现切割电弧，这是一个转移电弧（即压缩电弧），能量密集化的过程。在此过程中，需及时控制工作气体流量，使之随切割电弧的形成而增大。合理调整气体流量可以确保工作电弧可靠地建立并稳定地工作。同时应注意避免切割炬与铸件接触而产生过大的冲击电流。在电弧转移后，电弧温度急剧提高，气流冲击力陡增需要及时进行切割。

等离子切割铸件厚度，受到工艺参数和操作条件的限制。直径（厚度）大的冒口一般不能从一侧切断，此时可采用环切的方法，使铸件与冒口连接处的尺寸缩小到可以击断的程度。击断后再用类似电弧气刨的方法使切断面平整。

等离子切割的主要工艺参数有：工作电流、工作电压、切割速度、工作气体流量、喷嘴至工件距离。

切割电流应根据所切割的冒口直径和切割速度确定。等离子弧的功率越大，电流越大，可以切割的冒口直径也越大。直径相同的冒口，电流越大，切割速度越快，但是弧柱变粗，切割口相应变宽。例如120A切割电流切出的切口为3mm，采用500A电流，切口宽度将增加到9mm左右。

切割直径较大冒口时需要提高切割电压。较高的切割电压来自空载电压较高的电源（一般等离子切割电源的空载电压应高于150V），在切割过程中增加工作气体流量和改变气体成分也可以提高切割电压。

切割速度直接影响切割工作效率和切割表面的平整程度。适当的切割速度不但可使切口表面平整，而且影响切口宽度及热影响区范围。因此在电弧功率相同，能确保顺利切割情况下，尽量采用比较大的切割速度。

等离子切割时需要向切割炬提供足够多工作气体。因为工作气体流量是决定电弧压缩率的基本因素。流量较大、电弧得到充分压缩，等离子弧的能量集中，电弧电压提高，对提高切割能力和质量效果比较明显。但流量过大，也会因气流带走较多热量，反而导致电弧不稳定，切割效率下降。

喷嘴至工件距离，一般可采用6~8mm。距离较远虽能提高电弧电压和有效功率，但电弧在空气中暴露较多，有效热量减少，而且降低了工作气体吹移熔融金属的能力，将会使切割质量下降。但也不宜距离过小，以避免喷嘴与工件间短路，使喷嘴损坏。

9.5.3 去除冒口残根

冒口去除后会在铸件表面留下残根。较低的残根可直接用砂轮磨平，但残根较高时需要先用电弧气刨刨平残根，然后再用砂轮修磨。

修磨高铬铸铁件不宜采用高硬度砂轮。因为高铬铸铁基体组织中通常含有一些残留奥氏体。用高硬度砂轮修磨铸件时，磨削热会使被磨部位温度升高，促使马氏体相变发生。马氏体相变会导致材料质量体积急剧变化，产生相变应力，使被磨部分出现磨削裂纹。这种裂纹一般都比较浅，深度约在1mm以内。虽然不致影响铸件整体强度，但在此后的热处理过程中或铸件使用过程中，都有扩展延伸的可能。使用锆刚玉（α-Al_2O_3 与 ZrO_2 的复合物，呈灰褐色）砂轮磨削高铬铸铁时，产生热量少，一般不会产生磨削裂纹。

为了避免出现磨削裂纹，还应该注意以下两点：

磨削时不要施加过大的正向压力，砂轮进给量也应小于修磨铸钢件的进给量。

待修磨铸件中的残余奥氏体量尽可能地少。修磨淬火后或退火、亚临界处理后的铸件发生磨削裂纹的几率是很低的。即使使用硬质砂轮，也不致产生磨削裂纹。

9.5.4 铸件补焊

高铬铸铁件存在的一些铸造缺陷，例如缩孔、气孔、夹杂物等有些可以采用焊接的方法加以修补。需要说明的是，高铬铸铁件的可焊性差，即使补焊工作很完美，也难以完全弥补铸件补焊部位力学性能、抗磨性能的缺损。

高铬铸铁件的缺陷补焊应在清理和热处理（淬火+回火）工序完成以后进行，以防淬火时焊缝及其热影响区开裂。补焊前需将缺陷处清除干净，孔洞处需铲成V形坡口以便于施焊。焊前铸件需局部加热或整体加热，加热温度一般不要超过200℃。

常用1Cr18Ni9Ti不锈钢电焊条补焊。焊缝的室温硬度低于淬火后的高铬铸铁硬度，一般只有HRC35左右，但焊缝开裂的情况较少。欲使焊缝硬度提高到高铬铸铁水平，可以采用牌号D512（C 0.25%，Cr 10%~16%）之类的堆焊焊条，焊缝硬度可以达到HRC45以上。也可以采用含有铬、钼、钨、钒等合金元素的堆焊焊条进行补焊，焊缝硬度可以达到HRC55，但是这类焊条含碳量高，焊缝容易开裂。

补焊较大面积孔洞应该分段焊接。焊接底层时采用较大电流，以求熔合良好。上层及表面层以小电流施焊，预防表面发生裂纹。熔池温度过高会使焊接热影响区扩大，热影响区内残余奥氏体可能发生转变，产生较大相变应力。为了防止熔池过热，可采取分段焊接方法，各段之间保持一定间隔。逐段焊完以后需要停留一定降温时间，然后再将间隔部分补焊填充。

分层补焊时应采用即时消除应力措施。每焊完一层，焊缝温度不低于500℃时，用尖嘴锤连续锤击焊缝，可以降低焊接应力水平，是避免焊缝开裂的有效方法。

9.6 高铬耐磨铸铁件热处理

热处理是高铬铸铁不可或缺的工序。通过热处理可以调整占高铬铸铁件体积65%~85%的基体金属组织和性能，使耐磨性与强韧性合理匹配，达到改善铸件工作性能，提高零件工作效率，延长使用寿命的目的。对需要切削加工的铸件，可以实行软化处理，降低硬度，便于加工。

9.6.1 铸件加热

高铬铸铁是一种热导率比较低的铸造合金。如果加热时升温过快，铸件内部容易产生较高的热应力。特别是厚壁件或壁厚不均、形状复杂的铸件可能发生变形或开裂。为了减少热应力的产生，铸件加热时需要注意控制加热速度。

合理的加热速度取决于铸件模数、尺寸、重量、复杂程度、铸态基体组织，以及开箱后铸件中存在的残余应力水平。形状简单的铸件，如球磨机衬板，可以采用较高加热速度。相反地，断面相差悬殊、形状不规则铸件，如砂浆泵蜗壳则必须缓慢加热。高铬铸铁件一般应以阶梯方式加热，即加热与保温交替进行。尽量使铸件各部分温度趋于均匀。开始加热时，铸件由室温随炉升温到300℃后开始控制加热速度，以50~75℃/h速度将铸件加热到650℃，在这个温度保温一段时间（时间长短根据铸件厚度和复杂程度而定，能使铸件整体温度达到均匀后再保温10~20min即可）。因为此时铸件材料正处于弹性状态向塑性状态转变阶段，需要一些时间释放自身原有应力。保温结束后，由于铸件已处于塑性状态，便可开始充分利用加热炉功率，提高加热速率。加热速度可提高到100~150 ℃/h，也不致使铸件开裂。然后继续加热到奥氏体化温度。

9.6.2 铸件奥氏体化处理

高铬铸铁铸态基体组织通常不是单一组织，含有奥氏体、珠光体，厚大缓冷铸件中还存在一些二次碳化物以及少量其他非固溶相。为了达到硬化目的，淬火第一个步骤就是将铸件加热超过A_{c_3}，保温一定时间后，使铸态基体组织转变成为单一的奥氏体组织。这一过程称为奥氏体化。

铸态基体组织对奥氏体化过程有一定影响。因为不同相组分在奥氏体化温度下的转变和元素溶解情况是不相同的。例如层状珠光体的碳扩散距离短，易于分解，在奥氏体化过程中能较快达到固溶体的成分平衡。珠光体基体高铬铸铁能在较短加热时间内获得均匀的奥氏体组织，因此规定高铬铸铁件淬火前实行预珠光体化处理是有益的。

高铬铸铁件加热到A_{c_1}温度后，基体局部组织开始发生点阵改组，出现$\alpha \rightarrow \gamma$转变。随温度增高，$\gamma$转变量逐渐增加。理论上铸件温度达到$A_{c_3}$，转变应该停止。但是，实际测定结果表明，铸件加热到稍高于A_{c_3}温度进行奥氏体化，$\alpha \rightarrow \gamma$转变的速度比较缓慢，即使保温时间很长，也难以使基体全部成为单一奥氏体组织。此外生成的奥氏体组织化学成分很不均匀，并且含有许多未溶碳化物以及其他熔点较高的杂质。已发现细小的碳化物常常成片弥散分布。这些不纯物不但影响过冷奥氏体的转变，而且也会使转变产物组织均匀性显著下降，最终导致铸件力学性能降低。

加热温度超过A_{c_3} 20~30℃，$\alpha \rightarrow \gamma$转变才开始逐渐趋于停止。高铬铸铁通常采用的奥氏体化温度超过A_{c_3} 70~120℃以上。这样的温度既是为了奥氏体组织充分均匀化，也是进行脱稳处理的需要。

确定某一铸件的奥氏体化温度，需要知道该铸件的A_{c_3}温度。但是高铬铸铁含有多种合金元素，直接影响A_{c_3}温度，难以写出各元素质量分数对A_{c_1}和A_{c_3}温度综合影响的表达式。表9-11列出了F. Maratray等人对多种成分的高铬铸铁相变温度测定数据，可供生产者参考。

表 9-11 不同成分高铬铸铁再加热相变点

试样成分/%			A_{c1}/℃	A_{c3}/℃
Cr	Cr/C	Mo		
11.65	5.31	0.02	783	854
11.30	5.30	1.41	787	862
10.80	5.53	3.80	788	864
12.65	4.77	0.02	777	850
12.40	4.86	1.25	799	865
12.15	5.04	2.45	792	868
15.85	7.62	微量	814	882
15.60	7.60	0.81	797	888
15.40	7.85	2.20	820	894
14.95	5.59	微量	804	885
15.20	5.69	1.09	790	882
15.20	5.85	1.95	807	871
20.55	9.92	—	819	903
20.55	10.07	0.61	819	910
20.25	10.22	2.14	822	904
20.75	7.77	—	812	885
20.22	8.01	1.52	822	893
19.82	8.08	2.94	824	901
25.82	8.75	0.02	834	908
25.50	8.88	1.22	844	916
25.15	9.21	2.52	854	919

w(Cr) = 13%、*w*(Cr) = 17% 铸件的奥氏体化温度可选 940 ~ 960℃，*w*(Cr) = 20%、*w*(Cr) = 25% 铸件奥氏体化温度以 950 ~ 980℃为宜。

碳在奥氏体中的溶解度随奥氏体化温度提高而增加，适当提高奥氏体化温度会使淬火后马氏体的硬度上升。但是过度提高温度将产生相反效果。例如奥氏体化温度超过 1000℃以后，由于二次碳化物重新溶入奥氏体，使奥氏体含碳量增多、组织稳定性提高，淬火后铸件中残余奥氏体在基体中的体积分数可能超过 70%。因此，高铬铸铁件奥氏体化温度不应超过 980 ~ 1000℃。

铸件在炉内加热到预定的奥氏体化温度后开始计算奥氏体化保温时间。此时间过程包括：铸件整体达到奥氏体化温度所需时间、成分均匀化及二次碳化物析出所需时间。

奥氏体化所需时间中，成分均匀化所需时间比较长，铬、碳含量较高时需要的时间更长。其次是铸件结构所决定的铸件整体加热到奥氏体化温度所需时间。在炉内升温过程中，铸件的实际温度总是滞后于炉子的测定温度，而且铸件的模数越高，滞后越显著。铸件表面温度向内部传导，是滞后的重要原因。据测定，二次碳化物析出时间并不长，一般高铬铸铁件整体达到奥氏体化温度后，20min 即可结束析出过程。这可能与铸件加热过程中已有二次碳化物析出有关。

铸件具体的奥氏体化保温时间，可以这样计算：厚度 25mm 的铸件基本保温时间为 2h，厚度每增加 25mm 保温时间增加 1h。或根据铸件最大模数计算保温时间，1cm 模数铸件保温时间 2h，每增加 1cm 模数，增加 0.5h。即：

$$\text{保温时间} = 2\text{h} + 0.5\text{h}/1\text{cm 模数} \tag{9-1}$$

如果加热前铸件的基体组织为珠光体，保温时间可适当减少。

9.6.3 铸件冷却

9.6.3.1 淬火冷却

高铬铸铁理想的冷却方式是经过奥氏体化及脱稳处理后，铸件以避免珠光体转变的冷速降温到 550℃左右，然后低速冷却通过马氏体转变温度区。

含有钼、镍、铜等合金元素，淬透性良好的高铬铸铁件可在静止空气中冷却。静止空气冷却是高铬铸铁淬火的安全可靠冷却方式，对薄壁、结构复杂、淬透性好的铸件是非常合适的。淬透性稍差或断面较厚的铸件可以在流动空气中冷却。但流动空气不应直接作用在铸件局部表面，以避免铸件因冷却不匀而开裂。

淬透性较差、厚度均匀的高铬铸铁小件经过脱稳处理后可在冷却能力较弱的冷却介质中冷却，如水玻璃溶液、有机聚合物水溶液。

水玻璃溶液是把水玻璃（Na_2SiO_3）加水稀释，加入适量碳酸钠、氯化钠配制而成。红热铸件浸入水玻璃溶液后，表面产生由水玻璃泡形成的附着层，把铸件与冷却介质隔开。铸件热量散失较慢，可使溶液的冷却能力降低。提高水玻璃模数（水玻璃中的 SiO_2 含量增加），冷速减慢。在溶液中增加 NaOH 或 NaCl 含量可提高冷却能力，因此常用调整溶液中加入物含量的方法改变水玻璃溶液冷却能力。曾用于高铬铸铁磨球淬火的水玻璃溶液由 9% ~12% 水玻璃（模数 2.1，密度 1.63g/cm^3）、11% ~13% NaCl、11% ~13% Na_2CO_3（其余为水）组成。使用时可根据磨球尺寸大小改变组成物含量而调节溶液冷却能力。

有机聚合物水溶液是比水玻璃溶液冷却能力稍高的淬火介质。淬火时它在工件表面形成一层聚合物薄膜，阻碍工件热量散失，降低工件冷却速率。溶液中有机聚合物量增加，一般都会使工件冷却减缓。常用的有机聚合物淬火剂有聚乙烯醇水溶液、聚醚水溶液、聚丙烯酸盐水溶液等。

9.6.3.2 退火冷却

高铬铸铁件软化退火首先需将铸件缓慢均匀地加热至 920 ~950℃，根据铸件厚度保温 1 ~5h（奥氏体化）后，在炉内冷却到 800℃，并保温 1h（铸件温度均匀化），再以 30℃/h 控制冷速冷却到 700 ~720℃后，炉冷到 550℃，铸件出炉空冷。退火后铸件基体组织为片状珠光体 + 少量贝氏体，硬度不大于 HRC35，可以进行切削加工。

9.6.4 铸件回火

马氏体高铬铸铁件淬火后需要及时进行回火。

高铬铸铁件淬火后，内部积蓄的内应力高于一般淬火钢件，而且其中大量残余奥氏体在室温下还在继续发生马氏体相变，产生更多内应力。残余奥氏体体积分数超过50%时，还可能在室温无负荷情况下，因相变应力积累而破裂。另外，在高应力磨损情况下，过多残余奥氏体也是铸件在冲击磨损工况下产生表层剥落失效的主要原因。

回火可消减马氏体转变在铸件内产生的应力，改善韧性，使处于亚稳定状态的淬火马氏体组织加速稳定化。此外，回火还能减少残余奥氏体含量，调整铸件硬度，改善铸件综合力学性能。

铸件加热到较低温度（稍高于100℃）高碳富铬马氏体将发生分解反应。由于含碳量降低，马氏体晶格常数发生变化，正方度（c/a）减少并开始析出亚稳碳化物。碳化物中铬浓度很高，导致点阵改组，斜方点阵转变为密排六方点阵，基体中位错密度下降，淬火产生的内应力水平也随之降低。

加热温度超过250℃，随着加热温度提高或在该温度下延长保温时间，铬原子开始发生较长距离的迁移运动，使碳化物中有更多铬原子代替铁原子。马氏体中的碳几乎已经全部脱落，铬原子不断向碳化物富集，$(Fe, Cr)_7C_3$ 又转变为 $(Fe, Cr)_{23}C_6$。同时，马氏体片中的孪晶亚组织开始消失，α 相发生回复。经过合理回火温度和时间处理后，淬火马氏体转变为回火马氏体。

经过950℃淬火的马氏体高铬铸铁在500℃以下的温度回火时，硬度基本上不发生变化，超过这一温度回火，硬度将要下降，如图9-10所示。产生这种现象的原因是：伴随马氏体生成而残留下来的奥氏体在回火过程中，析出亚显微碳化物使其硬度提高，弥补了马氏体回火转变造成的硬度降低值。超过500℃后，残余奥氏体中析出的碳化物粗化，失去强化作用，使其硬度与马氏体本身的硬度同时下降，产生屈氏体、索氏体。

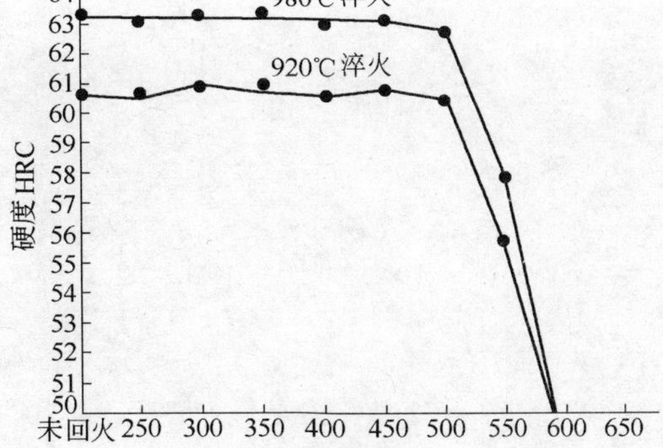

图9-10 回火温度对硬度的影响

消减淬火应力采用低温回火，回火温度200～220℃。回火后高铬铸铁韧性也得到提高。但是这个温度对于消减残余奥氏体来说是不够的，需要把回火温度提高。450～480℃

回火可以有效消减铸件残余内应力，降低残余奥氏体水平，而且基本保持淬火硬度不变，因此高铬耐磨铸铁常在这个温度范围内选择回火温度。

参 考 文 献

[1] Brokmeier K H. Induktives Schmelzen, Brown, Boveri & Cie, Mannheim, 1966.
[2] Fairhurst W, Rohrig K. Foundry Trade Journal[J]. May 30, 1974: 685 ~694.
[3] 大城圭作. 高合金白铸铁の组织制御と材料特性. 来华讲课提纲.

10 铬白口铸铁件生产实例

本章介绍几种铬白口铸铁件生产工艺以及相关的实践问题。所介绍的内容都已经过企业生产和实际应用的验证，可供生产者参考。

10.1 厚壁高铬铸铁件生产

随着我国经济建设规模的不断发展以及人们对生态环境要求日益提高，许多企业的生产设备逐渐实现大型化。在采矿、选矿、冶金、火力发电、水泥制造等诸多领域更新了大量原有中小型设备，代之的是高效率、高产出、低能耗、运行成本较低的大型设备。这些设备所安装的抗磨零件也相应增大了尺寸和厚度。例如，内径 ϕ6.1m 球磨机进料端衬板厚达 250mm。离心式泥浆泵蜗壳直径超过 2m，每块耐磨衬板重量约 1000kg。锤式破碎机冲击块长、宽、厚度尺寸已达 65cm × 30cm × 10cm，每块重 160kg。厚壁抗磨铸件已经成为这些企业的主要消耗品，厚壁抗磨铸件的生产技术和产品质量越来越受到企业的关注和重视。

10.1.1 厚壁高铬耐磨铸铁件化学成分

厚壁高铬耐磨铸铁的化学成分，首先需要考虑碳和铬的含量。铸件应为亚共晶组织，避免先共晶碳化物出现。过共晶组织不但使铸件韧性降低，而且铸件淬火时容易开裂。表 10-1 列出常用于厚壁高铬耐磨铸铁件的三组化学成分[1]。最常用的是代号为 20Cr-Mo-Cu 的化学成分。当铸件 $w(Cr)=20\%$、$w(C)=2.4\%\sim3.0\%$，再添加 1% ~2% Mo、1.0% ~1.2% Cu 可使厚度为 100 ~250mm 铸件获得极佳的耐磨性以及一般铸件所需的韧性。考虑到铸件承受机械负荷不同，又按含碳量将此种材料分为低碳和高碳两档。$w(C)<2.6\%$ 淬透性和韧性更好些，但是抗磨能力降低。

表 10-1 常用的厚壁高铬耐磨铸铁化学成分

材料代号	化学成分(质量分数)/%					
	C	Cr	Mo	Cu + Ni①	Si	Mn
20Cr-Mo-Cu（低碳）	2.0 ~2.6	18 ~23	≤1.5	1.0 ~1.2	0.6 ~1.2	0.5 ~1.5
20Cr-Mo-Cu（高碳）	2.6 ~3.2	18 ~23	1.0 ~2.0	1.0 ~1.2	0.6 ~1.2	0.5 ~1.5
15Cr-3Mo（低碳）	2.4 ~2.8	14 ~18	1.0 ~3.0	1.0 ~1.2	0.6 ~1.2	0.5 ~1.5
15Cr-3Mo（高碳）	2.8 ~3.6	14 ~18	2.5 ~3.5	1.0 ~1.2	0.6 ~1.2	0.5 ~1.5
28Cr-Mo	2.7 ~2.9	26 ~30	≤1.5	1.0 ~1.2	0.6 ~1.2	0.5 ~1.5

①铜和镍可同时加入，加入总量为 1.0% ~1.2%，也可单独加入，加入量也为 1.0% ~1.2%。

厚壁高铬耐磨铸铁含硅量也需仔细控制。过去有些生产单位认为，硅量过多影响材料的硬化性能，降低铸件抗磨能力，于是规定厚壁件目标含硅量为0.6%。但是近些年铸造工作者发现，适当提高含锰量的同时，硅量提高到1.0%~1.2%，证实对改善高铬铸铁淬透性有益，因此许多国家对标准中的含硅量作了修改。

厚壁高铬铸铁需要添加提高淬透性元素，似乎已成共识。需要讨论的问题是如何确定这些昂贵元素最合适的加入量。考虑到厚壁铸件结构上的多样性，以及铸件厚度、铬碳比、硅、锰含量等因素，目前还难以提出统一的规定。唯一衡量标准是加入这些元素后应能避免热处理过程中出现珠光体转变。加入量不足达不到提高淬透性的目的，过量加入镍、锰、铜会降低 M_s 温度，增加残余奥氏体量，消减残余奥氏体所需回火时间延长。

采用20Cr-Mo-Cu高铬铸铁时，建议根据铸件使用工况选择以下成分：

$w(C)=2.4\%\sim2.6\%$（承受带有冲击负荷的铸件）或

$w(C)=2.8\%\sim3.0\%$（发生较强烈磨料磨损的铸件），

$w(Cr)=18\%\sim22\%$，

$w(Si)=0.6\%\sim1.2\%$，

$w(Mn)=0.8\%\sim1.5\%$（Si量超过1.0%时，Mn加入量1.0%~1.5%），

$w(Mo)=1.5\%\sim2.0\%$（铸件厚度≤150mm），或

$w(Mo)=2.0\%\sim2.5\%$（铸件厚度≥150mm），

$w(Ni+Cu)=0.9\%\sim1.2\%$（也可单独加入一种元素，加入量也是0.9%~1.2%）。

还可以根据铸件壁厚选择避免珠光体转变的化学成分如下：

元素	100mm厚铸件	150mm厚铸件
C	3.0%	2.6%
Cr	18.0%	20.0%
Si	0.5%~1.2%	0.5%~1.2%
Mn	0.8%~1.3%	1.5%
Mo	2.0%	2.5%
Cu	1.0%	1.0%

代号15Cr-3Mo的一组高铬铸铁化学成分是西方一些国家使用时间较久、应用比较广泛的化学成分。它的含钼量高，淬透性极佳，可用于厚度达350mm的铸件。经过淬火，铸件硬度一般都能超过HRC60。为了保持韧性和淬透性，铸件含碳量也需要根据零件负荷情况而定，一般不宜超过3.2%。提高含碳量使碳化物体积分数增加，但淬透性变差，淬火后铸件硬度并不能显著提高。钼是比较昂贵元素，加入量应根据铸件厚度和基本化学元素含量决定。建议批量生产特定铸件前进行试验。

28Cr-Mo具有较高含铬量，也是一种常用于高铬耐磨铸铁件的化学成分。典型成分组合是：$w(Cr)=28\%$，$w(C)=2.8\%$，$w(Mo)=1.5\%$。

这种铸铁铬碳比为10。碳化物及基体的含铬量都比较高，材料淬透性好。28Cr-Mo铸件淬火后，硬度一般都超过HRC 62。

厚度小于100mm的28CrMo铸件选用上限含碳量时，铸态基体组织基本上是奥氏体，这种材料不但有良好耐磨性，而且抗腐蚀性能也很好，适用于固-液双相流中工作的铸件，

如杂质泵的叶轮。

10.1.2 造型、熔化和浇注

厚壁高铬铸铁件一般采用砂型铸造或消失模铸造。在造型方面与一般高铬铸铁件没有显著不同。下面两点应予注意：

(1) 厚壁高铬铸铁件线收缩率接近铸钢件，结构复杂（收缩有阻碍）处可采用18mm/m，简单铸件采用20mm/m。高铬铸铁件中线收缩率高于镍铬白口铸铁（镍硬铸铁），后者线收缩率一般为15mm/m。

(2) 铸件浇注系统和补缩系统设置很重要。厚壁高铬铸铁件一般应采用顺序凝固原则，内浇口布置、冷铁、冒口都应按照这个原则设计。非顺序凝固的铸件几乎难以避免缩孔和缩松。

厚壁高铬铸铁可以在电弧炉或感应炉中熔化。熔化过程无需氧化脱碳。为了保证熔池成分均匀，电弧炉最高过热温度需达到1550℃。感应炉最高熔化温度需达到1480℃左右。铁水出炉后需进行镇静，并使温度降低到1400℃以下，即可开始浇注一般厚壁铸件。过高的熔化温度使合金烧损量增加，铸件成分可能因烧损量变化而产生偏差。

熔化过程中应该保持硅和锰的合适含量。电弧炉中铁水含硅量至少应保持在0.4%以上，否则熔渣过于黏稠，给熔化带来困难。锰含量不要超过1.0%（铸态使用的铸件往往超过此值），以防止炉衬遭受过度侵蚀。不足的锰，可在铁水出炉后在包中加入锰铁。

厚壁高铬铸铁件的浇注温度十分重要。原则上应该低温浇注。低温浇注的好处在于防止缩孔、夹砂、粘砂，还能使铸件冷却加速，控制奥氏体枝晶过度发育，共晶碳化物细化。这些都对改善厚壁铸件外在和内在质量有益。反之，较高的浇铸温度会导致冒口根部以下以及铸件热节处产生缩孔，表面粘砂增加。

具体的浇注温度，不应超过液相线温度50℃。液相线温度根据铁水成分不同，在1230~1270℃之间。厚度超过100mm的铸件浇铸温度应为1345~1400℃。在这个温度范围的高铬铸铁水表面总会覆盖一层膜状物。缺乏经验的人往往质疑铁水温度是否过低，恐难以浇成合格铸件。也会质疑浇出的铸件是否会出现夹杂物。大量生产实践告诉我们，表面存在膜状物的铁水（1345~1400℃）有足够的流动性，能浇出合格的厚壁铸件，在较高浇注速度下，膜状物一般不会产生夹杂物缺陷。

开箱温度对厚壁高铬铸铁件生产是值得注意的事情。由于厚壁铸件在砂箱内冷却缓慢，已凝固的部分将会有过饱和碳从奥氏体析出，类似热处理时的脱稳过程，直到600~540℃左右析出过程才逐渐停止。碳量降低导致M_s温度上升。如果开箱过早，也没有采取保温措施，马氏体相变可能在开箱后的快速冷却环境中发生。相变应力和热应力叠加，铸件产生裂纹的机会大为增加。因此建议厚壁大型高铬铸铁件浇注后在砂型中停留时，最好用热电偶控制降温速度。

10.1.3 热处理

厚壁高铬铸铁件热处理原理与一般铸件相似。需要淬火的厚壁件除了含铬外，都必需添加提高淬透性元素。这些元素的作用已经在本书中作过介绍，以下只讨论操作过程中需要注意的几个问题。

要设法避免加热和冷却过程中铸件厚度不同部分因温度差异和相变时间差异可能产生的内应力使铸件损伤。

高铬铸铁热导率低，厚壁铸件表面与内部之间存在着较大的温差，陡峭的温度梯度会使铸件出现收缩应力。另外，马氏体转变的开始时间和转变进程在铸件不同部位将会是不同的，内应力情况变得复杂。这种复杂内应力与马氏体相变应力叠加，极易使铸件开裂。

为了避免这种情况出现，应该十分注意铸件的加热速度。加热速度应根据铸件重量、壁厚和壁厚均匀程度、结构、铸态组织（奥氏体或共析组织）以及可能存在的铸造应力大小而定，没有固定的规则。简单铸件（例如球磨机衬板）采用100℃/h速度加热（250℃装炉）；而结构复杂、壁厚不均匀铸件（如离心泵蜗壳），加热速度不要超过30℃/h。

为使铸件温度尽可能均匀，还需要采用间歇加热方式。即加热提高一定温度后，保温一定时间，以利于热量传递。直到铸件本身能够通过塑性变形而自行释放铸造应力的温度（暗红色，约为680～720℃）时，停止间歇加热，继续加热到最终温度。

奥氏体化温度下的保温时间视原始组织而定。如果铸态组织含有大量奥氏体，需保温较长时间，如果是珠光体基体，保温时间适当缩短。

厚壁高铬铸铁件奥氏体化后的冷却过程是整个热处理工序的关键环节。这个工序进行得正确与否直接影响铸件成品质量和工作性能，因此需要人们从热处理规范制定到热处理操作细节都要加以注意。

厚壁高铬铸铁件都是在静止或流动空气中冷却。如果铸件铬碳比合适，含有足够的提高淬透性元素（钼、铜、镍），并经过脱稳处理，铸件在空气中冷却可以达到所需硬度（例如不小于HRC60）。

厚壁高铬铸铁件淬火可能出现的主要质量问题是在冷却过程中铸件局部开裂或整体断裂。铬白口铸铁开裂是不可修复的缺陷。就铸件开裂的几率而言，冷却过程远大于加热过程。避免产生淬火裂纹的重要措施是在马氏体相变期间使铸件缓慢而均衡冷却。如果在此期间仍以奥氏体化后的冷却速度冷却，并不能改善厚壁铸件淬硬效果，反而增加铸件内应力，提高铸件开裂的危险性。

厚壁铸件合理的冷却过程应该是：铸件空冷到550℃左右时奥氏体不发生共析分解，组织中不出现珠光体；550℃以下的降温速度应显著减缓。减缓降温速度的有效方法是在接近 M_s 温度时把铸件转入550℃左右的均热炉，在均热炉中保温0.5～1h，使铸件各部分温度均匀后，在炉内缓慢降温到室温。

对于壁厚不均匀的铸件，可以采取局部强制改变冷速的措施。非常小心地用扇风机吹厚壁部分，但要避免吹及薄壁或过度降低厚壁温度。这样虽能使铸件温度比较均匀，但也存在一定风险。另外，要及时注意薄壁部分温度，应该在该处温度降低到550℃左右时铸件开始缓慢冷却。重要铸件还应采用热电偶在适当位置测量温度。

个别结构复杂、壁厚很悬殊的厚壁铸件，避免淬火裂纹有时是很困难的。根据生产经验，壁厚比（最大壁厚/最小壁厚）超过6～7的厚壁件产生淬火裂纹或潜在开裂的情况是很多的，在此情况下，建议生产者与铸件设计者协商，适当修改设计。

有些过于厚大的铸件，例如大型泵体，按照通常热处理方式处理成马氏体基体确有困难。此类铸件可以采用铸态奥氏体高铬铸铁或聚合物基体高铬铸铁。在高应力磨损条件下，这些基体组织的耐磨性低于马氏体组织。作为补救措施，可以适当提高铸件含碳量、降低铬碳比，增加合金碳化物量，以改善抗磨性能。

钼是有效抑制高碳奥氏体分解的合金元素，添加钼可以在铬碳比很低的情况下获得奥氏体基体，而且不会削弱奥氏体的工作硬化性能。BCIRA 以 1% Cr-3.22% C 铸铁作为对比物，采用硅砂磨料对铬碳比不同的铸态高铬铸抗磨能力进行了比较。从表 10-2 和表 10-3 可以看出，即使铬碳比很低时，加钼强化铸态高铬铸铁抗磨能力的效果也是非常显著的。

表 10-2 几种铸态高铬铸铁相对抗磨能力比较

铬碳比	高铬铸铁类型	相对抗磨能力
4.68	15Cr-3Mo	2.15
5.94	13Cr	1.75
11.05	27Cr	1.40

表 10-3 几种铸态高铬铸铁磨损率比较

铬碳比	合金类型	磨损率/$mg \cdot h^{-1}$
4.17	15Cr-3Mo	0.048
1.86	15Cr-3Mo	0.076
8.68	27Cr	0.112
9.36	27Cr	0.144

10.2 碾轮式磨煤机磨辊套

近些年，随着国内能源需求的增长，发电事业迅速发展，火电厂的设备不断更新。许多火电厂的燃料制备系统已经采用了高效低耗的碾轮式磨煤机制备煤粉。新建火电厂基本上不再使用球磨机。有些大型水泥厂，也安装了碾轮式磨煤机代替原用的球磨机，生产运行情况良好。

当前，所有破碎筛分设备中与被磨物料接触并发生相互作用部位都装有一些抗磨零件。碾轮式磨煤机也不例外，装有多种易磨损件，主要有：磨辊套、扇形底盘、进风口等。磨辊套装于磨辊外缘，与煤粒直接接触，碾碎煤粒。扇形底盘装于磨煤仓底板上，承受碾轮的巨大压力，磨损比较严重。煤与热气流混合后高速通过进风口把煤送入碾煤仓，双相气流不断冲刷进风口内壁，造成进风口快速磨损。这三个零件都失效于被磨物料对零件造成的磨料磨损。碾轮式磨煤机运行经验显示，维护这些易磨损件正常运行的费用在碾轮式磨煤机总维修费用中占有很大比重。

我国从国外进口的碾轮式磨煤机中，这些易损件材料有些采用镍硬 4，有些采用高铬铸铁制造。铸件宏观硬度一般达到 HRC58 ~62。经过多方面研究，目前国内已经掌握了这些零件的铸造、热处理和加工、装配技术，并且已在一些工厂批量生产。

下面简单介绍上述三种耐磨零件中磨辊套的生产。

碾轮式磨煤机有多种型号规格。各种规格磨煤机装有尺寸、重量各不相同的磨辊。尺寸最大的铸件重量达2500kg左右，最大外径ϕ2500mm。磨辊套最大壁厚180mm。铸件壁厚较为均匀。其中一种磨辊套铸件外形显示于图10-1。

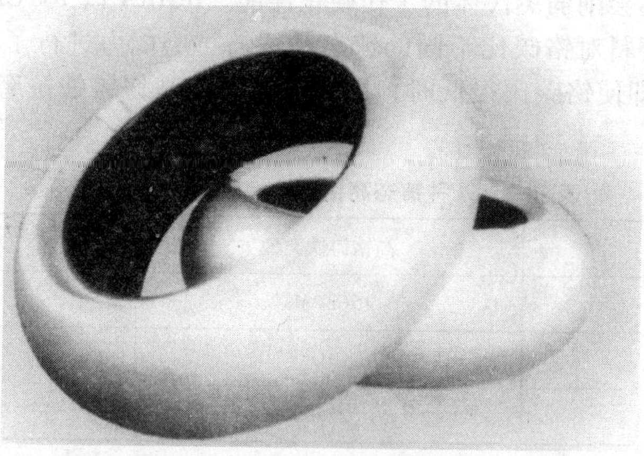

图10-1 辊式磨煤机磨辊耐磨套

碾轮是磨煤机最主要的工作部件，零件质量对磨煤机效能影响很大，而且磨辊套磨损后，更换备件比较困难，因此，必需对磨辊套铸件质量提出比较高的要求：

（1）零件外缘（圆弧面）表面硬度不低于HRC62（根据里氏硬度计检测值折算）。整个耐磨面上硬度差不超过2个洛氏硬度单位。

（2）耐磨面硬化深度不小于壁厚一半。外缘磨损70mm后表面硬度不低于HRC58。

（3）耐磨面上不允许存在深度超过10mm的表面缺陷或孔洞。缺陷处必须采用耐磨焊条补焊，焊补面硬度不低于HRC56，补焊后表面磨平。

10.2.1 磨辊套化学成分

根据多年生产各种碾轮式磨煤机高铬铸铁耐磨件的经验，确认以下化学成分适用于制造铸件厚度为150～180mm的磨辊套[5]：

$w(C)=2.9\%\sim3.1\%$，

$w(Si)=1.2\%\sim1.5\%$，

$w(Mn)=0.6\%\sim0.8\%$，

$w(Cr)=19\%\sim21\%$，

$w(Mo)=1.5\%\sim2.0\%$，

$w(Ni)=0.8\%\sim1.2\%$，

$w(P)<0.1\%$，

$w(S)<0.05\%$。

上述数字显示，这是一组近（亚）共晶高铬铸铁的化学成分。铸件的铬碳比为7，碳化物约为M_7C_3型，含量为32.8%（计算值）左右。基体含铬量约为11.2%（计算值），基体含碳量为1.4%（计算值）。由于基体碳、铬含量高，铸件必须进行脱稳处理。铬碳比虽然不算高，但因含有足够的钼和镍，淬火后能够获得预期的硬化性能。镍是作为提高高铬铸铁淬透性的元素而加入的，也产生改善铸件室温力学性能的作用。铜可以等量代替镍，但是它的效果比镍稍差。

10.2.2 磨辊套铸造

磨辊套在树脂砂型内造型、浇注，以便使铸件获得精确尺寸和外观质量。

铸件形状简单，厚度较大而均匀，应采用均匀分布的保温冒口进行补缩。根据冒口补缩距离计算，沿圆周放置3个ϕ240mm冒口，并在两冒口之间等距离放置冷铁即可满足补缩要求。该铸件内有6条厚80mm径向加强筋，在圆周上构成6个热节点。3个冒口占据3个热节，其余3个则由冷铁加强冷却。由于放置冒口的轮缘断面呈圆弧形，为了便于切除冒口，需采用缩颈冒口或易割冒口。冒口颈直径ϕ80～90mm。

需要注意冒口不要放置在热节点正上方，以避免冒口使热节范围增大，铸件可能产生二次缩孔。冒口中心点与热节中心点的合适距离为热节半径与冒口颈半径之和再乘以1.05～1.10。

辊套是厚壁铸件，应在较低温度下浇注。铁水在1420～1450℃出炉，1350～1380℃浇注辊套是比较合适的温度。过高浇注温度使铸件组织中共晶团变得粗大，不利于提高铸件抗磨性能。

铁水浇满冒口1/3高度时，需从冒口浇入热铁水，并在铁水表面覆盖保温剂或发热剂，提高冒口补缩效率。

浇注完成后，应在铸件接近完全凝固时及时松开箱卡，减少砂型对铸件收缩的阻碍。铸件必需在砂型内放置足够时间，待铸件冷却到300℃以下再开箱。

10.2.3 磨辊套热处理

铸件需经过三次热处理工序。下面以耐磨面为150mm厚的高铬铸铁辊套为例，简要介绍其热处理过程。

（1）退火。目的是软化高铬铸铁铸态组织，便于机械加工。铸件采用间歇加热方式，以不超过70℃/h速度加热到700℃，再以较快速度（>120℃/h）升温到920℃，在该温度保持8h后，开始随炉降温到820℃，保温1h后采用人工或自动控温方式以30℃/h冷速降温至700℃后随炉冷至500℃出炉空冷。

退火后铸件硬度不应超过HRC 31～33。

（2）淬火。铸件半精加工后进行淬火。采用与退火加热工艺相同的方式使铸件升温到980℃并保温8h后出炉。在空气中冷却到550℃，然后在铸件上覆盖保温材料，冷却到室温。

淬火后硬度应达到HRC 63～64左右。

（3）回火。淬火冷却到250℃左右时，把铸件重新入炉（节省处理时间）。加热至480℃保温8h后出炉空冷。

回火后铸件硬度不应低于淬火硬度1～2个洛氏硬度单位。

作者也曾采用KmTBCr9Ni5镍铬合金铸铁制造过数批ϕ2000mm磨辊套，磨辊套耐磨层厚度150mm，铸件成品化学成分符合我国抗磨铸铁国家标准（GB/T 8263—1999）。铸件经过750℃空气冷却并250℃×2h回火后，耐磨面硬度HRC 57~58.5，硬度低于高铬铸铁件。但是该零件使用近2年后，耐磨层金属被磨去60~65mm后，磨损面硬度竟达到HRC 59~60.5。此后进行跟踪检测，发现这种合金铸铁制造的磨辊套工作寿命并不低于高铬铸铁辊套。这种现象显然与镍铬白口铸铁中奥氏体发生形变硬化有关，也可能是一些国家乐于使用镍铬白口铸铁制造磨煤机辊套的原因之一。

10.3 球磨机磨球

磨球是球磨机中用以粉碎和磨细物料的易损件。它在水泥厂、火电厂、选矿厂等工厂中对矿石、煤粉、石灰石、石灰石烧结物（水泥熟料）等物料进行破碎和细磨。与此同时，磨球本身也发生磨损，国内每年为此消耗的钢铁材料数十万吨。而且球磨机产量、能耗、被磨物料成品质量也在很大程度上受到磨球质量的影响。因此提高磨球耐用性，包括改进材料质量和制造工艺，优化使用条件，是值得探讨的问题。

10.3.1 磨球的失效

磨球在球磨机工作时始终处于运动状态。筒体旋转产生的离心力将磨球带起至一定高度，重力又使磨球跌落。磨球之间、被磨物料与球体之间、磨球与衬板之间不断互相摩擦，球体受到反复撞击、挤压以及磨料凿削。

对磨球表面施力并有相对运动的磨料（被磨物料）在法向分力作用下嵌入表面，切向分力则推动磨料沿表面运动。低硬度磨料使磨球表面产生浅划痕，磨料硬度高时则造成切削沟。划痕和切削沟中被切除的金属形成磨屑而流失。大多数情况下，沟中金属发生塑变，堆积在两侧及前端。高应变率使已发生塑变的金属内部位错塞积，形成胞状结构，性质变硬变脆，再经反复碾压，产生应变疲劳裂纹，扩展至表面，导致磨屑脱落。磨料作用于磨球表面的法向力很大时，发生凿切作用，形成凿削坑。金属或被直接凿掉，或发生塑变，最终因应变疲劳而形成磨屑。

正常情况下，磨球应该失效于磨损。磨球表面均匀磨损使磨球直径逐渐变小，但基本上仍能保持圆形。直到直径减少到一定尺寸，逐渐由新球补充。这种情况下，磨球使用寿命相对较长，消耗量相对较少，是一种正常失效方式。

制造工艺或材料处理不当，磨球也可能发生早期失效，即失效发生于正常磨损失效之前，这是非正常失效方式。最常见的导致早期失效原因包括：球体表面宏观剥落、球体破裂和偏磨失圆。

（1）磨球表面宏观剥落。宏观剥落表现为球体表面金属在运行中成片或成块地从本体脱落，球面出现肉眼可见的凹坑，甚至使球体成为不规则形状。高铬铸铁磨球产生宏观剥落的原因除了磨球组织内含有过多呈连续分布的碳化物，脆性相发生断裂以外，更重要的原因是磨球组织内存在较多残余奥氏体。

奥氏体为面心立方点阵结构，层错能低，难以产生交滑移，磨球表面受力变形时不能通过交滑移机制使变形带扩展以迅速分散和吸收冲击能量，导致位错塞积，局部应力升高，促使亚表层萌生裂纹，裂纹常在脆性相、铸造缺陷（缩松、气孔、夹杂物）上形核，并在外力作用下不断扩展，由于裂纹产生于较深部位，并沿脆性相和缺陷向内部扩展，形成范围较大的纵深裂纹。裂纹会合并延及表面，就使磨球表面金属成块脱落，形成宏观剥落。剥落较严重的磨球中残余奥氏体一般都在30%以上。

（2）磨球破碎。磨球在运动中受力，其中残余奥氏体受力后发生马氏体相变，产生相变应力。这种相变应力足以导致磨球破碎。

磨球在正常寿命期内，它与筒体衬板、被磨物料以及磨球之间撞击挤压次数可达百万次以致几百万次，在交变压力和剪力作用下，引起赫兹接触应力，在亚表层产生很大的交变切应力，接触区边缘产生峰值拉应力都可能在亚表层的脆性相、夹杂物或孔洞处产生疲劳裂纹，导致磨球破裂。

发生破碎有多种原因。材料的韧性不足是主要方面。材料中的碳化物量过多，尺寸过于粗大、含有 M_3C 型碳化物，内部存在缺陷，如缩孔、缩松、气孔夹杂物等都可能使磨球在经受冲击时破碎。

磨球在球磨机运行过程中发生破碎失效会影响球磨机的正常运行。0.5%的破碎率就会影响设备的生产效率。

（3）偏磨失圆。有些磨球使用一段时间以后，一侧的磨损量超过其他部位，使球失去圆整外形。这种现象常发生在表面硬度不均匀或局部组织异于其他部位的磨球。合金白口铸铁磨球常因铸造原因使局部的碳化物尺寸、间距、硬度显著异于其他部位，或在侧冒口颈断面存在缩松，都可能导致偏磨失圆。也有些偏磨失圆源于球体宏观剥落。失圆的磨球影响被磨物料在相邻磨球表面间的碾磨细化作用，降低球磨机生产效率。

10.3.2 铬白口铸铁磨球

前已述及，铬白口铸铁是具有共晶碳化物和金属基体（奥氏体或其转变产物）的抗磨金属材料。碳化物硬度很高，能抵抗磨料侵入铸件表面，阻挡磨料对表面进行切削，被认为是材料的抗磨骨架相。碳化物的存在是合金白口铸铁抗磨料磨损能力优于钢材的基本因素。除此之外，围绕碳化物的基体金属对碳化物起支撑和保护作用，基体金属硬度越高，对碳化物的支撑能力越强，越有助于改善白口铸铁抗磨能力。

当前，国内外的水泥厂、选矿厂、火力发电厂以及各种需要使用球磨机粉磨物料的工厂大都使用铬白口铸铁制造的磨球。其中品种有：马氏体高铬铸铁、聚合物基体高铬铸铁、中铬硅白口铸铁、低铬铸铁。

10.3.3 马氏体高铬铸铁

当前，国内外早期建设的大中型水泥厂、钢铁及有色金属选矿厂、火力发电厂已经大量采用高铬铸铁磨球。其中马氏体高铬铸铁磨球占有很大比重。最主要原因是马氏体高铬铸铁磨球的磨耗率和破碎率都很低，工作寿命长，能使仓内配球比例稳定，减少了补充和更换磨球次数以及清仓时间，从而使球磨机的生产率提高。工业化国家的水泥厂多采用大型球磨机（筒径超过 $\phi 5m$），高铬铸铁磨球的球耗率一般不超过30g/t水泥。仓中几乎见不到破碎磨球。

马氏体高铬铸铁磨球价格较高，但是低球耗率和有助于稳定球磨机生产的优点，足以补偿价格高带来的问题。

制造优质马氏体高铬铸铁磨球需要掌握好以下三点：

（1）严格控制高铬铸铁组织中共晶碳化物体积分数。共晶碳化物体积分数不但影响磨球运行中是否容易提前失效（破碎或失圆），而且也影响热处理时磨球开裂倾向。

为了确定铸铁磨球中适宜的碳化物量，我们曾在 ϕ2.2～3.5m 几台球磨机上对不同含铬量和铬碳比的磨球进行了抗磨性试验，并用图像分析仪测定后再计算出相应碳化物的体积分数。结果表明，马氏体高铬铸铁中共晶碳化物体积分数为22%～23%、宏观硬度为HRC 56～60时，磨球的抗磨性和抗破碎能力均保持较好水平。粗磨工序球耗量平均为24.5～29.2g/t水泥生料，碎球率为0.09%～0.12%，比较令人满意。碳化物体积分数超过25%，球耗量稍有降低，但是碎球率上升。采用相同成分时，金属型铸造的马氏体高铬铸铁磨球在细磨仓中的成绩优于砂型铸造经过相同热处理的磨球，在粗磨仓中没有显著差异。

碳、铬含量是构成高铬铸铁共晶碳化物体积分数的主要因素。两者对碳化物体积分数的影响本书前面已经介绍过。

（2）确保材料有足够的硬化性。高铬铸铁的硬化性与铬含量和铬碳比密切相关。这两个因素确定高铬铸铁淬透性和淬火硬度、共晶碳化物类型及性质、马氏体含碳量及淬火微裂出现几率等。考虑到高铬铸铁磨球是大批量的消耗品，其生产成本不宜过高。马氏体高铬铸铁磨球的含铬量一般为12%～15%，铬碳比通常不宜低于6。

研究表明，100mm厚不含钼的高铬铸铁经过脱稳处理在空气中冷却获得马氏体基体的最低铬碳比为10。低于此值难以有足够硬化层。若磨球含铬12%～15%，则碳量应为1.2%～1.7%。碳化物量只有6.2%～15.1%。如此少的碳化物难以起到抗磨骨架的作用。而且此成分远离共晶点，铸造性能较差。为了改善这种情况，只能适当降低铬碳比，或者加入能提高淬透性的元素——钼和铜。而加钼将会提高生产成本，但效果可靠。

马氏体高铬铸铁磨球宏观硬度保持在HRC 55～57是适宜的，过高硬度常使磨球破碎率提高。除非被磨物料硬度特别高时，磨球硬度无需进一步提高。

（3）采用正确的热处理工艺。合理热处理将使磨球获得足够硬度和强韧性、残存内应力和残余奥氏体量都控制在比较低的水平。

为了避免淬火裂纹，铬白口铸铁可采用空气淬火或在水玻璃溶液中淬火。淬火后及时回火。

高铬铸铁磨球热处理过程中需要注意控制残余奥氏体量。残余奥氏体量对磨球耐用性有显著影响。我们测定过剥落较严重的磨球，其中残余奥氏体含量一般都在30%以上。考虑到残余奥氏体有助于改善材料韧性以及马氏体高铬铸铁的实际硬化性能，认为马氏体高铬铸铁中残余奥氏体体积分数应尽量控制在10%～20%范围内。

锰有稳定奥氏体、降低 M_s 点的作用。马氏体高铬铸铁中锰的含量不宜过高，一般以0.5%～0.8%为宜。加入过量合金元素也是导致高铬铸铁磨球中残余奥氏体显著增加的重要原因。在保证磨球工作性能前提下，尽可能降低合金元素加入量。

马氏体高铬铸铁磨球化学成分可参照下列成分选择：

w(C)=2.0%～2.2%，

w(Cr)=12%～15%%，

w(Si)=0.6%～1.0%，

$w(Mn)=0.6\%\sim0.8\%$，

$w(Mo)=0.5\%\sim1.0\%$（是否加钼根据磨球直径及硬度要求而定），

$w(P)<0.07\%$，

$w(S)<0.05\%$。

10.3.4 聚合物基体高铬铸铁

我们在对磨球使用情况进行调研时得知，江苏某大型水泥厂长期使用马氏体高铬铸铁磨球。据反映该厂马氏体高铬铸铁磨球的碎球率较高，而且碎球大都发生在使用了一段时间以后（工作寿命后期）。磨球含碳量一般为2.10%~2.30%，含铬量15%~17%。内部硬度分布均匀，未发现铸造缺陷和淬火微裂痕迹。我们判断磨球的失效可能与冲击疲劳损伤有关。在河北某大型水泥厂了解到，该厂所用磨球基本未发生过破碎。两厂磨球的磨耗率大体相同。

前面已经介绍过，铸态高铬铸铁中含有碳铬浓度处于过饱和水平的奥氏体，我们可以通过亚临界温度热处理使富碳富铬奥氏体析出高度弥散分布的Cr_7C_3或$Cr_{23}C_6$，其析出过程类似于上贝氏体中碳的析出过程。处理后基体成为兼具良好抗磨能力和强韧性的（$\alpha+Cr_7C_3$）聚合物组织基体。这种组织在电镜下呈现羽状，硬度HV 550~650。硬度虽低于马氏体，但其抗微观剥落性能、断裂韧性和冲击韧性均明显优于马氏体。在水泥生产工况条件下，其抗磨损能力很好，抗碎裂能力优于马氏体磨球。聚合物组织高铬铸铁的宏观硬度一般为HRC 52~55[2]，能显著提高磨球的耐用性。正确处理过的（$\alpha+Cr_7C_3$）聚合物基体组织高铬铸铁中残余奥氏体已不存在，具体成分为：

$w(C)=2.9\%\sim3.1\%$，

$w(Cr)=12\%\sim15\%$，

$w(Si)=0.4\%\sim0.6\%$，

$w(Mn)=0.9\%\sim1.2\%$，

$w(Cu)=0.9\%\sim1.1\%$，

$w(P)<0.10\%$。

聚合物基体高铬铸铁适用于粉磨较软物料，如水泥生料、煤粉等。采用正确制造工艺制造的聚合物基体高铬铸铁磨球，在各种尺寸的球磨机上使用，基本上不会发生剥落或破碎。

10.3.5 中铬硅白口铸铁

用于铸造磨球的中铬硅铸铁可采用以下化学成分[3]：

$w(C)=2.4\%\sim2.6\%$，

$w(Cr)=7.0\%\sim9.0\%$，

$w(Si)=1.9\%\sim2.2\%$，

$w(Mn)=0.8\%\sim1.2\%$，

$w(Mo)<1.0\%$，

$w(Cu)\leqslant1.0\%$，

$w(P)\leqslant1.0\%$。

按以上成分范围的中限成分计算，铬碳比约为3.2，低于一般高铬铸铁。铸造磨球时，可以根据磨球直径适当调整铬碳比。尺寸较大磨球，适当降低含碳量，提高铬碳比，这样可以改善磨球抗破碎能力，提高淬透性和耐磨性。中铬硅白口铸铁淬透性较差，为了提高材料淬透性，同时对基体金属起固溶强化作用，需加入钼、锰、铜。ϕ80mm 以下磨球，特别是用于磨煤的磨球，一般应少加或不加入这些元素。

中铬硅铸铁力学性能接近我国国标中的 KmTBCr8 抗磨白口铸铁，但生产成本低于 KmTBCr8。抗磨料磨损能力和抗冲击疲劳强度高于中铬铸铁和低铬铸铁，但难与高铬铸铁相比。用于铸造粉磨较软物料（例如煤、石灰石等）的磨球比较合适。

10.3.6 低铬白口铸铁

适于作为磨球材料的低铬白口铸铁成分范围如下：

$w(C)=2.4\%\sim3.0\%$，

$w(Cr)=2.0\%\sim4.0\%$，

$w(Si)<0.8\%$，

$w(Mn)=0.8\%\sim1.2\%$，

$w(P)=0.15\%$。

低铬白口铸铁磨球与马氏体高铬铸铁、聚合组织铸铁磨球相比，抗磨料磨损能力和冲击疲劳强度都还有不小差距。马氏体高铬铸铁磨球吨水泥消耗量在 30～60g 之间，低铬铸铁磨球则在 150～200g 之间。虽然后者的价格较低，但是性能价格比仍是高铬铸铁占优。

低铬铸铁磨球可以在金属型或金属复砂型中浇注。加快铸铁的凝固速度促使低铬铸铁中碳化物变细，并需采用稀土硅铁、钡硅铁、锶硅铁等变质剂进行炉前变质处理。改变一些互相交联的网状碳化物分布形态，有助于改善磨球抗冲击能力。但是根据我们在生产现场所做的试验，碳化物细化并不能有效改善粉磨较粗物料时的抗磨能力，金属型铸造的磨球磨损率比砂型铸造的磨球还高。

低铬铸铁磨球必需适当降低含碳量，以保持较低的碳化物体积分数。实验室和现场测试数据都表明，低铬铸铁中共晶碳化物的体积分数上限为 21%～24%。超过此限度，磨球破碎率会显著升高。

低铬铸铁中加入钼、镍、铜等合金元素可以使磨球在空冷条件下获得足够的硬化性能，提高磨球的抗磨能力。但是钼、镍、铜等都是贵重的合金元素，加入这些元素将显著提高磨球成本，因此需要在经济性（性价比）方面作全面衡量。

10.3.7 磨球铸造工艺

磨球在铸造厂中通常是大批量生产的产品，一般采用湿型浇注或金属型浇注。磨球铸型通常是水平分型，成组浇注，每组浇铸 5～6 件。有条件的工厂可实行叠箱浇注。

图 10-2 为一组 ϕ100mm 磨球在模板上的布置方案。表 10-4 列出 ϕ30～100mm 磨球单组布置尺寸。按上述方案浇注工艺出品率为 65%～68%。

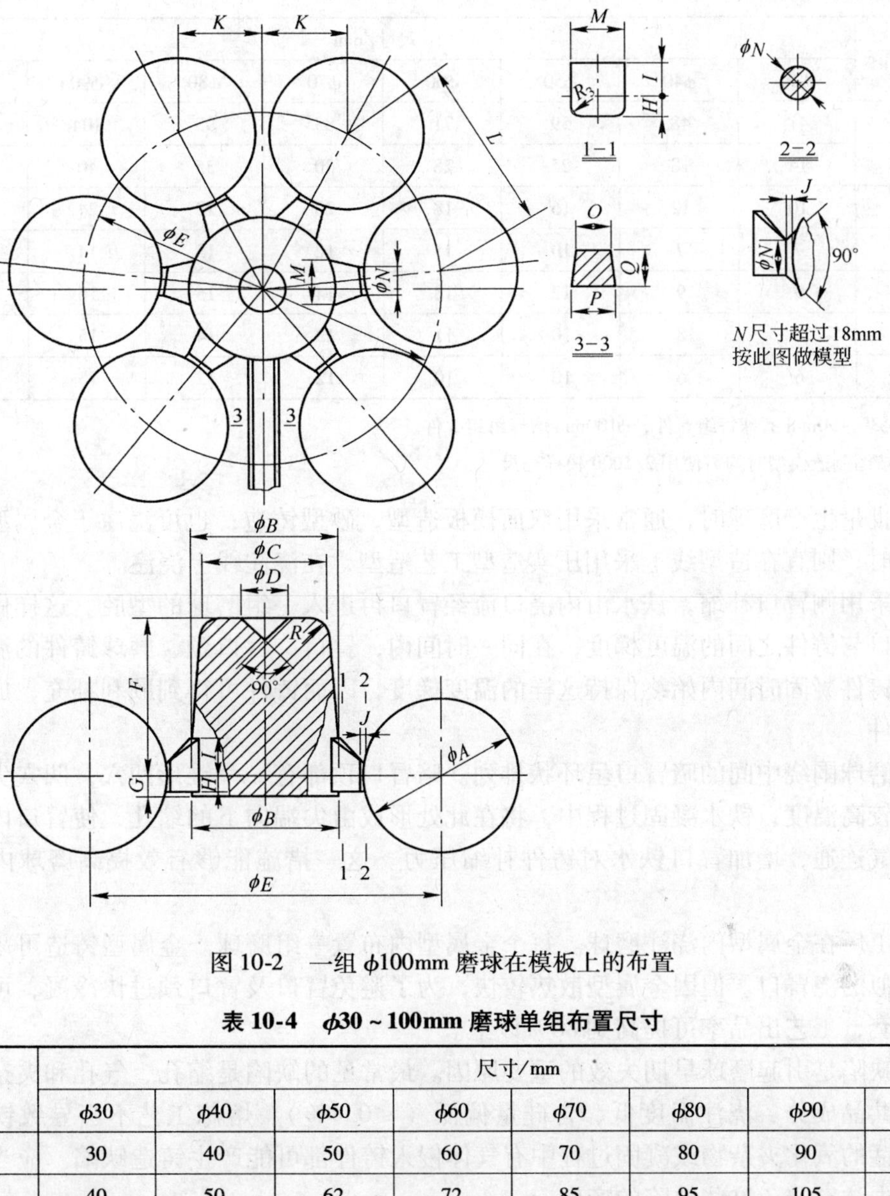

图 10-2 一组 ϕ100mm 磨球在模板上的布置

表 10-4 ϕ30～100mm 磨球单组布置尺寸

符 号	尺寸/mm							
	ϕ30	ϕ40	ϕ50	ϕ60	ϕ70	ϕ80	ϕ90	ϕ100
A	30	40	50	60	70	80	90	100
B	40	50	62	72	85	95	105	115
C	36	40	58	67	80	87	92	107
D	12	20	22	25	30	35	40	45
E	85	105	127	148	172	192	215	239
F	40	60	75	80	95	110	125	145
G	7	7	10	11	12	14	14	17
H	5	6	8	9	10	11	12	14
I	10	12.5	20	20	25	25	30	35
J	1.5	2	2	2.5	2.5	2.5	3	3
K	20.5	24	29.5	35.5	41.5	46.5	52	

续表 10-4

符 号	尺寸/mm							
	ϕ30	ϕ40	ϕ50	ϕ60	ϕ70	ϕ80	ϕ90	ϕ100
L	41	48	59	71	83	93	104	126
M	14	18	25	28	30	35	40	45
N	10	12	16	18	20	22	24	28
O	7	7	10	11	12	13	14	15
P	9	9	12	13	14	15	16	17
Q	8	8	10	11	13	14	15	16
R	6	6	10	10	12	12	15	20

注：1. ϕ30 ~ 90mm 磨球每组 6 件，ϕ100mm 磨球每组 5 件。

2. 按图制造模型时均需使用 2/1000 模样缩尺。

中小批量生产磨球时，通常采用双面模板造型，砂型铸造；也可浇注于金属型中。大批量生产时，则宜在造型线上采用压实造型工艺造型，在浇注线上浇注。

铸件采用侧冒口补缩，铁水由内浇口流经冒口再进入一组磨球的型腔。这样做的目的是形成冒口与铸件之间的温度梯度，在同一时间内，冒口、冒口颈、磨球铸件的温度依次下降，在铸件凝固时间内始终保持这样的温度梯度，因而铸件可得到顺利补充，成为健全的磨球铸件。

铸造磨球围绕中间的暗冒口呈环状排列。暗冒口顶部有一个锥形凹穴，凹穴尖端型砂被加热至较高温度，铁水凝固过程中，将在此处形成由尖端向下的缩孔，使冒口内未凝固铁水与大气连通，增加冒口铁水对铸件补缩压力。这一措施能够有效提高磨球内部的致密度。

一些工厂在金属型内浇注磨球。每个金属型内布置一组磨球。金属型铸造可采用与砂型铸造类似的浇冒口。但因金属型散热较快，为了避免冒口及冒口颈过快冷凝，可以加装冒口保温套，工艺出品率可提高到 80% 以上。

铸造缺陷是引起磨球早期失效的重要原因。最常见的缺陷是缩孔、气孔和夹杂物。当铁水为远共晶成分、浇注温度低、含硅量偏低（≤0.4%）、熔炼工艺不当导致铁水含有铬、硅、锰的氧化夹杂物或凝固过程中有气体侵入铸件都可能产生铸造缺陷。应当在各个生产环节中注意避免这些缺陷的产生。

10.3.8 磨球热处理

经过清理的磨球毛坯都要进行热处理，使磨球达到所需的工作性能。

高铬铸铁的热处理基本工艺已在第 9 章中作了介绍。马氏体高铬铸铁磨球的热处理主要是淬火、回火。处理过程需要注意以下几点：

（1）加热过程需要避免磨球产生过大热应力。严格加热速度，650 ~ 700℃ 以前加热速度不超过 100℃/h。

（2）奥氏体化和脱稳温度保持在 950 ~ 980℃。保温时间以每 25mm 直径保温 1h 计算（直径增加则时间相应增长），再加上 0.5h。

（3）磨球可以在空气中冷却，也可以在液体冷却介质中冷却。铬碳比高或含有钼等元素的磨球可以空气冷却。在冷却液中淬硬磨球要注意防止马氏体相变应力和热应力叠加导致磨球出现宏观或微观破裂。为避免这种应力造成破坏，应选择在 M_s 点温度附近及更低温度下能使淬入磨球得到比较缓慢冷却的冷却剂。第 9 章所介绍的水玻璃溶液是这类冷却剂中的一种。

高铬铸铁磨球获取聚合组织基体的热处理工艺相对简单，全部过程只是亚临界回火处理，主要要求是磨球铸态基体组织为过冷奥氏体。成分合适的磨球加热到 1000℃保温后空冷可以获得奥氏体基体，但是工序成本很高。一些工厂的做法是：浇注后的磨球在高温（≥950℃）开箱，立即在空气中快速冷却（风冷或雾冷）。当铸件成分合适时，ϕ100mm 以下磨球能获得含 70% ~80% 奥氏体基体。金属模浇注的铸态磨球高温开箱可获得 90% 以上奥氏体。

需要注意磨球的加热速度。通常加热速度为 75 ~ 100℃/h。亚临界回火处理时，铸件加热到 500℃开始保温。保温时间为铸件透热时间和相变时间之和。铸件透热时间按磨球直径大小而定，每 25mm 直径需 1h。相转变时间只需 25 ~ 30min。含锰较高的铸件时间可适当加长。

化学成分相同的磨球经过亚临界回火处理后的硬度与组织中过冷奥氏体量几乎呈正比。过冷奥氏体量在 90% 以上时，处理后硬度 HRC 52 ~ 56。通过硬度测定可以推测热处理过程是否完美。

中铬硅白口铸铁使用前必需经过淬火、回火处理。为避免磨球碎裂，一般采用等温淬火。奥氏体化温度 950 ~ 980℃。保温时间按磨球直径而定，直径每 25mm 保温 1h。再加相变时间 20min。保温结束后，磨球转入 260 ~ 320℃盐浴池保温 3 ~ 5h，然后出炉空冷。

淬火后最好随即进行回火，以消除淬火产生的内应力。回火温度 260 ~ 280℃，保温 3 ~ 4h 后，出炉空冷。

10.3.9 磨球工作性能试验

磨球的工作寿命主要取决于它的抗磨料磨损能力和抵抗冲击疲劳能力。磨球的耐磨性能可由各种磨损试验得到有关数据。可供选择磨球材料参考。而冲击疲劳强度的实验室测定数据与实际情况总是有很大的差别，难以作为判断磨球性能优劣的根据。为了把这两项具有矛盾的材料性质作出相对准确的判断，通常可以采用模拟工况的试验方法测定磨球相对疲劳寿命，此种常被称为磨球跌落试验设备由图10-3示意地表明。

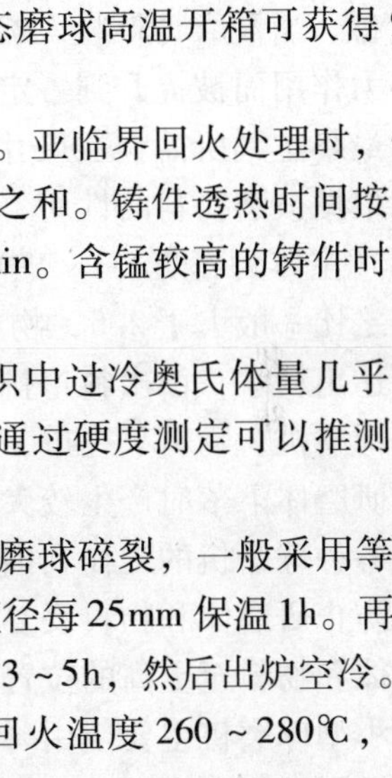

图 10-3 测定磨球相对疲劳寿命的跌落试验装置示意图

磨球由斗式提升机提升至 6 ~ 7m 高度（提升高度与球磨机直径有关），然后以自由落体方式坠落到钢制铁砧上。铁砧经过热处理，具有一定强度和硬度。铁砧表面与地平面呈 30°倾斜角。磨球与铁砧撞击后将会弹起并撞击在固定的钢砧板上，这反映了磨球在实际运行中的运动状况。磨球继续滑落至溜槽内，最后喂入提升斗子进行下一个试验循环。

磨球材料的抗冲击疲劳能力以磨球出现疲劳剥落前的跌落次数来衡量。以此数据结合磨球测试前的表面硬度来综合评价磨球的耐用程度，这是一个综合评价数据。例如，硬度为 HRC59.5 的 ϕ100mm 高铬铸铁磨球进行过 6m 高度跌落试验，曾获得 15250 次的试验记录。该批磨球装于 ϕ6m 球磨机粗磨仓内应用。一年后开仓检查，极少发现疲劳剥落的磨球。

10.4 球磨机衬板

球磨机用于破碎和磨细矿石、煤炭等物料，是选矿、建材、电力、化工诸多行业的常用设备。当被磨物料装入旋转着的球磨机筒体内时，筒体内的磨球或磨棒（研磨体）均借离心力作用而被提升到一定高度后坠落，使物料在研磨体撞击、反复挤压作用下破碎、细化，最终达到所需颗粒尺寸。

根据被磨物料的性质、磨后粒度和生产率要求，球磨机有不同样式。水泥厂磨制水泥生料（主体为石灰石）、熟料（生料烧结物）采用筒式球磨机，其筒体长度与工作仓有效直径之比一般大于 2.5，物料由筒体一侧的进料口进入筒体，经过粗磨仓、隔仓板、细磨仓到达出料端，由出料口排出。磨制金属矿石多采用鼓式球磨机，球磨机的长径比远小于筒式球磨机，物料只在单一工作仓内磨制，破碎与细磨同时进行，由于工作仓有效直径较大，研磨体下落时产生较大冲击力和破碎能力，多用于金属选矿厂。

各种球磨机的工作仓内部都装有衬板。衬板覆盖着工作仓内壁，保护钢板制成的筒体，防止研磨体和物料反复撞击和损伤筒体内壁造成筒体磨损和变形。衬板还有助于提升研磨体和物料至更高的位置，增加研磨体对物料层的撞击力和撞击范围。

小型球磨机主要使用阶梯型和波浪型两种类型筒体衬板（图 10-4a、b）。阶梯形衬板断面沿圆周逐渐增厚，在筒体内壁安装后形成台阶状。此种台阶有助于研磨体和物料在筒体旋转时被带起到更高位置。图 10-4b 所示为波浪型衬板，利用衬板表面的驼峰状凸起，也能产生增加研磨体和物料提升高度的效果。筒体衬板通常是用螺栓固定在筒体上，也可以不用螺栓而使每圈衬板之间互相挤紧，形成牢固的环状。

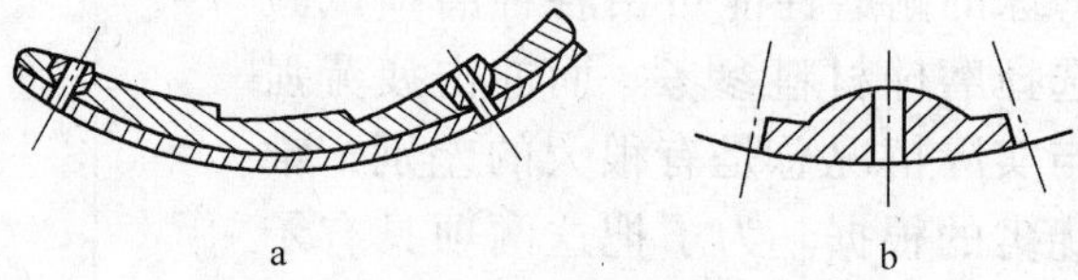

图 10-4 筒体衬板
a—阶梯型；b—波浪型

大型球磨机的阶梯型衬板厚度超过 250mm，长度可达 1.8m，这种衬板具有较强的抗冲击能力。

为了使衬板获得较长的使用寿命，避免工作中突然失效而影响生产，筒体衬板不但应该具有优良的抗磨料磨损能力，还应有优良的韧性和抗冲击疲劳强度。铸件的铸造质量优良，内部无气孔、缩孔、裂纹、冷隔等铸造缺陷。用于湿法磨矿的球磨机衬板还需要有较好的抗腐蚀磨损能力。

球磨机曾经使用过多种耐磨材料制成的衬板，20 世纪 60 年代以前，国内外普遍应用高锰钢衬板。高锰钢虽有一定抗磨能力，但随着球磨机处理矿石的能力逐渐增大，人们逐渐感到它的抗磨能力、抗变形和抗断裂能力越来越显得不能满足生产要求。在一段较长时间内，人们曾采用过经过热处理的铬钼钢、镍铬钼钢、铬钼铜钢。这些钢的抗冲击能力比较高，但是抗磨料磨损能力并不理想。直到 20 世纪 60 年代以后，人们注意到抗磨能力和抗冲击疲劳能力优良，能够抵抗物料反复冲击的高铬铸铁。实践证明经过适当热处理、抗磨性能和冲击韧性匹配良好的高铬铸铁是最优良的衬板材料。

作者对国内几座大中型水泥厂衬板失效的情况进行调查，发现高锰钢衬板失效于磨损（磨损使衬板变薄，失去提升研磨体及物料作用，且有断裂的可能）的占 80% ~90%，失效于变形、断裂的占 20% ~30%。高铬铸铁衬板失效于磨损的占 70% ~80%，其余的则是因存在铸造缺陷、材料韧性不足、抗冲击疲劳强度差而失效。抗磨料磨损和提高抗冲击疲劳强度的矛盾，在衬板上显得比较突出。

从生产现场统计资料来看，装在水泥球磨机粗磨仓中的高铬铸铁衬板寿命约为高锰钢衬板寿命的 2 ~3 倍，由于更换衬板所需配件及人工费用很大，因此，虽然高铬铸铁衬板价格较高，它仍然是工厂非常欢迎的产品。国内大多数大中型水泥厂都已经采用高铬铸铁衬板。

科研工作者对粉磨各种物料（水泥生熟料、金属矿石、煤炭）的不同尺寸球磨机衬板残体进行了微观探查以寻求衬板在各种工况下的损伤过程。所观察的高铬铸铁衬板在水泥熟料（HM 450 ~550）粗磨仓卸下，其显微组织由（Cr，Fe）$_7$C$_3$ 共晶碳化物、回火马氏体 + 残余奥氏体组成的基体以及分布于基体中的二次碳化物组成。基体硬度 HV 650 ~664，铸件宏观硬度 HRC60.5。

在高铬铸铁衬板残体磨损面的扫描电镜照片（SEM）上可以看到，基体金属上存在物料在衬板表面擦划形成的较浅沟槽，槽侧也有类似犁削唇样的由金属受挤压而产生的变形。沟槽多呈直线延伸，遇到共晶碳化物便中止，少数部位也可看到磨料划过共晶碳化物时留下的划痕。沟槽数量显著少于高锰钢。说明基体硬度较高，磨料硬度不足以在划过基体时留下较深的沟槽。另外也显示坚硬的共晶碳化物阻挡磨料通过的作用。从表面上还可以看到一些凹坑，凹坑可能是研磨体反复冲击时共晶碳化物碎裂或二次碳化物脱离母体所形成。在磨损面上还能看到一些与凹坑相连接的细小裂纹和这些细小裂纹交联而产生的贯通凹坑的较大裂纹。似乎还难以判断裂纹和凹坑的产生顺序。

据判断，高铬铸铁的磨损源于外界高能量的反复冲击产生的冲击疲劳裂纹。在疲劳裂纹周围首先出现金属剥落和流失，这似乎是介于韧性损伤和脆性损伤之间的金属损伤。

衬板的化学成分应该根据衬板结构特点和技术要求而定。壁厚 150 ~300mm 的大型水泥球磨机衬板建议采用下列成分：

w(C) =2.7% ~2.9%，w(Si) =0.5% ~0.8%，w(Mn) =0.8% ~1.0%，w(Cr) =27.0% ~29.0%，w(Cu) =0.9% ~1.2%，w(Mo) =2.0% ~3.0%（根据厚度选定，150 ~200mm 厚铸件取偏下限），w(P)≤0.10%，w(S)≤0.05%。

成分中铬碳比为 10∶1。可获得高硬度 M$_7$C$_3$ 型碳化物并有助于提高基体金属的淬透性。厚 200mm 衬板淬硬深度可达 100mm 以上，宏观硬度 HRC 61 ~62。装在 ϕ5000mm 有效直径的水泥球磨机内运行 10 年以上一般无需更换衬板。

上述球磨机的细磨仓衬板希望与粗磨仓衬板相近似，以便大修时间同步更换。两仓衬板厚度没有很大差别。可选用以下化学成分：

w(C) = 3.0% ~ 3.2%，w(Si) = 0.5% ~ 0.8%，w(Mn) = 0.8% ~ 1.0%，w(Cr) = 16.0% ~ 18.0%，w(Mo) = 1.8% ~ 2.2%，w(Cu) = 0.9% ~ 1.2%。

经过适宜热处理，以上成分筒体衬板的宏观硬度 HRC60 ~ 62。

中、小型水泥球磨机衬板厚度一般不超过 100mm（波浪型衬板），阶梯衬板厚度约 60 ~ 80mm，它们所受的冲击相对较小。衬板可选择如下化学成分：

w(C) = 2.8% ~ 2.9%，w(Si) = 1.5% ~ 1.8%，w(Mn) = 0.6% ~ 0.8%，w(Cr) = 16% ~ 18%，w(Mo) = 0.7% ~ 1.0%（衬板厚度 60 ~ 80mm），或 w(Mo) = 1.0% ~ 1.5%（衬板厚度超过 100mm），w(Cu) ≤ 0.9% ~ 1.2%，w(P) ≤ 0.10%，w(S) ≤ 0.05%。

铸件质量方面，主要有以下一些要求：

（1）铸件内部没有破坏金属组织连续性的缺陷，如缩孔、缩松、气孔、夹杂物以及冷隔、裂纹等。衬板未到寿命期所发生的突然断裂、破碎失效，经检查绝大部分是由内部铸造缺陷造成的。

（2）衬板背面的弧面曲率半径应与筒体外壳内壁的曲率半径吻合，衬板装于外壳后不应存在 2 ~ 3mm 以上的局部空隙，以免衬板受到研磨体反复冲击时，在空隙处断裂。安装衬板时，在衬板与筒外壳之间加装了防振垫层，可避免出现局部空隙。

（3）衬板铸件要保持较好的尺寸精度，特别是无螺栓连接的衬板更应如此。衬板厚度尺寸也应受到限制。小批量手工造型的产品，相邻衬板全长上的厚度差不应超过 2mm，过大的差别会造成衬板的局部损伤。

可以采用一般铸钢用水玻璃砂造型。但是树脂砂型可以使铸件表面粗糙度和尺寸精度更符合要求。铸件浇注系统和补缩系统的设计可按本书前述的原则进行设计。特别是铸件的补缩应该引起注意，导致衬板突然断裂失效的主要内部缺陷是缩孔和缩松。据有关工厂统计，收缩缺陷造成的衬板破断失效数约占内部缺陷造成失效总数的三分之二。

图 10-5 为阶梯形衬板浇冒口布置简图。

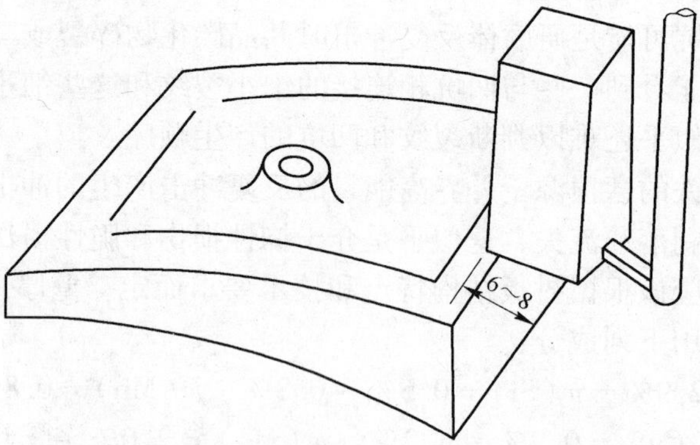

图 10-5 小型阶梯形衬板浇冒口布置简图

阶梯形衬板采用压边冒口，压边宽度 6 ~ 8mm，冒口尺寸根据铸件厚度及重量而定。厚度超过 80mm 的铸件，应适当放置隔砂外冷铁，以增加压边冒口的有效补缩范围。内浇口必须通过冒口进入衬板型腔，以延长该处铁水凝固时间，提高补缩效率，避免铸件产生收缩缺陷。波浪形衬板宜采用水平造型，直立浇注。铸件顶面放置缩颈冒口。冒口颈直径一般不超过70mm，便于人工击断。冒口直径一般为衬板最大厚度的150%。铸件内浇口位于与冒口根部相同的高度上，便于形成有利于冒口补缩的温度梯度。

铸件应该经过仔细清理。用电弧气刨法去除浇冒口残根，修磨铸件表面。少量深度在2～3mm的表面孔洞允许存在。但是铸件上较深孔洞、裂纹、明显冷隔是不允许补焊的。

衬板是厚度比较均匀、形状相对简单的铸件。进行淬火处理时，可在250～270℃装炉。加热速度75～100℃/h，有些小型球磨机衬板壁厚不很均匀，加热速度应适当降低。加热到750℃以上后，可采用全功率加热。奥氏体化温度为970～1000℃。在高温下铸件容易变形，需要在装炉时注意垫实，铸件要整齐叠放，每叠不超过3件。高温下保持3～6h。处理前铸态组织为珠光体时，保温时间可以减短。

厚壁衬板和壁厚不均匀的铸件应该特别注意冷却速率。厚壁件在冷却时，表面和心部的冷速差别较大，形成较高的温度梯度；壁厚不均匀的铸件较薄部分必然较快冷却，也会在铸件内形成温度梯度。在铸件的弹性温度范围内，这种温度梯度可能会使铸件因为热应力而破裂。在M_s以下的温度马氏体转变不断进行，相变应力和热应力叠加，裂纹更容易出现。为了预防这两种类型衬板在热处理过程中开裂或变形，可利用红外测温仪监控厚壁件表面或铸件最薄部位的温度，当温度达到600～550℃，而冷却仍然很迅速时，可及时把衬板装入温度为550℃的保温炉中缓慢冷却至150℃出炉。

高铬铸铁衬板回火温度为460～480℃，回火时间3～4h，保温后及时出炉空冷。厚壁铸件可以进行风冷。小型球磨机细磨仓衬板可以在150～180℃回火，铸件硬度较高。

10.5 往复式泥浆泵缸套

往复式泥浆泵是地质勘探与石油钻井工程中与钻井机械配套使用的重要设备。此类设备的钻头在地下岩土层中向下钻进时，为了排出钻屑，保护井壁，需要向井内不断注入泥浆。泥浆含有钻孔产生的岩土碎屑以及膨润土、泥浆助剂、泥砂等物质。通常含砂量可达5%～10%，pH值为10～12，是一种黏稠、具有腐蚀性的液体。泥浆通过钻杆、钻头、井壁、泵站在钻井系统中不断循环流动。泥浆泵承受很高的脉动工作压力，快速流动的泥浆会使泵内零件产生磨损与腐蚀。其中，受损伤最严重的是泥浆泵缸套内壁，使缸套因发生腐蚀磨损而成为钻井设备中更换最为频繁的易损零件。

为了提高缸套寿命，多年来人们进行了许多研究试验。试用过多种材料和热处理工艺制造缸套。例如采用中碳钢，实行中频感应淬火，低碳合金钢实行渗碳淬火处理；低碳合金钢经过碳、氮、硼三元共渗后中频感应淬火及回火。缸套内表面硬度虽然能达到HRC 58～62，也有一定的硬化深度，但是缸套使用寿命仍不能满足现场使用要求。

曾对硬度为HRC58的中频感应淬火50钢缸套寿命进行了调查。该钢套工作压力10MPa、泥浆pH值7～9、含砂1%，使用200h失效[1]。残体磨损面上遍布与活塞运动方向平行的磨痕，还显示许多轴向拉长的凹坑、腐蚀斑点以及大部分与磨痕垂直呈弧形存在的小裂纹。据分析，泥浆泵工作时，装有橡胶圈的活塞始终做往复运动，泥浆中的砂粒大量嵌在活塞表面或在活塞与缸套内壁之间不停运动，砂粒对缸套内壁产生切削作用。泥浆本身虽然是碱性的，但当钻探时产生的含硫物质进入泥浆，产生硫酸，而发生酸性腐蚀作用。磨损和腐蚀使缸套内壁呈鼓形，缸体失去密封性，最终导致在高压下工作的缸套失效。

总体来说，磨损是造成缸套损伤的主因，腐蚀加快了缸套失效进程。提高缸套抗磨料磨损能力和抗泥浆的碱性腐蚀能力都将有助于提高缸套寿命。

近些年来，在进行微观失效分析的基础上，改用高铬铸铁制造缸套，缸套寿命有了显著提高。高铬铸铁缸套残体磨损面上的切削槽和凹坑均显著低于在接近相同工况下使用的淬火中碳钢缸套，而且磨损面上切削槽侧面的犁削唇边显著减少。此外，由于基体含铬量很高，抗腐蚀性能增强，因而高铬铸铁缸套的工作寿命，大致是淬火中碳缸套寿命的5~6倍。当前国内的钻井工程中，大多数泥浆泵改用高铬铸铁缸套。

为了提高高铬铸铁缸套的抗压性能、机械强度，减少价格较高的高铬铸铁用量，缸套通常采用双层结构，即外层为中碳铸钢，承受泥浆冲刷的内层采用高铬耐磨铸铁。

双层结构缸套筒类零件通常可以采用以下三种工艺来浇注：

（1）双液复合离心浇注工艺。即外套与内层所需金属液分别在两座熔炉内熔化，先将外套所需金属液浇入离心模具。待金属液已凝固80%~90%，再将内层所需金属液浇入模内。两种金属液界面在半凝固状态下熔合，产生冶金结合界面。铸件冷却后即形成双层结构套筒。

（2）第二种生产工艺是先铸出外层套筒，并将其加工。内孔加工至两种金属结合面尺寸，外径留有精加工余量。然后将其感应加热或热处理炉内加热至高温后，装卡在离心浇注机上，在高速旋转状态下浇入内套所需熔液。在高温下固相与液相熔合，形成结合界面。

（3）第三种生产工艺是先将预制好的铸钢外套毛坯及高铬铸铁内套毛坯分别进行机械加工。使外套的孔与内套外径尺寸之间呈过盈配合。最终将两者压装在一起，形成组合式套筒零件。

下面简要介绍双液复合离心浇注工艺和组合式缸套制造工艺。

（1）双液复合离心浇注缸套。缸套外层一般采用ZG200-400碳钢。工作压力很高的缸套则需采用铬钼低合金铸钢。钢水浇入离心浇注机上已预热到200~300℃铸铁模具内。预热后模具内壁需要刷涂料，涂料使高温钢水与铸铁模具内表面之间建立隔离层，以保护模具表面，延长模具寿命。另外也便于浇注完成后从模具内取出铸件。

铁模材料采用RuT300蠕墨铸铁。这是一种强度和硬度适中，热导率高，抗热疲劳能力强，致密性良好的品种。铁模粗加工后应进行消除内应力处理。消除内应力可以提高模具的使用寿命。铁模内孔（型腔）应加工出0.3%~0.8%锥度，便于铸件脱模。使用前在孔壁涂刷（或喷涂）醇基涂料。涂料的主体组成物为混合石墨（粉状石墨70%+鳞片石墨30%）。其他各种组成物（均以混合石墨量为基准计算）含量如下：锂基膨润土：6%~8%，聚乙烯醇缩丁醛（PVB）=0.2%，液体树脂：4%~6%，工业酒精：适量（配成密度为1.05~1.20g/cm^{3}液体）。

涂料有自干性质，或点燃使之黏附于铁模内壁。然后将铁模在加热炉中加热至200~250℃左右，即可浇注。

涂料加入已经初步预热到约250℃的旋转模具中，使之均匀附着于模具的表面，待涂料干燥后，取下模具，再放入加热炉中继续加热到400℃，使之与铁模内壁结合牢固，即可准备浇注。钢水在感应炉内熔化。用快速热电偶测试，ZG200-400 钢水达到(1480～1520)℃ ±10℃即可进行浇注。

避免钢水在浇注及凝固过程中遭受氧化是双液复合浇注缸套过程中必须注意控制的问题。钢水氧化产生的熔渣和气孔在离心力作用下散布于钢水的内表面（钢与高铬铸铁的分层界面），降低两种金属的结合强度，部分熔渣还可能飘移到耐磨层内孔表面，形成可见的铸造缺陷。

钢水应尽快浇入离心模具。浇注完毕后应及时向铸型外部喷水冷却，使铸钢外层钢水以比较明显的由外向内的顺序凝固、冷却。如果浇注层较厚，不进行水冷可能使外层发生缩松或缩沉缺陷。

当钢水已凝固80%～90%时，要及时浇入高铬铸铁水。浇注温度不宜太低。合适的铁水温度应能与钢水形成冶金结合，并能使钢水内层出现的熔渣被冲开。

（2）组合式缸套。缸套的外套与高铬铸铁内套分别浇注。

单独铸造的高铬铸铁内套也采用离心铸造生产毛坯。用于高压泥浆泵缸套可采用以下化学成分：w(C) = 2.80%（2.70%～2.90%），w(Si) = 0.50%（0.40%～0.60%），w(Mn) = 0.80%（0.70%～0.90%），w(P) ≤ 0.10%，w(S) ≤ 0.07%，w(Cr) = 20%（19%～21%）。

上述化学成分中，不含提高淬硬性元素钼和铜。这是因为缸套内孔淬火前已经过半精加工。厚度一般已减少到 8～10mm，只要铸件加热到合适的奥氏体化温度和适当风冷，不含钼、铜的缸套能够获得所需的显微组织，铸件经过中频淬火后，硬度可以达到 HRC 60～62。硬化深度在可控范围内，完全能满足零件的技术要求。

在这一前提下，取消这些元素还有利于缸套进行切削加工。而含钼、铜元素的高铬铸铁缸套，即使加工前以非常缓慢冷速降温，退火后硬度也接近 HRC 40，机械加工比较困难。曾对添加钼、铜和不含钼、铜的两种高铬铸铁内套进行实验室试验和现场试验，结果表明，采用不含钼、铜高铬铸铁的组合式缸套，在技术和经济上都是可行的。

高铬铸铁内套采用离心浇注。浇注内径 ϕ140～160mm 内套时，主轴转数 1000r/min，可以获得良好的铸件质量。这个转速比一般公式计算的转速要高一些。浇注速度应保持在 0.75～0.80kg/s。

浇注高铬铸铁时的铁水旋转线速度应稍高于双液复合浇注的线速度。生产实践表明，铁水全部浇进铁模后，应立即向铁模外壁喷水冷却，使铁模本身受到通体均匀的冷却。5min 后停止冷却，卸下铁模，取出铸件，放置在干砂上继续冷却或放入加热炉中预热。

图 10-6 显示 ϕ170mm 泥浆泵缸套高铬铸铁内套软化退火曲线。铸件奥氏体化温度为 940℃，保温 3h 后降温到 840℃，再保温 1h 后以 30℃/h 冷速降温，促使奥氏体分解。经过 15h 热处理过程，铸件硬度降低到 HRC 32～34。内套基体组织为片状珠光体 + 少量贝氏体，可以顺利进行切削加工。

退火后的高铬铸铁内套进行半精加工，加工后进行淬火。

在 980℃保温后，在旋转的淬火台上向内套内孔进行强制鼓风，直到零件冷却至室温。最后在回火炉中 180℃ ×3h 回火。淬火 + 回火后，铸件内孔硬度 HRC60～62。金相组织由共晶碳化物 + 二次碳化物 + 片状马氏体 + 残余奥氏体组成。

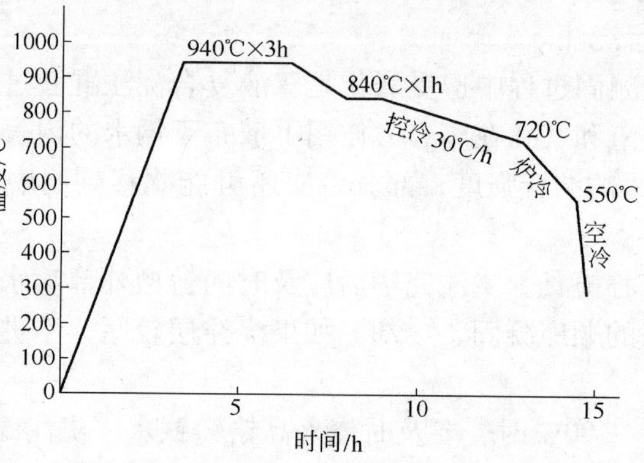

图 10-6 ϕ170mm 泥浆泵缸套高铬铸铁内套软化退火曲线

内套淬火回火后进行精加工。磨削外径达到与外套呈过盈配合尺寸。然后压装入外套，最后精磨并珩光内孔。

10.6 高铬铸铁-球墨铸铁双金属轧辊

轧辊是轧机上的主要工作零件之一。当被轧制材料通过轧辊前进时，轧辊本身承受沉重而复杂的应力，同时也承受摩擦阻力而发生磨料磨损。热轧机的轧辊还需要抵抗热应力和具备良好的热疲劳抗力。因此，优质轧辊必须能够抗断裂、抗磨料磨损、抗表面剥落能力，保持轧辊有较长的使用寿命。轧辊是轧钢生产中消耗量最大的备件。随着当今时代轧钢技术的快速发展，热连轧技术的广泛应用，对轧辊质量和工作寿命（以吨钢轧辊消耗量计算）的要求也越来越高，这就促使科技工作者对轧辊工作应力状态、轧辊失效机制、轧辊材料及制造工艺进行了大量的研究工作。一系列制造轧辊新工艺、新材料的应用，已经使轧辊应用可靠性和工作寿命得到显著提高。目前，发达国家一些轧辊生产厂家的产品已能使吨钢轧辊消耗量降低到1kg左右。我国的轧辊制造技术也在不断发展，并已引进了一批先进制造工艺和技术设备，但是产品水平与发达国家相比，仍存在一定差距。

在轧辊材料方面，整体制造的轧辊曾经应用锻钢（碳素钢和合金钢）、铸钢（包括铸造石墨化钢）、冷硬铸铁、合金冷硬铸铁、冷硬球墨铸铁、镍铬白口铸铁（镍硬铸铁）、高铬铸铁。

在制造工艺方面。最早的轧辊多是单一材料制造的。后来开发出表面激冷轧辊，这种轧辊的辊身工作面是在金属铸型中浇注的，铸件表面形成具有几十毫米厚度的耐磨白口层，芯部仍为灰口，以保持外硬内韧的性能。所用材料可以是合金铸铁，也可以是球墨铸铁。通过控制基本化学成分，添加合金元素以及改变工艺条件来调整激冷白口层的深度和硬度。

由于以上单一材料制造的轧辊质量已经不能满足日益提高的轧制技术要求，近些年来，已经开发出双金属轧辊，如具有高铬铸铁工作层与球墨铸铁内芯复合而成的双金属轧辊。这类双金属轧辊寿命远优于冷硬铸铁、球墨铸铁和铸钢等单一材料轧辊。

双金属轧辊制造的关键问题是如何使内外两层金属形成冶金结合，但不冲淡内外金属的有效工作层化学成分，并能保持工作层的物理力学性能。

双金属轧辊可采用静态复合和离心复合两种方法。静态复合是在轧辊铸型里内外分层的位置放置套筒式钢隔板，以便把辊芯和辊颈钢水隔开。首先通过底浇口浇注辊芯钢水，然后通过另一底浇口浇注外部耐磨层钢水，浇注温度应能使浇入的钢水与隔板熔合。离心复合工艺的基本过程是先在离心铸造机上浇注轧辊耐磨层，此层凝固后及时转到铸型装配场地与形成辊颈的上下铸型组合在一起，在适宜温度下浇入辊芯铁水，最终复合成为双金属轧辊。

下面简要介绍国内一些轧钢厂中应用效果比较好的高铬铸铁-球墨铸铁双金属轧辊制造中应该注意的一些问题。

10.6.1 离心铸造高铬铸铁-球墨铸铁双金属轧辊

高铬铸铁的抗磨能力非常优越，其抗磨寿命远远高于其他传统耐磨材料，但是它的韧性和抗冲击能力比较差，整体铸造的高铬铸铁轧辊难以抵抗轧压时产生的巨大应力而损伤。因此，高铬铸铁轧辊通常都采用双金属结构（或称复合结构），即轧辊工作层采用高铬铸铁，而辊身内芯及辊颈采用球墨铸铁。球墨铸铁具有足够强度和韧性、成本较低，且能够与高铬铸铁构成轧辊复合结构。

轧辊耐磨层一般采用离心铸造工艺。当铁水在旋转的铸型中凝固并冷却到适于与辊心复合的温度后，中止旋转，把铸型从离心机上卸下，并在数分钟内将其与浇注辊芯所用的工艺装备组合起来，形成完整的铸型。然后在此种组合式铸型中浇入球墨铸铁水。如果浇注温度与高铬铸铁耐磨层温度得到合适的控制，耐磨层与辊芯铁水之间通过渗透、熔合作用，将会产生冶金结合层，使内外层形成一个牢固的整体，最终成为具有坚硬耐磨表层以及坚韧心部的双金属轧辊。

合理选材并采用正确工艺制造的高铬铸铁-球墨铸铁双金属轧辊在多年使用中很少发生折断、表面剥落、脱壳等问题，与无限冷硬铸铁轧辊相比，其工作寿命显著提高。

10.6.2 高铬铸铁的化学成分

根据轧辊的工作条件可将高铬铸铁化学成分为两种类型：

（1）压延负荷较大的轧辊，例如热轧机粗轧辊、中厚板材轧机工作辊，采用较低含碳量的亚共晶高铬铸铁，以提高轧辊表面抗热疲劳、抗剥落性能，其成分范围如下：

$w(\mathrm{C}) = 2.5\% \sim 3.0\%$，$w(\mathrm{Cr}) = 14\% \sim 18\%$，$w(\mathrm{Si}) = 0.4\% \sim 1.0\%$，$w(\mathrm{Mn}) = 0.6\% \sim 1.0\%$，$w(\mathrm{Mo}) = 0.8\% \sim 2.0\%$，$w(\mathrm{Ni}) = 1.0\% \sim 2.0\%$。

（2）负荷相对较低但要求具有较高抗磨能力的轧辊采用含碳量及铬碳比较高的高铬铸铁，如冷轧机轧制辊和平整辊，其成分为：$w(\mathrm{C}) = 2.8\% \sim 3.3\%$，$w(\mathrm{Cr}) = 20\% \sim 25\%$，其他成分与前一类型基本相同，但含钼量应选偏上限，特别是直径较大的轧辊，其含钼量一般应选在 1.5% ~2.0% 范围，以便在热处理时能保持良好的淬透性。目的是降低临界冷却速率，改善材料的淬透性；细化基体组织；铸件在一定热处理条件下可以获得强韧性良好的贝氏体、索氏体基体，改善辊身性能。

10.6.3 轧辊耐磨层离心铸造

离心铸造在离心铸造机上进行。离心铸造机有立式、卧式、倾斜式三种基本类型。立式离心铸造机占地面积小、生产工艺相对简单，但不适合生产高径比大的耐磨层，目前国内通常采用的是卧式离心铸造机。铸型放置于四个托轮上（其中两个为驱动托轮），铸型上方的带有缓冲装置的压轮对铸型施加一定压力，以减轻铸型旋转时产生的振动。

铸型使用前需先挂涂磷酸铝-高铝粉耐火涂料。挂涂料的目的是减轻铁水对铸型内壁的冲刷、抑制热侵蚀作用，并且便于轧辊整体浇注完成后能够顺利脱模。

在各种涂料中，效果较好的是磷酸铝-高铝粉耐火涂料，这种涂料有较高的耐火度，与铁模内壁的附着力强，不易被钢水迅速冲刷掉，可以多次反复多次使用。刷涂料后，铸成的缸套外表也比较光洁。

磷酸铝-高铝粉涂料由高铝粉、磷酸、氢氧化铝和水组成。配制过程如下：将 3000mL 磷酸及 1000g 氢氧化铝在 3000mL 水中混拌均匀，然后在电炉上加热，加热时要充分搅拌，直到沸腾，并保持 15～20min，制成磷酸铝。在另外的容器中将 85kg 高铝粉加入 140kg 水中混拌均匀。最后将制成的磷酸铝倒入高铝粉与水的混合物中充分搅拌即制成黏稠状水溶液涂料。调节加水量控制涂料密度在 $\gamma = 1.15 \sim 1.35 g/mL$ 范围。这种涂料具有很强的黏着性能，耐火度也很好，易于在铸型内涂挂。

涂料浇入 200～240℃、低速旋转的铸型中。浇入后提高模具转速，以便在型壁上形成黏结牢固的保护层。保护层厚度一般为 3～4mm。浇注大型轧辊的保护层可再加厚些。具体尺寸应在铸型设计时确定。待涂料层干燥固化后再送进加热炉，升温到 400℃左右，保温 8～10h 后即可使用。

保护层内表面应平整，厚度均匀。不平处需加以修补，修补完成后即可准备浇注高铬铸铁水。浇注前铁水必须经过称量和测温。铁水出炉时一般应在包内用快速热电偶测温。出炉温度 1500～1520℃，浇注温度 1460～1480℃。浇入铸型的铁水在冷却过程中还应采用红外测温仪测定温度的变化。

为了预防高铬铸铁层氧化并有效地去除铁水内产生的熔渣，铁水浇注过程中，在其中加入防氧化剂。防止氧化是实现冶金结合的必要条件。这是因为存在于两种金属相临界面的氧化膜阻止两种金属之间的原子扩散，抑制它们互相熔合。因此，欲达到高铬铸铁与后浇入的球墨铸铁实现冶金结合，采用 O 形玻璃渣防止氧化是非常重要的技术措施。

常用的防氧化剂是 O 形玻璃渣，其组成和物理性能见表 10-5。

表 10-5 O 形玻璃渣防氧化剂组成和物理性能

组成/%						颜色	密度 /$kg \cdot m^{-3}$	熔点 /℃	软化点 /℃
SiO_2	$Al_2O_3 + Fe_2O_3$	B_2O_3	R_2O	RO	$CaF_2 + Na_2SiF_6$				
40～60	5～15	5～15	20～40	2～15	1～6	黄绿	2500	<1200	574

O 形玻璃渣熔点低于 1200℃，浇注后在铸型内呈液体状态，覆盖于铁水表面，使铁水与空气隔绝，起到防止氧化作用。铁水在浇注和旋转运动中不可避免地会产生一些熔渣，这些熔渣会与 O 形玻璃聚集而从铁水中分离出去。

O 形玻璃渣的用量应按高铬铸铁耐磨层的内孔面积而定，大致是每平方米面积加入量为(3 ±0.3)kg。

制造高铬铸铁-球墨铸铁双金属轧辊过程中存在的一个重要问题是高铬铸铁中的部分铬、镍、钼等合金元素通过扩散渗透和熔合作用向形成辊芯的球墨铸铁中转移。元素的转移量与下列因素相关：

（1）球墨铸铁的浇注温度与两种合金的复合温度。这两个温度互相关联，温度越高，高铬铸铁温升越迅速，元素扩散速率越高，元素转移量越大。

（2）高铬铸铁中某一合金元素与球墨铸铁中该元素的含量差值越大，该元素的扩散量越大。

存在于高铬铸铁中的镍和钼由于含量相对较低，转移到球墨铸铁的量相对较少，而且球墨铸铁中渗入镍和钼也没有不良影响。值得注意的是高铬铸铁中含铬量高，在复合过程中将有较多铬转移到球墨铸铁中去。铬降低球墨铸铁的共晶转变温度，导致铁中出现渗碳体组织，含铬渗碳体在退火时难以除去，而且铬还使石墨的球化率降低。因此即使含有少量铬（例如0.5%），球墨铸铁的力学性能就会显著变化，脆性显著增加。辊芯材料中在20mm深度内渗入超过0.5% Cr，即能在过渡区形成环状脆性带，使轧辊事故倾向增加。当球墨铸铁中铬渗入量超过1%时，轧辊即不宜使用。因此，辊芯渗铬问题是高铬铸铁-球墨铸铁双金属轧辊制造中需要解决的问题。

解决此问题，可在浇注高铬铸铁耐磨层之后，紧接着浇注一层低铬铁水作为中间层[4]。由于中间层与球墨铸铁之间的铬浓度差减少，可以有效地减少铬向辊芯的转移量。

选择中间层铁水成分需要考虑以下因素：

（1）浇注后辊芯表层（20mm）内的含铬量不超过0.5%；

（2）中间层铁水含碳量不宜太低，以减少辊芯表层出现白口倾向；

（3）镍、钼等贵重合金元素的含量可比高铬铸铁耐磨层减少，以降低材料费用。

推荐的中间层铁水化学成分为：$w(\mathrm{C})$为2.6%～2.8%，$w(\mathrm{Cr})$为8%～9%，$w(\mathrm{Mo})$为高铬铸铁外层的1/3。

中间层铁水重量一般为高铬铸铁耐磨层重量的1/3～1/4。

为使耐磨层与中间层熔合良好，中间层铁水应在低于耐磨层铁水共晶点以下20～30℃时浇入旋转的高铬铸铁离心铸件内。这个温度大致在1200℃左右。如果采用微机控制的连续式红外线测温仪，共晶温度可以清楚地显示出来，因此能够准确地控制中间层铁水开始浇入的时刻。另外，中间层铁水的浇注温度也应加以控制，浇注温度不宜过高，以免过度冲混高铬铸铁耐磨层的化学成分。当连续测温仪显示的温度低于共晶温度10～20℃时，离心铸造机即可断电，但铸型仍要旋转一定时间后才能停转。停转后，需要迅速将铸型吊运到合箱地点准备合箱。

中间层铁水浇注温度和耐磨层当时的温度配合是十分重要的。如果温度都比较低的话，耐磨层凝固时在内表面形成的熔渣不能分离出来，导致耐磨层和中间层之间产生夹渣，影响两层之间的结合强度。如果温度较高的话，会发生过度熔合，导致中间层变宽，降低轧辊质量，因为中间层的成分已经偏离高铬铸铁原有成分，铬碳比降低会使组织中出现非M_7C_3型的连续分布的碳化物，力学性能降低。

10.6.4 浇注球墨铸铁辊芯

中间层凝固后，应立即将铸型吊起，移至合箱地点进行辊身与辊颈上、下铸型装配。装配好的铸型如图10-7所示。

图10-7中的上铸型形成辊颈及冒口。一般采用砂型，造型材料由石英砂和膨润土组

成，砂型经过烘干后，表面刷醇基石墨快干涂料。铸造较大轧辊时可在第一层涂料点燃干燥后，再刷第二遍涂料，并点燃干燥。醇基石墨快干涂料按下述配比调制：将石墨粉（由70%粉状石墨+30%鳞片石墨）调入工业乙醇，并加入（占石墨粉重量）7%～8%锂基膨润土、0.2%～0.3%聚乙烯醇缩丁醛（PVB）、4%～6%液体树脂，混拌均匀，并调整乙醇量，使涂料密度达到1.2～1.4g/cm^3。

辊颈下铸型可以是砂型，也可以采用金属型，砂型的做法与上铸型相同。金属型可采用蠕墨铸铁，考虑到透气性的要求，应在铸型四周钻辐射状排气孔（浇注前用砂填实）。浇注前在铸型内壁刷磷酸铝-高铝粉涂料，并入炉烘干。浇注时保持200～240℃。

为了使辊芯球墨铸铁与中间层充分熔合，中间层凝固后5～7min内必须将离心铸型与辊颈上下铸型装配好，并开始浇注球墨铸铁。

球墨铸铁的浇注温度不应低于1380℃。铁水由铸型顶部直接浇入。

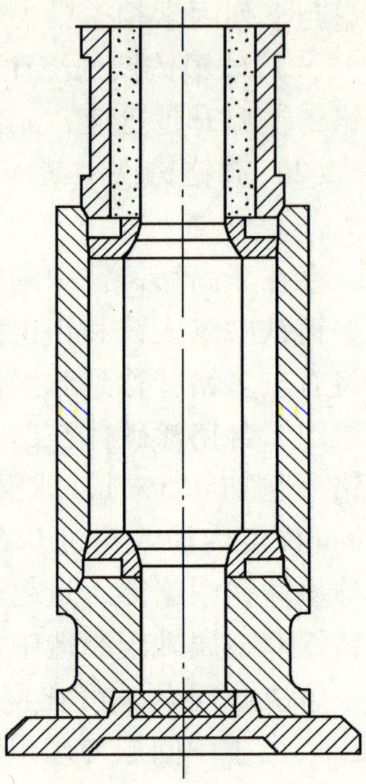

图10-7 铸型装配

浇注速度需要认真加以控制。浇注速度过高时，黏附于中间层内壁的O形玻璃渣以及其他夹杂物来不及随浇入的铁水上浮至冒口，一部分将存在于结合面上，导致结合强度降低。根据工厂经验，对于一般中型轧辊，2～3min浇完比较合适。

在铁水充满冒口2/3处，开始覆盖保温剂，并陆续点冒口数次。不断探测缩孔深度，控制缩孔深度在冒口高度的2/3以内。

浇注后的铸型应保持到温度降低到100℃左右再开箱。对于中等尺寸的轧辊，这个冷却过程大概要经历60～70h。过早开箱可能因为铸件表面与心部温差过大而导致开裂。

辊芯一般较厚。厚壁球墨铸铁常发生的组织缺陷是石墨漂浮和石墨变异。这些缺陷将会显著降低球墨铸铁的力学性能。

石墨漂浮表现为在浇注位置上部出现一个石墨密集区域。密集石墨有的是球形，也有些呈花瓣状或雪花状。区域内含有硫化物夹杂，含碳量显著高于铸件平均碳量。产生这种现象的主要原因是，浇注厚壁铸件的碳当量高。对于轧辊铸件，心部球墨铸铁为共晶和过共晶的高碳铁水，石墨析出量多，球径较大，石墨球的生长阻力小，球尺寸较大，易于上浮，形成石墨漂浮。另外，一些影响铸型内铁水保持液态时间长短的因素也都影响石墨漂浮的生成。铁水在型内时间越长，越容易产生石墨漂浮。

厚断面球墨铸铁件心部也易于发生石墨形态变异，成片出现条状、扇状、点状、花状的碎块石墨具有这类异状石墨的铸件断面上有灰色斑点，和正常球墨铸铁组织之间有明显的界线。常称这种组织缺陷为“灰斑”。出现灰斑的材料力学性能变差，最明显的是伸长率和冲击值降低。灰斑缺陷是影响球墨铸铁轧辊工作性能的问题，需要认真对待，尽量使灰斑的范围减到最小。

以下因素增加厚断面中碎块石墨生成倾向：铁水含碳量高；原料中所含干扰石墨球化的元素超过允许含量，硫、氧、铋、铅、碲、锡、钛都属于干扰元素；作为球化剂组分的轻稀土元素残留量过多等。

在长期的生产实践中人们发现，一些干扰元素含量低于一定值时，在球墨铸铁中非但不会产生干扰石墨球化的作用，而且能够有效地抑制铸铁心部石墨畸变，减少碎块石墨的生成量。例如锑，单独存在于镁球墨铸铁中时，含量为0.002%～0.005%即能产生有益作用；与锑或其他稀土球化剂共同加入时，含量为0.01%～0.02%能增加石墨球数，防止石墨漂浮，稳定珠光体，防止厚断面心部石墨畸变。

以下化学成分范围适用于辊芯球墨铸铁：$w(C)=3.30\%\sim3.50\%$，$w(Si)=2.30\%\sim2.50\%$，$w(Mn)=0.50\%\sim0.70\%$，$w(P)<0.07\%$，$w(S)<0.02\%$，$w(Ni)=1.0\%\sim1.2\%$，$w(Cr)<0.50\%$。铸件应是亚共晶成分。加镍的目的是：细化组织，防止基体出现渗碳体，更主要是：使轧辊通过热处理产生索氏体和贝氏体组织，提高轧辊的强韧性。

为了保证有足够高的浇注温度，原铁水的出炉温度不应低于1460℃。关于加镁处理，一般可采用堤坝包冲入法。国内已有工厂引进镁丝处理技术，这种工艺处理过程比较稳定，镁的回收率高，消除了采用稀土硅镁合金导致的过度增硅现象。

轧辊一类厚壁球墨铸铁件通常采用瞬时孕育进行孕育处理。孕育剂采用钡硅铁，在铁水浇注时均匀加入铁水中。瞬时孕育的最佳效果是能够最大限度地在厚断面中缓慢凝固的整个过程中保持孕育作用，避免孕育衰退。

辊芯球墨铸铁中加入适量锑对增加石墨球数、防止厚断面中石墨形态变异肯定是有效的。

锑是以纯锑锭形式加入。纯锑熔点为631℃，沸点为1440℃。适宜加锑的铁水温度为1350～1370℃。在此温度范围内加锑，锑的熔化损失很少。通常锑随同孕育剂在浇注时加入铁水液中，能取得较好的效果。另外需要注意的是严格控制锑的加入量，使用含有稀土元素的球化剂时，锑的加入量不能超过0.02%，否则将会干扰石墨球化，显著降低石墨球化率。

熔化高铬铸铁-球墨铸铁双金属轧辊的铁水需要几台炉子同时开动，而且各台炉子的出铁时间、铁水炉前处理时间必须高度协调，铁水出炉温度也必须符合要求。这些要求对于铸造生产管理者来说都是严峻的挑战。

耐磨层的高铬铸铁通常是在感应电炉中熔化。耐磨层铁水从浇入离心铸型达到1200℃左右约需10min左右（根据耐磨层厚度有所增减），此时即需浇入中间层铁水。耐磨层铁水出炉时应在炉中留下一部分铁水，这部分铁水经过冲淡（降低铬含量）后浇注中间层。冲淡所需铁水可在较小的熔化炉中熔化。浇注辊芯的铁水量一般是数倍于耐磨层的铁水量。浇注大型轧辊时最好使用带有保温炉的熔化设备。这样可以及时调整铁水温度，按车间既定的铁水调度计划及时出炉。

10.6.5 高铬铸铁-球墨铸铁双金属轧辊的热处理

轧辊的热处理制度需要根据轧辊的工作条件而定。热连轧、棒材轧机、中厚板轧机的轧辊，需要有良好的抗热裂性、抗磨损能力和强韧性，比较合适的高铬铸铁应该处理成以索氏体和屈氏体为主的基体组织。冷轧辊则要求坚硬耐磨，还要有良好的接触疲劳强度。这两类高铬铸铁-球墨铸铁双金属轧辊热处理制度应该有所区别。

两种热处理首先都要进行奥氏体化。轧辊在150℃以下的温度装炉。由于铸件断面厚大，高铬铸铁层的导热性能较差，而且内外两种材料的热性能也有差异，为了避免加热时产生较大热应力，加热速率必须缓慢。在650℃以下，加热速率50℃/h左右，并在350℃、500℃、650℃各保温一定时间。根据轧辊直径，一般保温时间为2～4h。650～850℃加热速率可提高到80～100℃/h。850℃至奥氏体化温度速率可再提高一些。

奥氏体化温度一般为980～1000℃。保温时间可按每80mm保温0.8～1h。这个热处理制度是根据高铬铸铁进行脱稳处理（基体析出二次碳化物，降低基体碳、铬含量）的需要而制定的。

奥氏体化过程结束后，铸件出炉空冷。应在竖立状态下空冷。

以强韧性和耐磨性为主要要求的轧辊，淬火后在540℃左右回火一次或两次。以坚硬耐磨为主要要求的轧辊则需在480℃回火。

轧辊硬度一般使用肖氏硬度计。热轧辊耐磨层合适的肖氏硬度值范围HS 60～73（HRC 45～55），冷轧辊硬度范围值HS 79～90（HRC 58～68）。由于影响肖氏硬度误差的因素比较多，试验结果的准确性较差，因此需在轧辊耐磨层表面的不同部位分别测定5～8个点，剔除个别明显偏离数据后取平均值。

10.7 高铬铸铁喷焊粉末

以高铬铸铁中铁碳铬成分为基础，并添加提高合金自熔性、流动性的元素，可以配制成用于制造喷焊粉末的合金。利用等离子弧或氧乙炔火焰作为热源将合金粉末或焊丝熔化并喷敷于待喷焊零件的工作表面，即形成与母体结合牢固的喷焊层。喷焊层可以是硬度很高的耐磨层，也可以形成抗腐蚀、耐高温的局部保护层。这种工艺的特点是不改变零件整体性能和结构就能实现表面局部改性。这样就扩大了材料的应用范围，简化一些有特殊要求零件的制造工艺，降低产品制造成本。

10.7.1 高铬铸铁喷焊粉末性能要求和化学成分

喷焊粉末在使用性能和工艺性能方面的要求：

（1）能使喷焊层具有所需的力学性能和物理性能。例如，用于耐磨件的粉末应能使喷焊层具有高硬度和抗磨能力。

（2）粉末熔点较低，有优良的自熔性。合金有合适凝固温度范围，熔体能够顺利铺展流动，在喷焊层形成过程中能自行成渣，形成平整光滑、形状规则、过渡区中合金元素冲淡率低、与母材表面有良好的润湿性能、能形成良好冶金结合的无缺陷喷焊层。喷焊粉末大都是高合金成分，喷焊层应该有良好的抗裂性能。

（3）粉末的形状、粒度分布、粒内空隙度应符合有关标准。其松装密度及固态流动性应能保证粉末在输送管道中顺利流动，稳定地进行喷焊。

高铬铸铁喷焊粉末的主要化学成分是铬、钼、硼、硅。

铬是一般抗磨合金中的主加合金元素。与碳构成M_7C_3型合金碳化物，硬度高达HV1800，是喷焊合金中抗磨相的主体。铬也存在于基体中，显著提高合金淬透性。喷焊层冷却较快，当合金含有其他提高淬透性元素（例如钼）时，能获得马氏体基体。喷焊粉末一般选用共晶或过共晶成分，为的是提高喷焊层的流动性和降低合金熔点。图10-8显示高铬铸铁喷焊层金相组织，可见显微组织由过共晶碳化物和 M_7C_3 共晶组织组成。其中过共晶碳化物近六方横截面上硬度为 HV1720，棱柱体表面硬度约为 HV1450。

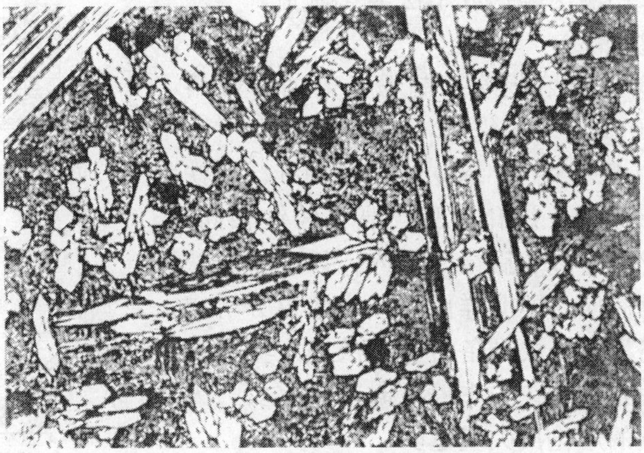

图 10-8 喷焊粉末坯料的金相组织

钼加入 Fe-C-Cr 合金能有效地提高合金淬透性，并与碳形成 Mo_2C 等高硬度碳化物。喷焊层厚度一般只有 2～3mm，据测定，喷焊层冷却速率达 400～500℃/min，高铬铸铁在此冷速下，虽然可避免珠光体转变，但高碳、铬却使 M_s 和 M_z 显著下降，室温组织中会出现较多残余奥氏体。因此需要加入钼，促使奥氏体向马氏体转变，提高合金抗磨能力。

由 Fe-C-Cr 合金液相面投影图可见，（$Cr_7C_3+\gamma$）共晶熔点约在 1300℃，对于喷焊合金来说，这个温度难以使粉末保持良好的自熔性。在喷焊合金中加入硼能有效地改善喷焊粉末的自熔性。含硼 3.75% 的铁硼共晶合金熔点为 1175℃。在喷焊合金中加入一定数量硼后，熔点显著降低。

硼还有优良的脱氧能力。因为硼的氧化物（B_2O_3）生成自由能负值较大，与 SiO_2 近似，是稳定的化合物。另外，B_2O_3 和 SiO_2 以及其他氧化物共同形成低熔点（720～800℃）复合硅酸盐，成为浮于喷焊层表面的玻璃状熔渣，可防止空气中的氧与液态合金作用，减少气孔、夹杂。铬的碳硼化合物，如 $Cr_{23}(C,B)_6$、$Cr_7(C,B)_3$ 等都有很高的硬度，这些化合物也会提高合金硬度，改善合金耐磨性。但是加硼后形成的化合物使合金脆性增加，焊接过程不当时，喷焊层可能出现开裂倾向。

硅固溶于奥氏体，有与硼近似的脱氧能力，有利于提高合金硬度，改善铁铬硼喷焊合金粉末自熔性，加硅有助于促进硼的作用。增强熔液脱氧能力，弱化硼的不利影响。

根据以上考虑，高铬铸铁喷焊粉末采用高铬铸铁基本化学成分，另外添加能改善合金自熔性元素。材料仍属于铁基耐磨合金。经过反复试验及实际应用，推荐采用以下成分的高铬铸铁喷焊粉末：C 4.1%～4.3%，Cr 17%～19%，B 2.5%～3.5%，Mo 1.0%～2.0%，Si 2.0%～3.0%，Mn 0.5%～0.7%，P≤0.08%，S≤0.06%。

碳含量高于高铬铸铁件含碳量，这是因为在熔化和喷焊过程中碳的烧损率达到 7%～10%。

10.7.2 喷焊粉末制造过程

喷焊粉末可以采用湿法雾化或干法雾化制造。下面介绍湿法雾化制造过程。

首先在中频感应炉中熔化喷雾制粉所需的合金熔液。通常采用50~80kg小型熔化炉。炉料为炼钢生铁、低碳钢、碳素铬铁（FeCr55）、钼铁（FeMo60）、硼铁（FeB22）、硅铁（FeSi75）。熔化过程与高铬铸铁相同。只是硼铁需在炉料化清并过热后最后加入，以利于硼铁发挥脱氧作用。加硼后应立即取样由直读光谱仪分析成分。待成分调整合格后，尽快准备将合金液注入雾化装置中制取粉末。缩短合金液在炉中停留时间很重要，因为停留时间越短，硼的熔化损失量越少。

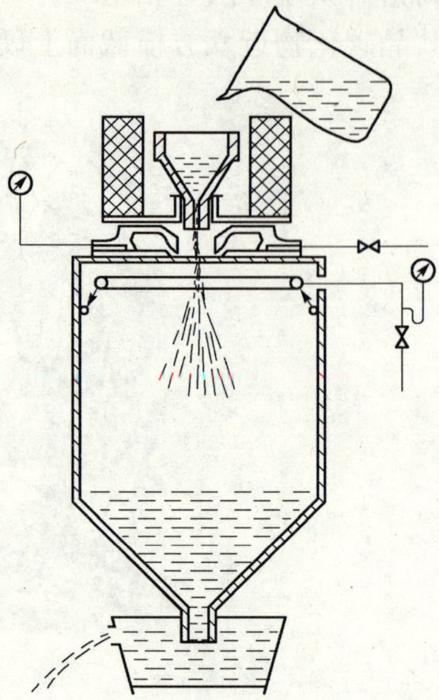

图10-9 合金液雾化装置示意图

图10-9为合金液湿法雾化装置示意图。熔化好的合金熔液注入雾化装置的进口，在液流下降经过雾化仓过程中，受到高压水冲击。高压水来自柱塞式高压泵，出口水压不低于10MPa，水量不少于12m³/h。高压水从多个方向由侧面冲击合金液流，使之分散、碎化而成为细珠粒状，然后落入雾化筒下部的水中。正常情况下，按上述配料熔成的高铬铸铁水经过雾化后，一次出粉粒度为：

>0.175mm（80目）颗粒	30%~35%
0.078~0.175mm（80~180目）颗粒	40%~45%
0.044~0.078mm（180~320目）颗粒	5%~8%

制成的粉末首先需要经过离心机脱水，然后烘干、筛分、检测。筛余及不合格粉末可以作为配料再次重熔。

10.7.3 粉末产品检测

检测项目包括：化学成分分析、颗粒外形检测、流动性检测、松装密度测定。

（1）化学成分分析。每批粉末产品进行化学成分全分析，特别是碳、铬、钼、硼、硅成分必须符合标准。确认成分合格后，才能进入其他项目检测程序。

（2）颗粒外形检测。检测前粉末需进行烘干。干燥的粉末在体视显微镜下观察其形貌。

优良的粉末应该是接近圆形的颗粒。允许其中含有不超过10%呈条杆状颗粒。颗粒形状、粒度与合金中碳、硼含量有关。硼含量较高使合金凝固范围变宽，颗粒形状变得不规则，可能出现非圆形态。适当提高含碳量有助于减少粉末中不规则颗粒，提高颗粒圆整度和细度。

（3）粉末流动性检测。喷焊粉末的颗粒形状和粒度对粉末的使用性能有直接影响。形状不规则的粉末固态流动性较低，容易导致喷焊炬在工作中堵塞或喷粉量不均，因此每批喷焊粉末必需在 Hell 测试装置上测定固态流动性。合格的 0.044 ~ 0.078mm（180 ~ 320 目）高铬铸铁粉末，固态流动性为 22 ~ 23s/50g。

（4）松装密度测定。松装密度也是影响喷焊粉末使用性能的重要因素。合适的松装密度应为 3.2g/cm^3 左右。过高松装密度降低粉末固态流动性，甚至使喷焊炬堵塞，并且降低喷焊效率。

10.7.4 高铬铸铁喷焊粉末应用实例

作者及其科研团队曾接受原煤炭工业部机械制造局委托，在几个煤矿机械厂生产的重型刮板输送机中部槽链道易磨损部位实施高铬铸铁等离子喷焊，以保护该处不致提前磨损。为此我们首先对几座煤矿正在使用的中部槽进行调研，以探讨高铬铸铁喷焊粉末的工艺性能及使用效果。

10.7.5 喷焊作业

喷焊所用的粉末粒度分布在 0.096 ~ 0.175mm（ - 80 ~ + 160 目）之间。过细的粉末在等离子弧高温下将发生较高的熔化损失和飞溅损失；粒子太粗，可能熔化不完全，影响喷焊层结合质量。但是采用氧乙炔焰喷焊时，由于火焰温度较低，应选用较细的粉末。合适粒度应为 0.044 ~ 0.104mm（ - 150 ~ + 320 目）。

喷焊是在 DP-500 等离子喷焊机上进行的。转移弧电压 40 ~ 50V，电流 220 ~ 240A；非转移弧电压 25 ~ 30V，电流 100 ~ 150A，送粉气流量 400 ~ 600L/h，保护气流量 300 ~ 400L/h。工件材料为 16Mn 钢板，喷焊面积 50mm × 100mm，喷焊层厚度 2mm。喷焊一处所需时间为 55 ~ 60s，耗粉量 50 ~ 55g。

喷焊层成形良好，表面平整，未发现分层现象。喷焊过程中，喷炬送粉顺利，未发现堵塞。操作者认为粉末适用于工厂生产。

10.7.6 喷焊层组织检测

图 10-10 显示上述成分高铬铸铁焊于 16Mn 钢板上的金相组织。显然这是一个过共晶高铬铸铁组织。初生碳化物为棱柱状晶体。棱柱状碳化物横断面显示为近似六角形，显微硬度 $HV_{0.1}$ 1790；纵断面显示为条状，显微硬度 $HV_{0.1}$ 1462。除此之外，有大量共晶碳化物分布于初生碳化物之间，几乎占满整个组织。由于光镜倍率所限，未进一步鉴别奥氏体转变产物属性，只测得喷焊面宏观硬度为 HRC 65 ~ 67，硬度已超过一般高铬铸铁硬度。

喷敷于钢材表面的合金熔液凝固速率越高则所形成的组织越细密。因此直接与钢材接触的合金凝固形成的组织最细，而且由于元素的扩散以及与低碳钢材成分冲混，喷焊层的成分也发生变化。碳及合金元素显著降低。过共晶碳化物消失，共晶碳化物量减少。随着与母材表面距离的增加，碳化物与共晶组织逐渐粗化。

我们采用电子探针对喷焊层成分进行了微区分析，并测定了断面显微硬度。发现界面附近碳铬浓度确实有所变化。喷焊层所含碳铬元素被冲淡，而钢材近表层发生了合金元素富集现象。这种现象反映了喷焊层与钢材实现了冶金结合。

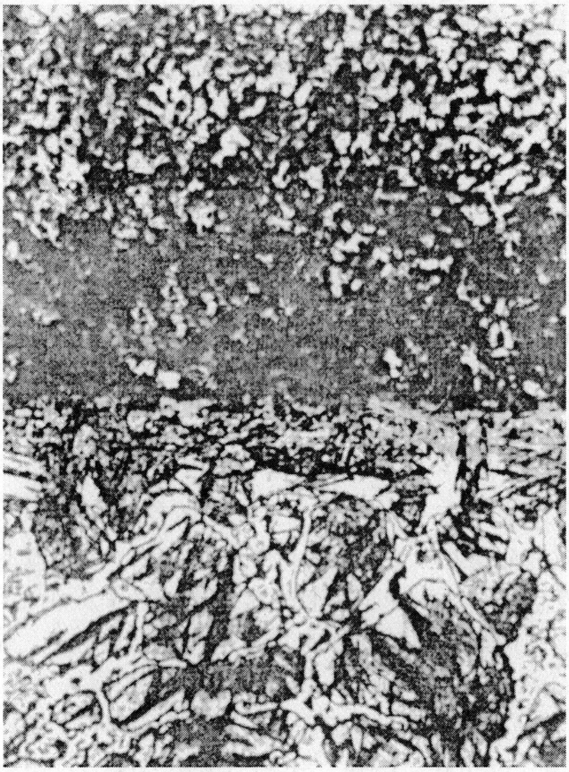

图 10-10 焊于 16Mn 钢板上的高铬铸铁金相组织

10.7.7 喷焊层耐磨性试验

以相同材料和喷焊工艺制取了耐磨性试样，在 MLS-225 型湿砂橡胶轮磨损试验机和 ML-10 销盘磨损试验机上进行磨损试验。前者模拟煤及矸石（半自由磨料）对中部槽产生的磨损，后者模拟圆环链对中部槽产生的高应力磨料磨损。

橡胶轮磨损试验参数为：胶轮正向压力 $F = 40N$，100N，170N。磨料为 0.189/0.147mm（70/100 目）天然石英砂，胶轮转数为 181r/min。以哈焊所研制的 Fe60 堆焊合金作为磨损率对比试样。高铬铸铁粉末喷焊试样、Fe60 堆焊试样和 20 号钢试样在不同正向压力下的磨损失重示于图 10-11。正向压力较高（>50N）时，高铬铸铁粉末喷焊试样磨损失重小于 Fe60，随着正向压力增加，差别增加。两个具有硬化层的试样磨损失重均远小于 20 号钢。

ML-10 销盘磨损试验参数为：磨料：0.147mm（100 目）SiC 砂纸和 0.189mm（80 目）玻璃砂布，试样负荷：30N，70N，120N，170N，试样进给量：3mm/r，磨损行程（螺线）长度：4.4m。

各种负荷下三种试样磨损失重示于图 10-12。可见负荷较小时，硬磨料（SiC）使喷焊高铬铸铁试样失重大于 Fe60 堆焊试样。负荷较大时，两者失重近似。采用软磨料试验时，有表面加硬层试样的失重极少，其抗磨能力远高于 20 号钢试样。

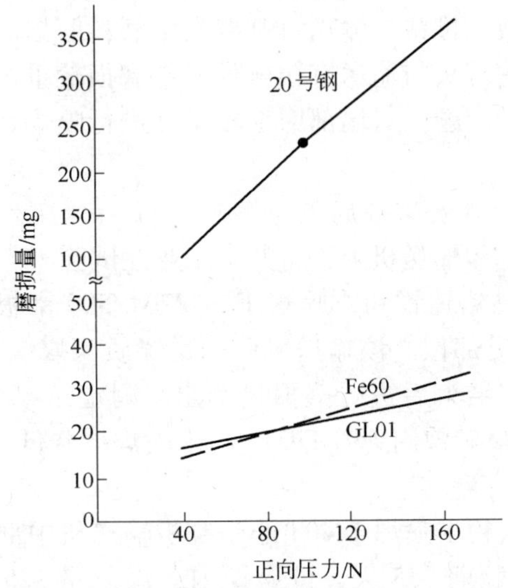

图 10-11 三种试样在不同正向压力下胶轮磨损失重

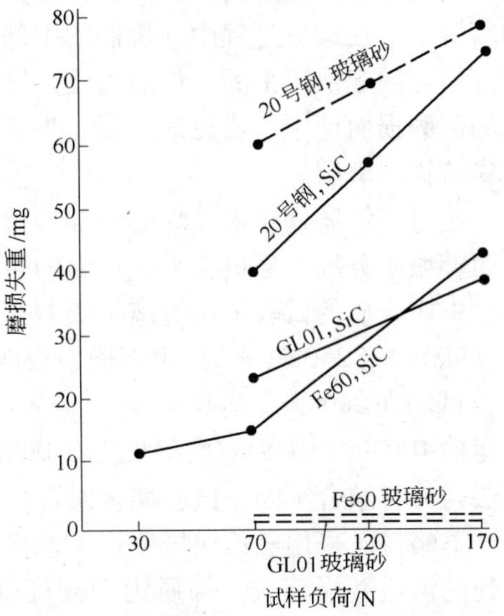

图 10-12 各种负荷下三种试样销盘磨损失重

图 10-13 显示两种试样销盘试验磨损面比较。图 10-13a 为喷焊高铬铸铁试样，在磨料切削作用下表面形成犁皱，局部碳化物脱离本体，表明材料磨损于基体金属反复塑变和碳化物少量剥离。而图 10-13b Fe60 堆焊试样磨损面犁沟较深，碳化物剥离量远大于前者。分析这种差别，认为与材料内残余奥氏体含量差别有关。

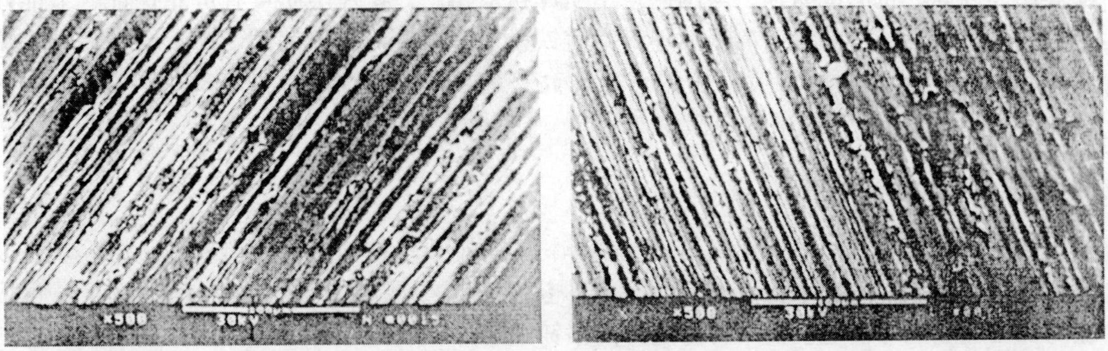

a b

图 10-13 两种试样销盘试验磨损面

a—喷焊高铬铸铁试样；b—Fe60 堆焊试样

综合以上试验结果，可以看出，在所述试验条件下，喷焊高铬铸铁试样的抗磨能力与国内工厂矿山采用的 Fe60 耐磨合金堆焊试样基本相同。具有硬化表面的材料，在各种试验条件下的抗磨能力都远高于 20 号钢。

10.7.8 喷焊高铬铸铁后零件运行情况

煤矿刮板输送机一般是由驱动滚筒带动输送链（通常为圆环链）在中部槽底板上前

进，输送链按一定距离装有刮板，输送链运动时使刮板推动原煤沿中部槽向前移动，实现物料输送。在运输过程中，机器的中部槽、刮板、槽帮、输送链都要发生磨料磨损。由于中部槽需随起伏不平的工作面铺设，导致中部槽端头与输送链接触处局部磨损较重，因该处局部磨损而使中部槽提前失效。为了解决这一问题，对局部磨损较重处进行喷焊，形成高铬铸铁耐磨层。

经过高铬铸铁粉末喷焊的中部槽分别在山西潞安矿务局王庄煤矿 6111 综采工作面和陕西韩城矿务局下峪口普采工作面的 40T 小型刮板输送机上进行井下工业性试验。

王庄煤矿的试验采用等离子喷焊工艺，将高铬铸铁粉末喷焊于 SGZ764/500 刮板输送机（900t/h，250kW×2）中部槽中板两端双链道部位。该输送机所输送煤质为瘦煤（$f=3$）。试验期 269 天，运煤总量 716300t。试验期结束后进行磨损量测定。测定结果表明：每运输 10000t 煤喷焊层磨损量为 0.008mm，比该矿曾用牌号 Fe314 粉末喷焊层降低 27%。焊层与母材结合牢固，试验期未发现焊层剥落。

下峪口矿采用氧乙炔焰喷焊工艺将高铬铸铁粉末喷焊于 40T 小型刮板输送机中部槽连接处的链道磨损部位。煤质为中硬度烟煤，试验期 345 天，试验期内运煤总量 125122t。试验结束后测量喷焊层厚度，发现磨损量沿煤运动方向逐渐减少，但磨损最重部分仍留有 0.65mm 厚的喷焊层。

除了上述试验外，高铬铸铁喷焊粉末还已经用于一些需要表面局部加硬的矿山零件。特别是对于高硬度磨料的高应力磨损，抗磨效果十分显著。

目前已有不少工厂使用了上述高铬铸铁喷焊粉末进行喷焊。这些工厂普遍反映：所用的高铬铸铁粉末工艺性能良好。成形性和自熔性能保证喷焊层顺利成形，而且易于操作。喷焊层硬度高，抗磨能力强，与国内常用喷焊粉末相比，喷焊层质量有可靠保证，节能效果较好。多数工厂反映，等离子喷焊高铬铸铁粉末所需电流较原用的 Fe314 粉末喷焊电流减少 20%，并提高喷炬及喷嘴使用寿命。高铬铸铁喷焊粉末价格低于国内工厂常用的 Fe314 粉末，综合生产成本约降低 20%。

10.7.9 高铬铸铁熔焊块

高铬铸铁熔焊块是在上述高铬铸铁喷焊粉末研制技术基础上开发出来的。熔焊块是以近似喷焊粉末成分的铁水在砂型或金属型中浇注而成。厚度 3mm 左右，长和宽尺寸可根据所需耐磨层尺寸而定。使用时将这种高铬铸铁熔焊块放置于待焊工件上，利用石墨棒产生的电弧热使熔焊块在电弧热下熔化而焊于零件表面，形成耐磨层。

由于熔焊块焊接时碳及合金元素的燃烧损失虽然小于喷焊粉末，但是炭棒在熔焊过程中向合金液中渗碳，熔焊块含碳量应比喷焊粉末减少。为确定熔焊块合适含碳量，曾进行了多次工艺试验。在低碳钢或低合金钢件上建立高铬铸铁耐磨层时，熔焊块含碳量以 3.0%～3.2% 为宜。这样的含碳量可使熔焊层含有 3.3%～3.5% 碳量。其他化学成分也应比喷焊粉末有所增减。一般工厂自制熔焊块时，可以选用以下化学成分：$w(C)=3.0\%\sim3.2\%$，$w(Si)=2.3\%\sim2.5\%$，$w(Mn)=0.8\%\sim1.0\%$，$w(Cr)=18.0\%\sim20.0\%$，$w(Mo)=1.5\%\sim2.0\%$，$w(B)=3.0\%\sim3.5\%$，$w(P)\leqslant0.10\%$。

合理操作产生的耐磨层，金相组织十分接近上述喷焊工艺形成的耐磨层。硬度可达到 HRC62～64。耐磨性试验结果表明，销盘磨损失重略高于喷焊层，但较轮磨损失重与喷焊层基本相同。

执行正确合理的电弧熔焊工艺是保证熔焊耐磨层质量的关键。采用熔焊块形成高铬铸铁耐磨层，以下几点需要注意：

（1）选用足够大的焊接电流。保证熔焊块充分熔化并与母材达到良好的冶金结合，必要时可进行弯曲试验。方法是将熔焊块熔焊在4mm低碳钢板上，熔焊层厚度2~3mm，然后进行弯曲试验。钢板弯曲至90°时，断开的熔焊层不与钢板分离表示两种材料的结合强度良好。

（2）避免熔焊过程中发生氧化，熔焊时必需采用脱水硼砂粉作为熔剂。熔焊层形成后表面应覆盖一薄层熔剂。

（3）被焊钢板表面必需清洁、干燥，无锈迹油迹。熔焊前最好用手提砂轮将熔焊部分修磨干净。

（4）被焊钢板焊接前应适当预热。预热温度200~300℃，可以使用轻微还原性氧乙炔火焰加热焊接处。

（5）要适当控制焊炬推进速度。过快推进可能造成焊区开裂。焊后火焰不宜很快离开焊区，而应调整火焰温度，使焊区较慢冷却。火焰离开后，应立即在耐磨层表面覆盖保温材料（稻草灰、石棉粉、涨珍珠岩粉等），并作保温。

熔焊块也可用于修补高铬铸铁件和中铬铸铁件的表面凹陷性缺陷。由于修补缺陷所需熔化热量大，修复耐磨铸件表面凹陷性缺陷前，铸件必需预热。预热温度250~300℃。熔焊后，并要及时进行消减应力退火。

为避免缺陷修复处熔焊金属开裂，修复这些铸件的熔焊块含碳量应降低。含碳量不宜超过2.0%~2.2%。其余成分应与母体成分接近。如果缺陷在受磨面上，可在补焊部位表面再熔焊一层高碳的耐磨层。

熔焊块实际上是一个简单铸件，一般有电熔炉的工厂都能自己制造。而喷焊粉末只能由专业工厂生产，使用者需外购。相比之下，采用熔焊块费用较低，而且容易取得。但是使用熔焊块需要操作者有较熟练技术，焊接工艺要求也比较严格。操作不当难以保证耐磨层质量。

10.8 矿料烧结机箅条

经过选矿的粉状矿料需要在高温下焙烧成为团块状后才能进入冶炼炉中冶炼。矿料焙烧过程是在矿用烧结机中完成。

烧结机通常是由许多相互铰联的台车构成输送带式结构。台车上装有许多箅条，矿料箅条与台车挡板之间形成空间，待烧结的矿料由上方的装料机构卸入此空间内。

箅条形状如图10-14所示。箅条固定于台车上。由于现代烧结机容量日益增大，每台烧结机通常都装有数万个箅条。箅条在台车上依次排列，侧面互相接触。其下部的凹进部分便形成通道，已加热到高温的气流即沿此通道流过，使箅条及矿料温度上升，矿料得到焙烧。

矿料位于输送带上方时，矿料及箅条被高温气流加热，达到700~800℃（铁矿石所需的焙烧温度）。当台车转入输送带下方时，已烧结好的矿料便由台车倾出，箅条温度随之骤然下降。因此，在烧结的整个过程中，箅条本身不但要经受较高的温度，而且始终处

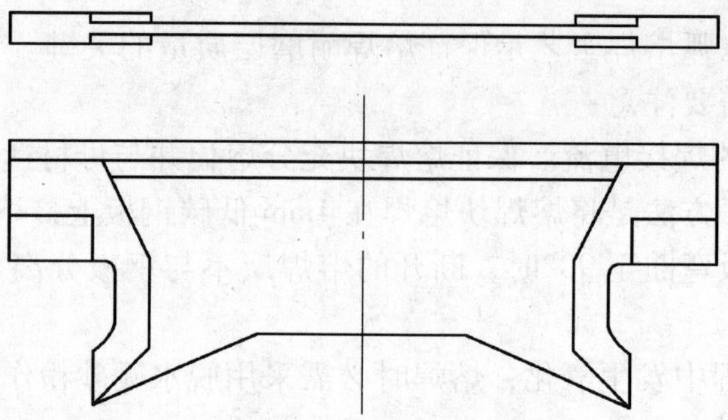

图 10-14 烧结机箅条

于温度不断反复升降的变化之中。

装卸矿料时，还受到矿料的冲撞和摩擦，因此，箅条的失效原因多是高温损伤伴随磨料磨损。也就是说，箅条材料既要能耐高温，又有一定抗磨能力。在几种高合金耐热铸铁中，高铬白口铸铁应是首选材料。

根据上述要求，建议采用以下化学成分制造炼铁厂矿料烧结机箅条。这是东北地区某大型钢铁厂多年来从多种箅条材料中遴选出来的：

w(C) = 1.7% ~ 1.9%，w(Si) = 1.0% ~ 1.2%，w(Mn) = 0.8% ~ 1.0%，w(Cr) = 26.0% ~ 28.0%，w(Ni) = 1.0% ~ 1.2%，w(P) < 0.07%，w(S) < 0.03%。

这是一个典型的高铬耐热白口铸铁化学成分。含铬量 27%，铬碳比 1∶15，碳化物为 $M_{23}C_6$ 型，体积分数 21.8%。高含铬量及高铬碳比确保箅条铸件空冷即可避免珠光体转变，获得奥氏体基体，而且也使碳化物的抗氧化、抗热生长以及抗磨能力显著增强。合金中加入 1% Ni，主要是为了提高奥氏体的稳定性，避免工作温度下奥氏体分解。

曾经使用 RQTSi4Mo 制造同一尺寸箅条铸件，在相同工况下使用。铸件使用寿命为 154 天。失效的主要原因是过度磨损、铸件断裂。改用上述成分箅条后，使用寿命延长到 733 天，主要原因是磨损及断裂现象显著减少。

参 考 文 献

[1] Dodd J. Factors Affecting the Production and Performance of Thick Section High Chromium-Molybdenum Alloy Iron Castings-Part1: Metallurgical Considerations[J]. AFS International Cast Metal Journal. September 1978: 47 ~ 54.

[2] 郝石坚. 有关高铬铸铁磨球的一些问题[J]. 机械工程材料，1996（2）：41 ~ 44.

[3] 中国机械工程学会铸造分会. 铸造手册（铸铁卷）. 2 版[M]. 北京：机械工业出版社，2004.

[4] 付会敏，等. 离心复合铸造高铬铸铁轧辊的研究与实践[J]. 铸造技术，1996，1.

[5] 西安胜昔电力科技有限责任公司开发部. 中速磨煤机耐磨件开发报告（内部文件）.

附　录

附录 1　我国抗磨铸铁标准（GB/T 8263—1999）

附表 1-1　抗磨白口铸铁的牌号及其化学成分（质量分数,%）

牌　号	C	Si	Mn	Cr	Mo	Ni	Cu	S	P
KmTBNi4Cr2-DT	2.4～3.0	≤0.8	≤2.0	1.0～3.0	≤1.0	3.3～5.0	—	≤0.15	≤0.15
KmTBNi4Cr2-GT	3.0～3.6	≤0.8	≤2.0	1.0～3.0	≤1.0	3.3～5.0	—	≤0.15	≤0.15
KmTBCr9Ni5	2.5～3.6	≤2.0	≤2.0	7.0～11.0	≤1.0	4.5～7.0	—	≤0.15	≤0.15
KmTBCr2	2.1～3.6	≤1.2	≤2.0	1.0～3.0	≤1.0	≤1.0	≤1.2	≤0.10	≤0.15
KmTBCr8	2.1～3.2	1.0～2.2	≤2.0	7.0～11.0	≤1.5	≤1.0	≤1.2	≤0.06	≤0.10
KmTBCr12	2.0～3.3	≤1.5	≤2.0	11.0～14.0	≤3.0	≤2.5	≤1.2	≤0.06	≤0.10
KmTBCr15Mo	2.0～3.3	≤1.2	≤2.0	14.0～18.0	≤3.0	≤2.5	≤1.2	≤0.06	≤0.10
KmTBCr20Mo	2.0～3.3	≤1.2	≤2.0	18.0～23.0	≤3.0	≤2.5	≤1.2	≤0.06	≤0.10
KmTBCr26	2.0～3.3	≤1.2	≤2.0	23.0～30.0	≤3.0	≤2.5	≤2.0	≤0.06	≤0.10

附表 1-2　抗磨白口铸铁件铸态及热处理态的硬度要求

牌　号	铸态或铸态去内应力		硬化态或硬化态去内应力		软化退火态	
	HRC	HBW	HRC	HBW	HRC	HBS
KmTBNi4Cr2-DT	≥53	≥550	≥56	≥600	—	—
KmTBNi4Cr2-GT	≥53	≥550	≥56	≥600	—	—
KmTBCr9Ni5	≥50	≥500	≥56	≥600	—	—
KmTBCr2	≥46	≥450	≥56	≥600	≤41	≤400
KmTBCr8	≥46	≥450	≥56	≥600	≤41	≤400
KmTBCr12	≥46	≥450	≥56	≥600	≤41	≤400
KmTBCr15Mo	≥46	≥450	≥58	≥650	≤41	≤400
KmTBCr20Mo	≥46	≥450	≥58	≥650	≤41	≤400
KmTBCr26	≥46	≥450	≥56	≥600	≤41	≤400

附录2 国际抗磨铸铁标准［ISO 21988：2006(E)］

附表2-1 镍铬抗磨铸铁化学成分和布氏硬度

材料牌号 代 号	布氏硬度 HBW≥	化学成分(质量分数,%)						
		C	Si	Mn	P	S	Ni	Cr
ISO21988/JN/GBW480Cr2	480	2.5～3.0	≤0.8	≤0.8	≤0.10	≤0.10	3.0～5.5	1.5～3.0
ISO21988/JN/GBW500Cr9	500	2.4～2.8	1.5～2.2	0.2～0.8	0.06	0.06	4.0～5.5	8.0～10.0
ISO21988/JN/GBW510Cr2	510	3.0～3.6	≤0.8	≤0.8	≤0.10	≤0.10	4.5～6.5	1.5～3.0
ISO21988/JN/GBW555Cr9	555	2.4～2.8	1.5～2.5	0.3～0.8	≤0.08	≤0.08	4.5～6.5	8.0～10.0
ISO21988/JN/GBW630Cr9	630	2.5～3.0	1.5～2.2	0.2～0.8	0.06	0.06	4.0～5.5	8.0～10.0

注：降低含碳量，使韧性和抗冲击能力提高。提高含碳量，则抗磨能力改善。

附表2-2 高铬抗磨铸铁化学成分和布氏硬度

材料牌号 代 号	布氏硬度 HBW≥	化学成分（质量分数,%）								
		C	Si≤	Mn	P≤	S≤	Cr	Ni≤	Mo≤	Cu≤
ISO21988/JN/HBW555XCr13	555	>1.8～3.6	1.0	0.5～1.5	0.08	0.08	11.0～14.0	2.0	3.0	1.2
ISO21988/JN/HBW555XCr16	555	>1.8～3.6	1.0	0.5～1.5	0.08	0.08	14.0～18.0	2.0	3.0	1.2
ISO21988/JN/HBW555XCr21	555	>1.8～3.6	1.0	0.5～1.5	0.08	0.08	18.0～23.0	2.0	3.0	1.2
ISO21988/JN/HBW555XCr27	555	>1.8～3.6	1.0	0.5～2.0	0.08	0.08	23.0～30.0	2.0	3.0	1.2
ISO21988/JN/HBW555XCr35	600	>3.0～5.5	1.0	1.0～3.0	0.06	0.06	30.0～40.0	1.0	1.5	1.2
ISO21988/JN/HBW600XCr20Mo2Cu	600	>2.6～2.9	1.0	1.0	0.06	0.06	18.0～21.0	1.0	1.4～2.0	0.8～1.2

注：1. 铸件含碳量范围，应由供需双方根据工况商定。含碳量降低，材料韧性和抗冲击能力提高。推荐含碳量范围：低碳（w(C)＞1.8%～2.4%）适用于高韧性、抗冲击工况；中碳（w(C)＞2.4%～3.2%）适用于材料韧性和抗冲击能力需有良好匹配工况；高碳（w(C)＞3.2%～5.5%）适用于抗重度磨损工况，但铸件韧性和抗冲击能力降低。

2. 高铬抗磨铸铁显微组织取决于铸件冷速，因此对铸件壁厚敏感。为了获取表中特殊性能，应根据铸件尺寸适当添加合金元素。

3. 铸件耐腐蚀性能随含铬量提高而改善。

附表2-3　镍铬抗磨铸铁件壁厚与化学成分的典型关系

铸件壁厚δ/mm	铸件化学成分（质量分数,%）							
	4%Ni2%Cr				9%Cr5%Ni			
	Si	Mn	Ni	Cr	Si	Mn	Ni	Cr
δ≤25	0.50	0.40	3.4	1.8	1.9	0.40	4.5	8.5
25<δ≤50	0.40	0.50	3.8	2.0	1.8	0.50	5.0	9.0
50<δ≤100	0.40	0.50	4.2	2.5	1.8	0.50	5.0	9.0
δ>100	0.40	0.60	4.5	3.0	1.6	0.60	5.5	9.5

注：铸件壁厚超过100mm，应增加镍量。

附录3 美国抗磨铸铁标准（ASTM A532M—2008）

附表 3-1 抗磨铸铁的化学成分（质量分数,%）

等级	类别	牌号	C	Mn	Si	Ni	Cr	Mo	Cu	P	S
Ⅰ	A	Ni-Cr-HC	2.8~3.6	≤2.0	≤0.8	3.3~5.0	1.4~4.0	≤1.0	—	≤0.30	≤0.15
Ⅰ	B	Ni-Cr-LC	2.4~3.0	≤2.0	≤0.8	3.3~5.0	1.4~4.0	≤1.0	—	≤0.30	≤0.15
Ⅰ	C	Ni-Cr-GB	2.5~3.7	≤2.0	≤0.8	4.0	1.0~2.5	≤1.0	—	≤0.30	≤0.15
Ⅰ	D	Ni-Hi-Cr	2.5~3.6	≤2.0	≤2.0	4.5~7.0	7.0~11.0	≤1.5	—	≤0.10	≤0.15
Ⅱ	A	12% Cr	2.0~3.3	≤2.0	≤1.5	≤2.5	11.0~14.0	≤3.0	≤1.2	≤0.10	≤0.06
Ⅱ	B	15% Cr-Mo	2.0~3.3	≤2.0	≤1.5	≤2.5	14.0~18.0	≤3.0	≤1.2	≤0.10	≤0.06
Ⅱ	C	25% Cr-Mo	2.0~3.3	≤2.0	1.0~2.2	≤2.5	18.0~23.0	≤3.0	≤1.2	≤0.10	≤0.06
Ⅲ	D	25% Cr	2.0~3.3	≤2.0	≤1.5	≤2.5	23.0~30.0	≤3.0	≤1.2	≤0.10	≤0.06

注：1. 铸件的40%厚度应达到最小硬度值的90%，心部允许稍有降低。取样方法由供需双方商定。

2. 铸件非激冷区硬度应达到砂型铸造的最低硬度。

附表 3-2 抗磨铸铁的硬度要求

等级	类别	牌号	硬度 HBS															铸件典型厚度/mm
			砂型铸造≥									金属型铸造≥			退火≤			
			铸态或铸态并消减应力退火			淬火或淬火后消减应力退火												
						水平1			水平2									
			HB	HRC	HV	HB	HRC	HV	HB	HRC	HV	HB	HRC	HV	HB	HRC	HV	
Ⅰ	A	Ni-Cr-HC	550	53	600	600	56	660	650	59	715	660	56	660	—	—	—	
Ⅰ	B	Ni-Cr-LC	550	53	600	600	56	660	650	59	715	660	56	660	—	—	—	
Ⅰ	C	Ni-Cr-GB	550	53	600	600	56	660	650	59	715	660	56	660	400	41	430	
Ⅰ	D	Ni-Hi-Cr	500	50	540	600	56	660	650	59	715	660	56	660	—	—	—	
Ⅱ	A	12% Cr	550	53	600	600	56	660	650	59	715	660	56	660	400	41	430	
Ⅱ	B	15% Cr-Mo	450	46	485	600	56	660	650	59	715	—	—	—	400	41	430	
Ⅱ	C	25% Cr-Mo	450	46	485	600	56	660	650	59	715	—	—	—	400	41	430	
Ⅲ	D	25% Cr	450	46	485	600	56	660	650	59	715	—	—	—	400	41	430	

附录 4　欧洲抗磨铸铁标准（EN 12513：2000）

附表 4-1　镍铬抗磨铸铁化学成分和维氏硬度

材料牌号		维氏硬度 HV≥	化学成分（质量分数，%）						
符　号	代　号		C	Si	Mn	P	S	Ni	Cr
EN-GJW-HV520	EN-JN2029	520	2.5 ~ 3.0	≤0.8	≤0.8	≤0.10	≤0.10	3.0 ~ 5.5	1.5 ~ 3.0
EN-GJW-HV550	EN-JN2039	550	3.0 ~ 3.6	≤0.8	≤0.8	≤0.10	≤0.10	3.0 ~ 5.5	1.5 ~ 3.0
EN-GJW-HV600	EN-JN2049	600	2.5 ~ 3.5	1.5 ~ 2.5	0.3 ~ 0.8	≤0.08	≤0.08	4.5 ~ 6.5	8.0 ~ 10.0

注：1. 降低含碳量，使韧性和抗冲击能力提高。提高含碳量，则抗磨能力改善。

2. 材料牌号与 EN-1560 一致。

附表 4-2　高铬抗磨铸铁化学成分和维氏硬度

材料符号	牌号代号	化学成分（质量分数，%）									维氏硬度 HV≥
		C	Si≤	Mn	P≤	S≤	Cr	Ni≤	Mo≤	Cu≤	
EN-GJN-HV600 (xcr11)	EN-JN3019	1.8 ~ 2.4 2.4 ~ 3.2 3.2 ~ 3.6	1.0	0.5 ~ 1.5	0.08	0.08	11.0 ~ 14.0	2.0	3.0	1.2	600
EN-GJN-HV600 (xcr14)	EN-JN3029	1.8 ~ 2.4 2.4 ~ 3.2 3.2 ~ 3.6	1.0	0.5 ~ 1.5	0.08	0.08	14.0 ~ 18.0	2.0	3.0	1.2	600
EN-GJN-HV600 (xcr18)	EN-JN3039	1.8 ~ 2.4 2.4 ~ 3.2 3.2 ~ 3.6	1.0	0.5 ~ 1.5	0.08	0.08	18.0 ~ 23.0	2.0	3.0	1.2	600
EN-GJN-HV600 (xcr23)	EN-JN3049	1.8 ~ 2.4 2.4 ~ 3.2 3.2 ~ 3.6	1.0	0.5 ~ 1.5	0.08	0.08	23.0 ~ 28.0	2.0	3.0	1.2	600

注：1. 降低含碳量，使韧性和抗冲击能力提高。提高含碳量，抗磨能力改善。

2. 高铬抗磨铸铁显微组织取决于铸件冷速，因此对铸件壁厚敏感。为了获取表中特殊性能，应根据铸件尺寸适当添加合金元素。

3. 材料牌号与 EN-1560 一致。

附录5 德国抗磨铸铁标准（DIN 1695—1981）

附表5-1 抗磨铸铁化学成分及性能

类别		化学成分（质量分数,%）						性能
牌号	材料号	C	Si	Mn	Cr	Ni	Mo	
G-X300NiMo3Mg	0.9610	2.8~3.5	2.0~2.6	0.2~0.5	—	1.5~4.5	0.5~0.8	抗拉强度700~1300MPa，断后伸长率1%~8%，是本抗磨铸铁标准中抗冲击能力最强的材料
G-X260NiCr4 2 G-X330NiCr4 2	0.9620 0.9625	2.6~2.9 3.0~3.6	0.2~0.8 0.2~0.8	0.3~0.7 0.3~0.7	1.4~2.4 1.4~2.4	3.3~5.0 3.3~5.0	约0.5 约0.5	耐磨性良好，中等冲击负荷下使用，耐磨性最佳，用于承受较小冲击负荷
G-X300CrNiSi9 5 2 G-X300CrMo15 3 G-X300CrMoNi15 2 1 G-X260CrMoNi20 2 1 G-X300Cr27	0.9630 0.9635 0.9640 0.9645 0.9650	2.5~3.5 2.3~3.6 2.3~3.6 2.3~2.9 2.3~2.9	1.5~2.2 0.2~0.8 0.2~0.8 0.2~0.8 0.5~1.5	0.3~0.7 0.5~1.0 0.5~1.0 0.5~1.0 0.5~1.5	8~10 14~17 14~17 18~22 24~28	4.5~6.5 约0.7 0.8~1.2 0.8~1.2 约1.2	约0.5 1.0~3.0 1.8~2.2 1.4~2.0 约1.0	耐磨性和抗冲击能力优良，提高含碳量可提高耐磨性，但抗冲击能力下降。G-X300CrMo15 3，G-X300CrMoNi15 2 1，G-X300Cr27 退火后切削性改善
G-X300CrMo27 1	0.9655	3.0~3.5	0.2~1.0	0.5~1.0	23~28	约1.2	1~2	G-X300CrMoNi15 2 1 淬透性优良，G-X260CrMoNi20 2 1 最佳

附表5-2 抗磨铸铁显微组织特点

牌号	材料号	显微组织
G-X300NiMo3Mg	0.9610	马氏体（或贝氏体）基体，球状石墨，无碳化物
G-X260NiCr4 2	0.9620	马氏体基体上有渗碳体
G-X330NiCr4 2	0.9625	
G-X300CrNiSi9 5 2	0.9630	马氏体+铬的碳化物+残余奥氏体 根据铸件成分及热处理工艺，产生铬碳化合物及马氏体、奥氏体或共析组织基体
G-X300CrMo15 3	0.9635	
G-X300CrMoNi15 2 1	0.9640	
G-X260CrMoNi20 2 1	0.9645	
G-X300Cr27	0.9650	
G-X300CrMo27 1	0.9655	

附表 5-3　抗磨铸铁推荐热处理方案

类别		淬火	回火	软化退火	特殊热处理
牌号	材料号				
G-X300NiMo3Mg	0.9610	850℃,保温1h,空冷油冷或水冷	250～400℃,6～24h,空冷或炉冷	850～920℃炉冷,保温时间及温度随铸件组织及壁厚而定	同G-X260NiCr4 2
G-X260NiCr4 2	0.9620	铸件余热自淬硬	260～300℃,6～24h,空冷或炉冷	—	450℃,空冷或炉冷+250～300℃,12～16h,获优良抗冲击疲劳能力
G-X330NiCr4 2	0.9625				
G-X300CrNiSi9 5 2	0.9630	750～820℃,4～10h空冷或炉冷	—	—	800℃,4～10h空冷或炉冷+250～300℃,12～24h,空冷,获最高冲击疲劳抗力,特厚件450℃,4h空冷+250℃,16h空冷
G-X300CrMo15 3	0.9635	930～980℃,1～8h,空冷	200～300℃,2～6h,空冷或炉冷	930～960℃,1～8h炉冷至800℃再缓冷(≤40℃/h)到650℃,空冷或炉冷	—
G-X300CrMoNi15 2 1	0.9640	930～980℃,1～8h,空冷	200～300℃,2～6h,空冷或炉冷	930～960℃,1～8h炉冷至800℃再缓冷(≤20℃/h)到650℃,空冷或炉冷	—
G-X260CrMoNi20 2 1	0.9645	930～980℃,1～8h,空冷	200～300℃,2～6h,空冷或炉冷	970～1000℃,4～10h,炉冷至800℃再缓冷(≤15℃/h)到700℃,保温5～20h,空冷或炉冷	—
G-X300Cr27	0.9650	970～1050℃,4～10h,空冷	200～300℃,2～6h,空冷或炉冷	980～1050℃,4～10h,炉冷	—
G-X300CrMo27 1	0.9655	970～1050℃,4～10h,空冷	200～300℃,2～6h,空冷或炉冷	980～1050℃,4～10h,炉冷	—

附表 5-4 抗磨铸铁力学性能

类别		硬度			抗拉强度 R_m/MPa	屈服强度 $R_{p0.2}$/MPa	断后伸长率 A/%	弹性模量 E/GPa
牌号	材料号	HV_{30}	HBS	HRC				
G-X300NiMo3Mg	0.9610	300~650	300~610	30~58	700~1300	600~1100	1~8	165~180
G-X260NiCr4 2	0.9620	450~750	430~690	45~62	320~390	—	—	169~183
G-X330NiCr4 2	0.9625	450~750	430~690	45~62	280~350	—	—	169~183
G-X300CrNiSi9 5 2	0.9630	450~750	430~690	45~62	500~600	—	—	196
G-X300CrMo15 3	0.9635	380~750	380~690	39~62	450~1000	—	—	154~190
G-X300CrMoNi15 2 1	0.9640	380~750	380~690	39~62	450~1000	—	—	154~190
G-X260CrMoNi20 2 1	0.9645	380~750	380~690	39~62	450~1000	—	—	154~190
G-X300Cr27	0.9650	380~750	380~690	39~62	560~960	—	—	154~190
G-X300CrMo27 1	0.9655	380~750	380~690	39~62	450~1000	—	—	154~190

附表 5-5 抗磨铸铁物理性能

牌号	密度/kg·dm^{-3}	收缩率/%	线胀系数 (20~100℃)/$℃^{-1}$	热导率(20~100℃) /W·$(m·K)^{-1}$
G-X300NiMo3Mg	7.4	~1.2	—	—
G-X260NiCr4 2	7.7	1.5~2.2	$(8\sim9)\times10^{-6}$	14
G-X330NiCr4 2	7.7	1.5~2.2	$(8\sim9)\times10^{-6}$	14
G-X300CrNiSi9 5 2	7.7	1.5~2.2	$(14\sim15)\times10^{-6}$	12.6~15
G-X300CrMo15 3	7.7	1.5~2.2	$(11\sim15)\times10^{-6}$	12.6~15
G-X300CrMoNi15 2 1	7.7	1.5~2.2	$(11\sim15)\times10^{-6}$	12.6~15
G-X260CrMoNi20 2 1	7.7	1.5~2.2	$(11\sim15)\times10^{-6}$	12.6~15
G-X300Cr27	7.6	1.5~2.2	$(12\sim15)\times10^{-6}$	—
G-X300CrMo27 1	7.6	1.5~2.2	—	—

附录6 铬白口铸铁中合金碳化物的金相鉴别

由于铸件凝固过程中发生的元素偏析以及固态相变时通过包共析反应而出现的碳化物结构和类型转变等原因，铬白口铸铁组织中的碳化物通常不是单一类型的。特别是当化学成分处于两种碳化物结构转换（例如 M_3C 与 M_7C_3 或 M_7C_3 与 $M_{23}C_6$ 之间的转换）临界成分时，出现部分碳化物结构转变的可能性是比较大的。一旦这种转变发生，铬白口铸铁组织中可能出现两种碳化物并存的情况，甚至在一个共晶团或单个碳化物上出现两种晶体结构。

碳化物结构类型不但决定碳化物自身的性能，也是决定铬白口铸铁性能的基本因素。因此无论铬白口铸铁件生产者或科研工作者都有必要掌握鉴别铬碳化合物的方法。

采用X射线衍射技术可以准确鉴别碳化物结构。显微硬度测定也能间接判别碳化物类型。但是染色金相能够更直观、准确、简易地对整个组织中的含铬碳化物或某种碳化物单体进行判别。

鉴别含有 M_7C_3 型碳化物的铬白口铸铁时，需采用常规方法磨制试样，但只能采用机械抛光。因为铬白口铸铁中 M_7C_3 碳化物和马氏体组织溶解电势相差悬殊，采用电解抛光难以获得所需的抛光表面。

附表6-1所列浸蚀剂均可用于碳化物的染色。通过色彩显示鉴别铬白口铸铁中的碳化物类型。

附表6-1 显示铬白口铸铁的碳化物的浸蚀剂

浸蚀剂	组 成	M_3C	M_7C_3	MC	$M_{23}C_6$	M_2C
碱性苦味酸钠水溶液	苦味酸2g，氢氧化钠25g，水100mL	A	NA*	NA*	NA*	A
赤血盐+氧化钾水溶液	赤血盐10g，氢氧化钾10g，水100mL	NA	A	A	A	A
碱性高锰酸钾饱和溶液	氢氧化钠4g，高锰酸钾饱和水溶液100mL	NA	A	NA	A	A
铬酸水溶液	铬酸(CrO_3)1~8g，水100mL	NA	A	NA	A	A

注：A—被浸蚀；NA—不被浸蚀；加*表示含铬较低的碳化物被浸蚀。

用碱性苦味酸钠溶液浸蚀时，试样需在沸腾溶液中煮1~15min，不同类型碳化物显示不同颜色，含铬较低的渗碳体型碳化物被染成深棕色以至黑色。但含铬较高的渗碳体型碳化物以及 M_7C_3、$M_{23}C_6$、M_6C 碳化物则不被侵蚀。此浸蚀剂还能显示过共晶高铬铸铁晶界上析出的渗碳体型碳化物。

此种溶液也可用于电解浸蚀。浸蚀时使用不锈钢阴极，浸蚀效果与上述加热浸蚀相同。

赤血盐[$K_3Fe(CN)_6$]+氢氧化钾水溶液，常称为 Murakami 浸蚀剂。这种浸蚀剂也能将不同类型碳化物染成不同颜色。室温浸蚀可使碳化铬和碳化钨变暗，而渗碳体不受浸蚀或轻微浸蚀。浸蚀 3min 后，σ 相也会受到轻微浸蚀。如果溶液加热到 80℃，浸蚀 2～60min，碳化物变暗，σ 相可能变蓝（不经常出现），铁素体呈黄色至棕黄色，奥氏体不受浸蚀。此种浸蚀剂必须使用新配制的溶液。需注意防止酸类物质混入，因为酸类与此种溶液混合后，会有 HCN 逸出，导致浸蚀剂失效。

加热的 Murakami 浸蚀剂对 σ 相（FeCr）的染色作用较好，是少数显示 σ 相方法中效果比较显著的方法。

碱性高锰酸钾饱和水溶液在一些文献上被称为 Groesbeck 浸蚀剂。此种浸蚀剂在煮沸状态下浸蚀高铬铸铁 1～10min，$(Fe,Cr)_7C_3$ 被染成棕黄色，$(Fe,Cr)_{23}C_6$ 被染成蓝灰色，σ 相呈灰色，Mo_2C 被染成棕色。此浸蚀剂还能显示 Fe_2MoC 和 M_6C 相轮廓。Fe_2MoC 轮廓呈蓝色，M_6C 轮廓呈棕色。这种浸蚀剂常用于鉴别一个金相视场中的各种类型碳化物。铁素体和奥氏体则不受这种浸蚀剂的影响。

铬酸水溶液作为电解液，用于对高铬铸铁试样进行电化学侵蚀。MC 型和 M_7C_3 型碳化物受浸蚀后变暗，Mo_2C 的边缘受浸蚀而显现其轮廓。电解浸蚀规范为：电源：6VDC，浸蚀时间：30～90s，距离：20～25mm，采用不锈钢或白金为阴极，以试样为阳极。

采用上述多种浸蚀剂中的一种或几种来观察高铬铸铁组织已能满足工业生产的需要。深入研究铬白口铸铁组织时，常需要联合运用光学金相、扫描电镜、图像分析仪、电子探针等手段。

显示基体组织可采用苦味酸酒精溶液浸蚀试样。为了更好地显示马氏体和回火马氏体（150～200℃回火）组织的衬度，采用以下浸蚀剂效果较好：

$FeCl_3$	2.5g
苦味酸	5g
HCl	2mL
酒精	90mL

附录7　铬白口铸铁宏观硬度换算

宏观硬度是铬白口铸铁件的常规检验项目，常被视为零件质量的重要指标。硬度在一定程度上反应材料的抗磨能力，同时也综合体现材料的一些力学性质，如抗拉强度、屈服强度、弹性模量等。也可借以判断材料的可切削性、抗磨性等使用性能。

传统上，材料硬度是根据硬度计压头在一定压力下压入零件表面后留下的压痕尺寸（直径或深度）来确定的。传统手册上查得的各种硬度值及其换算关系适用于非奥氏体钢、灰铸铁、有色金属等组织构成相对均匀材料。但是铬白口铸铁含有大量合金碳化物，这些合金碳化物与其周围的基体金属硬度相差很多，而且两者间没有过渡性硬度梯度。这种情况很可能对不同硬度测定方法得到的测定值产生一些影响。为了探讨铬白口铸铁与是否存在硬度示值的差异，美国材料试验协会委托研究人员在两类材料上测定了洛氏硬度（HRC）、布氏硬度（HB）、维氏硬度（HV）。发现铬白口铸铁与非奥氏体钢硬度测定值有少量偏差。并察觉铬白口铸铁的三种硬度值相互换算结果偏离传统手册所载数据。偏差虽然不算大，但是对于耐磨铸件，硬度是铸件的重要质量指标和验收条件。铸造厂通常是在订货时向客户提供铸件硬度保证值作为交货时判别产品质量的重要依据，因此有必要对各硬度值的换算作出合理规定。

研究人员总结多方面试验结果，把测定得到的铬白口铸铁硬度数据进行了回归分析。提出维氏硬度值（HV_{50}）、洛氏硬度值（HRC）、布氏硬度值（HB）之间不同于过去的互换关系。这些互换关系适用范围是：HB 385 ~848，HRC 38 ~67，HV_{50} 402 ~930。由以下三个式子表达新的互换关系：

$$HB = 0.363(HRC)^2 - 22.515(HRC) + 717.8$$

$$HV_{50} = 0.343(HRC) - 18.132(HRC) + 595.3$$

$$HV_{50} = 1.136(HB) - 26.0$$

若以洛氏硬度测定值为基础，按上式换算出的高铬铸铁维氏硬度值和布氏硬度值高于按传统换算标准得到的数值，平均差异不超过4%，而 HV 和 HB 的换算值基本吻合。附图7-1 为相应的换算曲线。附表7-1 列出铬白口铸铁（碳化物主要为 M_7C_3 型）常用的三种硬度值简单换算表。

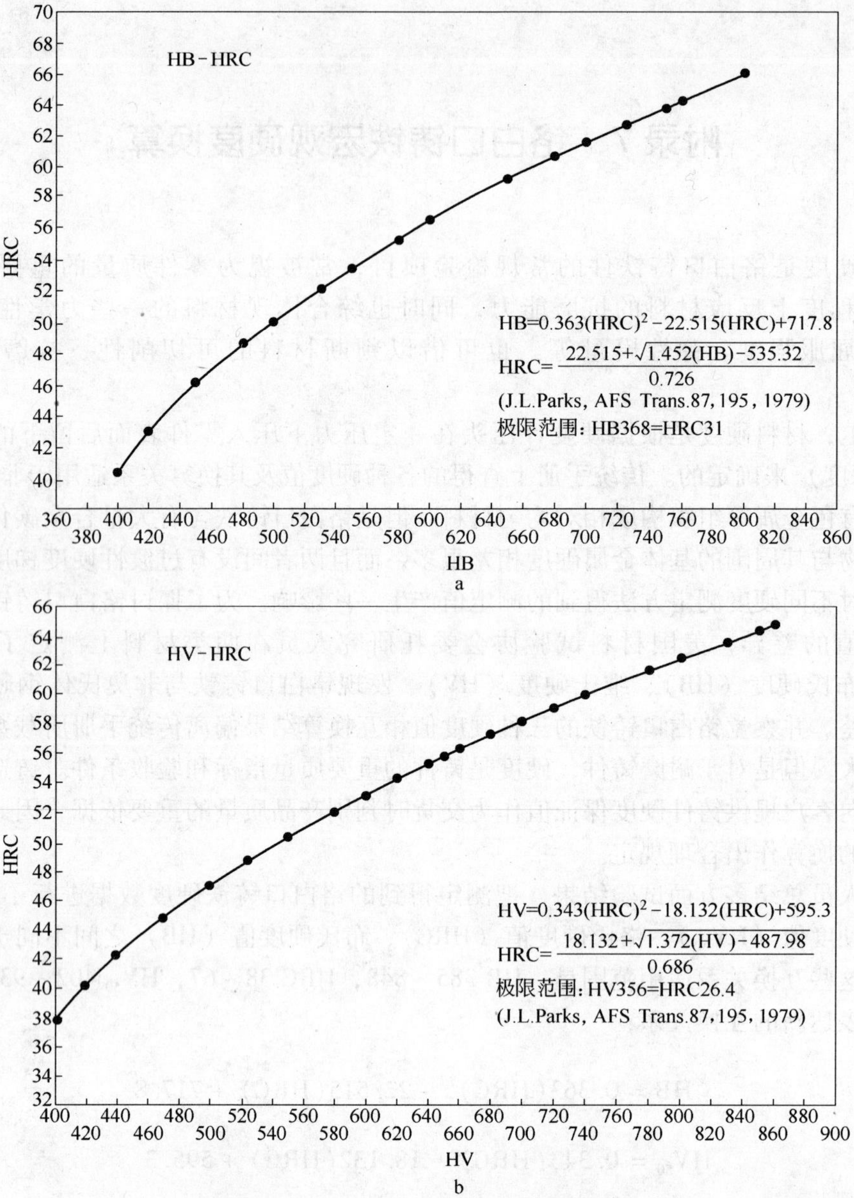

附图 7-1　铬白口铸铁三种硬度值换算曲线

附表 7-1　三种硬度值简单换算表

维氏硬度 HV_{50}	布氏硬度 HB	洛氏硬度 HRC	维氏硬度 HV_{50}	布氏硬度 HB	洛氏硬度 HRC
840	717	64	660	558	56
820	699	63	640	541	55
800	681	62	620	523	54
780	664	62	600	505	53
760	646	61	580	488	52
740	629	60	560	470	51
720	611	59	540	452	50
700	593	58	520	435	48
680	576	57	500	417	47